普通高等教育电子信息类系列教材

嵌入式实验与实践教程

—— 基于 STM32 与 Proteus

符 强 孙安青 贾茜子 张红梅 编著

西安电子科技大学出版社

内 容 简 介

  本书是基于实例驱动的实践性教材,详细阐述了 Proteus 仿真软件和 Keil5 编程软件的使用方法。全书共 35 个实例,主要包括基本 I/O、中断、ADC、定时器等的应用。本书将 C 语言知识、编程技巧和 STM32 原理及接口技术融入基础实例、综合设计实例和创新设计实例,有效诠释了 STM32 的典型应用,可以帮助读者快速入门、顺利上手。本书对各实例都提供了所需的硬件电路图和程序代码,对重要程序代码做了详细的注释,方便读者学习和使用。

  本书可作为高等院校计算机类、电子信息类及自动控制类等相关专业的 STM32 课程实验教学或 STM32 课程设计的教材,也可作为相关技术人员的参考书。

图书在版编目(CIP)数据

嵌入式实验与实践教程——基于 STM32 与 Proteus / 符强等主编. —西安:西安电子科技大学出版社,2021.12(2024.1 重印)
ISBN 978–7–5606–6256–5

Ⅰ. ①嵌⋯　Ⅱ. ①符⋯　Ⅲ. ①微处理器—系统设计—教材　Ⅳ. ①TP368.1

中国版本图书馆 CIP 数据核字(2021)第 249928 号

策　　划　陈　婷
责任编辑　陈　婷
出版发行　西安电子科技大学出版社(西安市太白南路 2 号)
电　　话　(029)88202421　88201467　　　　　邮　编　710071
网　　址　www.xduph.com　　　　　　　　电子邮箱　xdupfxb001@163.com
经　　销　新华书店
印刷单位　陕西精工印务有限公司
版　　次　2022 年 1 月第 1 版　　2024 年 1 月第 2 次印刷
开　　本　787 毫米×1092 毫米　1/16　印张 18.75
字　　数　446 千字
定　　价　48.00 元
ISBN　978–7–5606–6256–5 / TP
XDUP 6558001–2
***如有印装问题可调换

前　言

从 51 单片机到如今的物联网、大数据、人工智能，电子技术的发展日新月异，推动着半导体行业的发展，改变着人们的生活。

现在人们已经习惯把单片机相关的开发统称为嵌入式开发。STM32 作为 Cortex-M3 的重要一员，也是现在应用较多的一款芯片。高校的授课仍以 51 单片机为主，有少数学校的相关专业开设 Cortex-M3 的专业限选课和选修课，以 STM32 作为其主讲内容。STM32 正在被越来越多的人学习。

本书的实例是从 STM32 实验教学、电子设计大赛作品和科研课题中收集而来的，实用性强，特别适用于高等院校学生学习 STM32。本书可作为课程设计、电子设计大赛和项目设计的参考书，同时也可作为 STM32 实验教学的实验指导书。

本书具有如下特点：

1. 理论、仿真、实践相融合

本书应用 STM32 嵌入式系统和电子电路仿真软件 Proteus 作为仿真教学与仿真实践的平台，将理论、仿真、实践相融合，培养读者会想、会写、会调、会测试、会判断的综合能力。

2. 趣味任务驱动，循序渐进

本书的 35 个实例均来源于实验教学、科研课题和学生电子设计大赛作品。这 35 个实例分为基础实例、综合设计实例和创新设计实例，由易到难，实例内容与实际应用结合紧密，即学即用。每个实例均从实例要求、硬件电路、程序设计和实例总结四个方面来阐述。

本书遵循学习规律，以实例为导向，将知识与技能、技巧、规范融入实例中，化解学习难点。通过完成实例来学习知识、训练技能，培养专业素养，力求让读者在完成每一个实例的实践中理解若干技术难点。本书整体的组织结构由易到难、由浅入深、由单一到综合，循序渐进，可操作性强。

3. 注意工程意识的培训，强调编程书写规范

本书的源代码书写规范，有注释、有说明、有层次，以培养读者的工程意识。

4. 强调程序调试

运行测试异常或运行有问题时需要进行调试。本书的源程序都已经通过仿真测试且运行成功。

本书共 6 章，第 1 章主要介绍了 Proteus 仿真软件的安装和使用，第 2、3 章主要介绍了 Keil5 编程软件的安装和使用，第 4 章介绍了 20 个 STM32 基础实例，第 5 章介绍了 10 个 STM32 综合设计实例，第 6 章介绍了 5 个 STM32 创新设计实例。

本书第 1 章由贾茜子编写，第 2 章和第 3 章由张红梅编写，第 4 章由符强编写，第 5 章和第 6 章由孙安青编写。本书编写的过程中得到了很多老师和同学的帮助，在此表示感谢！

本书既可作为高等院校的 STM32 课程实验教学用书和 STM32 课程设计用书，也可作为 STM32 爱好者的项目开发用书。相信通过本书的学习，读者能够掌握 STM32 在项目开发中的应用方法和使用技巧。

由于编者水平有限，书中可能还存在一些不足之处，敬请读者批评指正！

编　者

2021 年 8 月

目　　录

第 1 章　Proteus 仿真软件

1.1　Proteus 8.8 软件简介及安装

1.1.1　Proteus 简介

Proteus 是英国 LabCenter Electronics 公司出版的 EDA 工具软件。它不仅具有其他 EDA 工具软件的仿真功能，还能仿真单片机及外围器件，已受到单片机爱好者、从事单片机教学的教师、致力于单片机开发应用的科技工作者的青睐。

Proteus 从原理图布图、代码调试到单片机与外围电路协同仿真，一键切换到 PCB 设计，真正实现了从概念到产品的完整设计。它是世界上唯一将电路仿真软件、PCB 设计软件和虚拟模型仿真软件三合一的设计平台，其处理器模型支持 8051、HC11、PIC10/12/16/18/24/30/DSPIC33、AVR、ARM、8086、MSP430 等，2010 年又增加了 Cortex 和 DSP 系列处理器，并持续增加其他系列处理器模型。在编译方面，它也支持 IAR、Keil、MATLAB 等多种编译器。

1.1.2　Proteus 的安装

Proteus 的安装步骤如下：

(1) 在解压后的文件夹中，双击 proteus8.8.SP1.exe 图标(如图 1-1 所示)，弹出安装向导界面，如图 1-2 所示。

(2) 在图 1-2 中单击【Next】按钮继续，弹出许可协议界面，如图 1-3 所示。

(3) 在图 1-3 中，选择【I accept the terms of this agreement.】，单击【Next】按钮继续，弹出【Setup Type】界面，如图 1-4 所示。

名称	大小	压缩后大小	类型	修改时间	CRC32
..			文件夹		
Crack	5,225,840	5,011,061	文件夹	2019/2/12 18...	
Translations	4,961,770	1,341,126	文件夹	2019/2/12 19...	
proteus 8.8 sp1 (含汉化、破解)安装方法.docx	1,433,659	1,432,554	Microsoft Word ...	2019/2/12 21...	B3FE5742
proteus 8.8 sp1 (含汉化、破解)安装方法.pdf	1,629,475	1,551,179	Adobe Acrobat ...	2019/2/12 21...	D96892...
proteus8.8.SP1.exe	489,687,6...	476,938,6...	应用程序	2019/2/12 18...	60D1DE...
安装说明.txt	622	208	文本文档	2019/2/12 16...	7544FC95

图 1-1　运行 proteus 8.8.SP1

图 1-2 安装向导界面

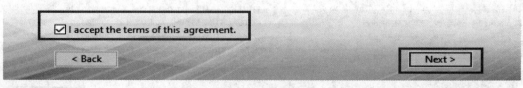

图 1-3 许可协议界面

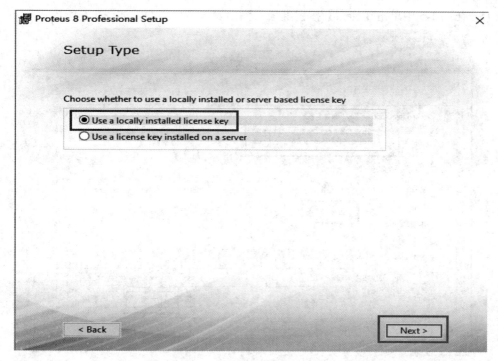

图 1-4　【Setup Type】界面

(4) 在图 1-4 中默认选中第一个选项，然后单击【Next】按钮继续，弹出【Product License Key】界面，如图 1-5 所示。

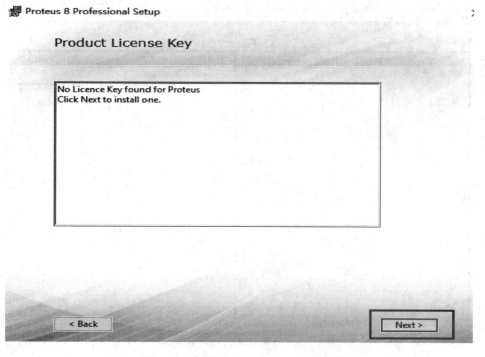

图 1-5　【Product License Key】界面

(5) 在图 1-5 中单击【Next】按钮继续，弹出操作窗口界面，如图 1-6 所示。

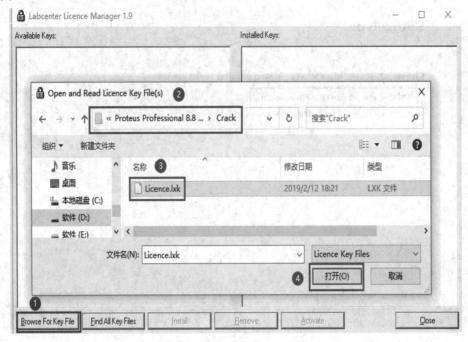

图 1-6　操作窗口 1 界面

(6) 在图 1-6 中单击【Browse For Key File】(①)，弹出文件对话框，然后选择存放文件的路径(②)，再选中文件(③)，最后单击【打开】按钮(④)，弹出如图 1-7 所示的对话框。

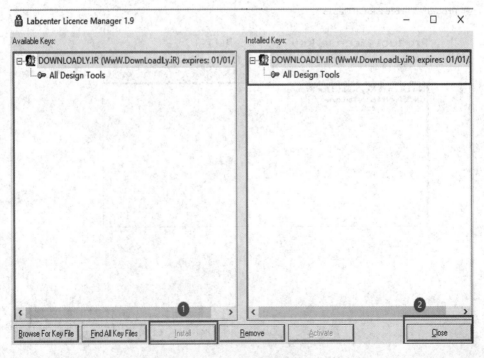

图 1-7　操作窗口 2 界面

(7) 在图 1-7 中单击【Install】按钮(①)，然后单击【Close】按钮(②)，弹出【Import Legacy Styles，Templates and Libraries】窗口，如图 1-8 所示。

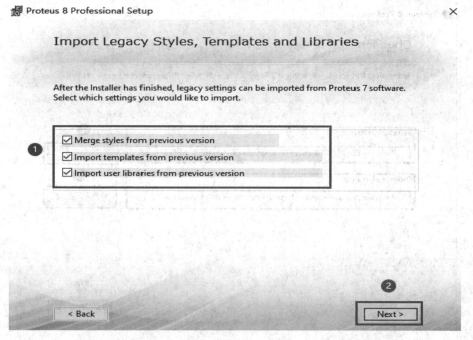

图 1-8　【Import Legacy Styles,Templates and Libraries】窗口

(8) 在图 1-8 中默认全部勾选(①)，然后单击【Next】按钮(②)，弹出【Choose the installation you want】窗口，如图 1-9 所示。

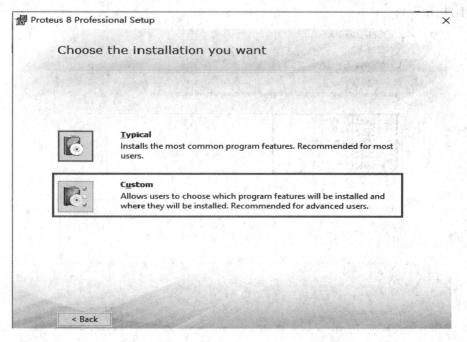

图 1-9　【Choose the installation you want】窗口

(9) 在图 1-9 中单击【Custom】前面的图标，弹出【Choose a file location】窗口，如图 1-10 所示。

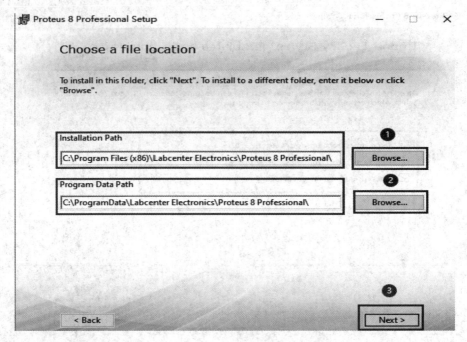

图 1-10　【Choose a file location】窗口

(10) 在图 1-10 中修改安装路径(①)，然后选择数据存放目录(②)，接着单击【Next】按钮(③)，弹出【Select which components of Proteus 8 Professional will be installed】窗口，如图 1-11 所示。

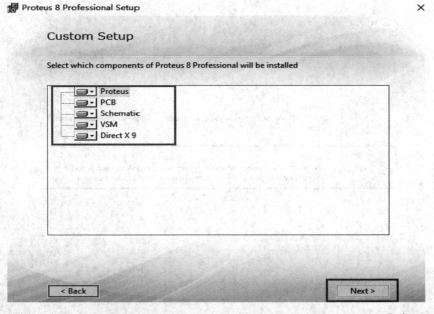

图 1-11　【Select which components of Proteus 8 Professional will be installed】窗口

(11) 在图 1-11 中选择要安装的程序或者插件，建议全部选中并安装，单击【Next】按钮，弹出【Select the Start Menu Shortcuts Folder】窗口，如图 1-12 所示。

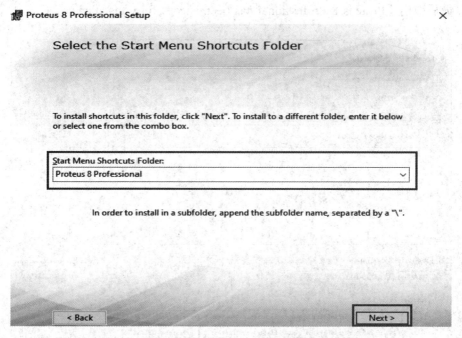

图 1-12　【Select the Start Menu Shortcuts Folder】窗口

(12) 在图 1-12 中修改自定义开始菜单的文件夹名称，建议默认，然后单击【Next】按钮，弹出【Begin installation of Proteus 8 Professional】窗口，如图 1-13 所示。

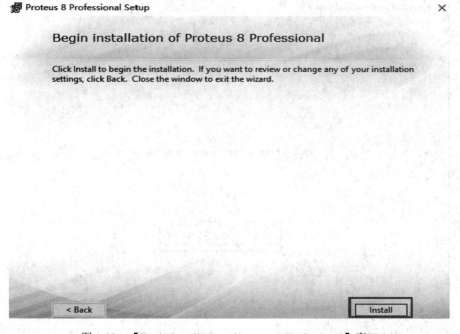

图 1-13　【Begin installation of Proteus 8 Professional】窗口

(13) 配置信息完成了，在图 1-13 中单击【Install】按钮开始安装。

(14) 安装过程中弹出【Legacy Settings Importer】窗口，如图 1-14 所示，单击【Import】按钮，最后弹出【Proteus 8 Professional has been successfully installed】窗口，如图 1-15 所示。

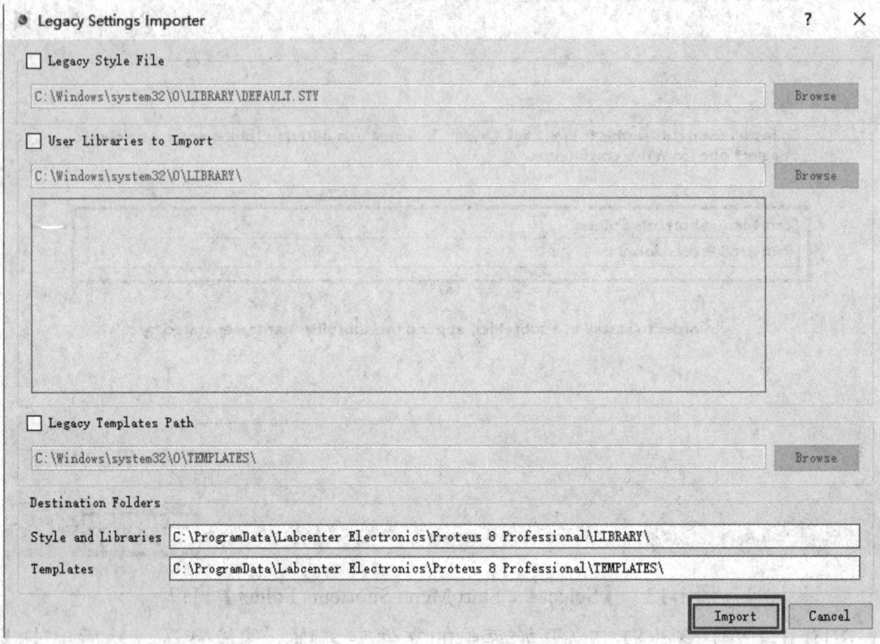

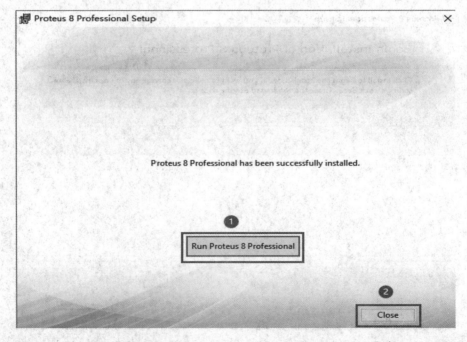

图 1-14 【Legacy Settings Importer】窗口

图 1-15 【Proteus 8 Professional has been successfully installed】窗口

(15) 在图 1-15 中单击【Run Proteus 8 Professional】，完成软件的安装。

1.1.3　Proteus 8.8 界面简介

Proteus 运行界面如图 1-16 所示，创建工程后的界面如图 1-17 所示。

图 1-16　Proteus 运行界面

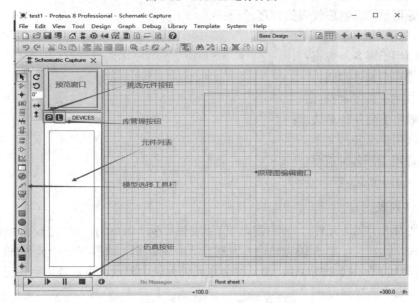

图 1-17　创建工程后的界面

下面针对图 1-17 分别对窗口内各部分的功能进行说明。

1. 原理图编辑窗口

顾名思义，原理图编辑窗口是用来绘制原理图的。方框内为可编辑区，元件要放到它里面。注意，这个窗口是没有滚动条的，可以用预览窗口来改变原理图的可视范围。

2. 预览窗口

预览窗口可以显示两个内容：一个是在元件列表中选择一个元件(components)时，它会显示该元件的预览图；另一个是当鼠标焦点落在原理图编辑窗口时(即放置元件到原理图编辑窗口后或在原理图编辑窗口中点击鼠标后)，它会显示整张原理图的缩略图，并会显示一个绿色的方框，绿色方框里面的内容就是当前原理图窗口中显示的内容，因此可用鼠标在它上面单击来改变绿色方框的位置，从而改变原理图的可视范围。

3. 模型选择工具栏

(1) 用于选择元件 (默认选择) ；

(2) 用于放置连接点；

(3) 用于放置标签(用总线时会用到)；

(4) 用于放置文本；

(5) 用于绘制总线；

(6) 用于放置子电路；

(7) 用于即时编辑元件参数(先单击该图标，再单击要修改的元件)；

(8) 用于选择终端接口(terminals)，有 VCC、地、输出、输入等接口；

(9) 用于绘制各种引脚；

(10) 用于各种分析，如噪声分析图；

(11) 用于在调试中产生各种信号源；

(12) 是使用仿真图表时需要用到的电压、电流探针；

(13) 用于模拟物理仪表的处理过程；

(14) 用于画各种直线；

(15) 用于画各种方框；

(16) 用于画各种圆；

(17) 用于画各种圆弧；

(18) 用于画各种多边形；

(19) A用于画各种文本；

(20) 用于画各种符号；

(21) 用于画原点等。

4. 元件列表

元件列表用于挑选元件、终端接口、信号发生器(generators)、仿真图表(graph)等。例如，当选择"元件"，单击 P 按钮会打开挑选元件对话框，选择了一个元件(单击了挑选元件对话框中的【OK】按钮)后，该元件会在元件列表中显示，以后要用到该元件时，只需在元件列表中选择即可。

5. 仿真按钮

(1) 为运行按钮；

(2) 为单步运行按钮；

(3) 为暂停按钮；

(4) 为停止按钮。

1.2　Proteus 8.8 工程建立调试与仿真

1.2.1　选择元件

选择元件的操作步骤如下：

(1) 如图 1-18 所示，单击⟶(①)，再单击，弹出选择元件窗口组成界面，如图 1-19 所示。

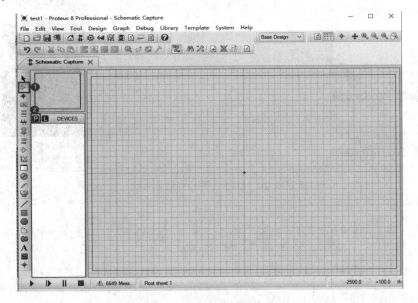

图 1-18　选择元件的操作步骤

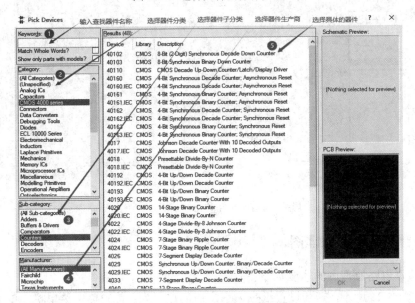

图 1-19　选择元件窗口组成界面

(2) 如同图 1-19，在图 1-20 中按照①～⑤的流程进行操作，最后单击【OK】按钮，将选择元件添加到元件列表中，根据需要完成元件选择，如图 1-21 所示。

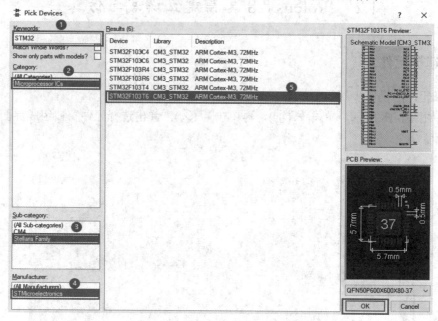

图 1-20 选择元件操作过程界面

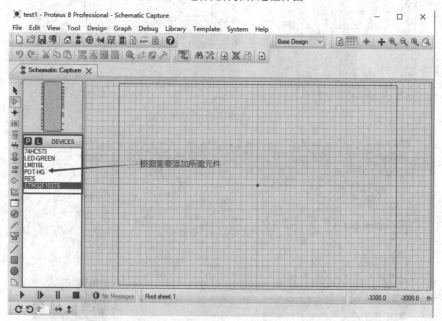

图 1-21 添加元件到元件列表过程界面

1.2.2 设计仿真电路原理图

设计仿真电路原理图的步骤如下：

(1) 如图 1-22 所示，打开设置纸张大小窗口的过程为：首先单击菜单栏上的【System】

(①)，然后在弹出的下拉菜单中单击【Set Sheet Sizes】(②)，弹出设置纸张大小界面，如图 1-23 所示。

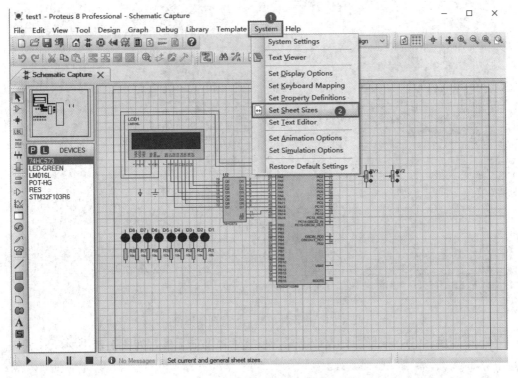

图 1-22　打开设置纸张大小窗口的过程

(2) 如图 1-23 所示，根据需要设置纸张大小(①)，然后单击【OK】按钮确定(②)，完成设置。

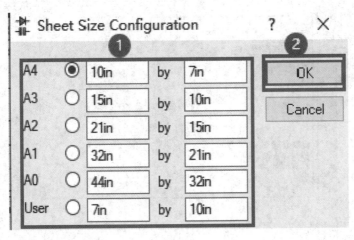

图 1-23　设置纸张大小界面

(3) 设置好纸张大小后，开始在原理图编辑窗口中放置元件：首先选中元件列表中的元件，将鼠标移到原理图编辑窗口(①)，然后单击左键，在编辑窗口显示元件框架，移动鼠标到指定位置，再单击左键，完成元件放置(②)，如图 1-24 所示。

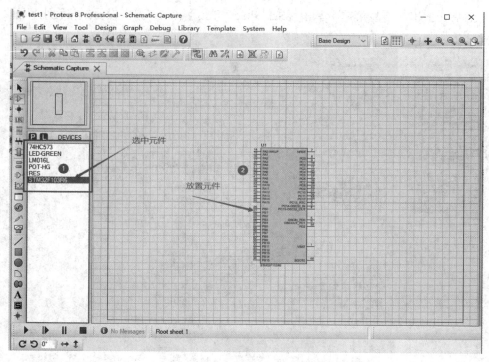

图 1-24　将元件放置到原理图编辑窗口

(4) 依据步骤(3)，根据项目设计需要，放置所需要的元件，如图 1-25 所示。

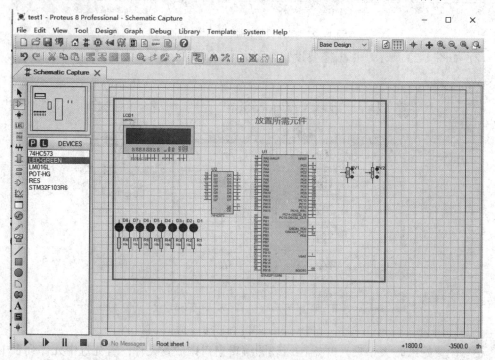

图 1-25　放置所需元件界面

(5) 如图 1-26 所示，放置电路所需要的电源和地。

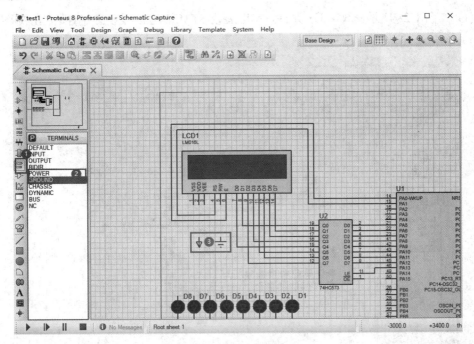

图 1-26　添加电源和地

(6) 经过连线，最后得到完整的电路图，如图 1-27 所示。

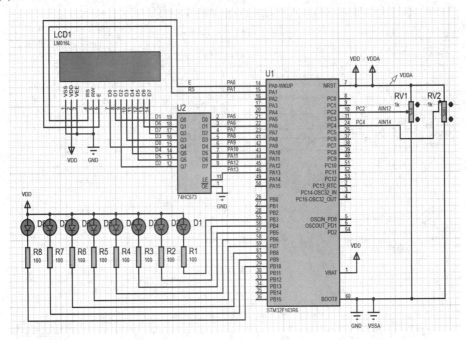

图 1-27　仿真电路原理图

1.2.3　调试与仿真

调试与仿真的步骤如下：

(1) 如图 1-28 所示，双击 U1 元件，弹出装载 STM32 运行程序文件对话框，如图 1-29 所示。

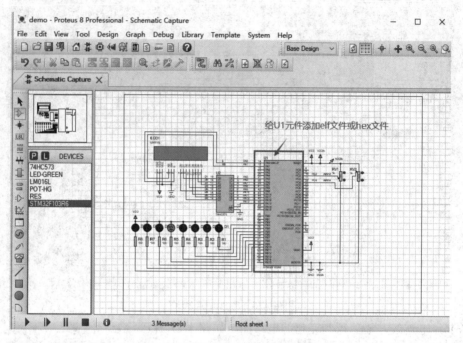

图 1-28　选择 STM32 运行程序文件

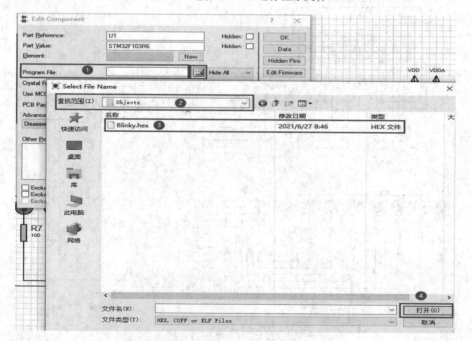

图 1-29　装载 STM32 运行程序文件

(2) 在图 1-29 中，按照图中①、②、③的顺序完成 hex 文件的选择，最终结果如图 1-30 所示。

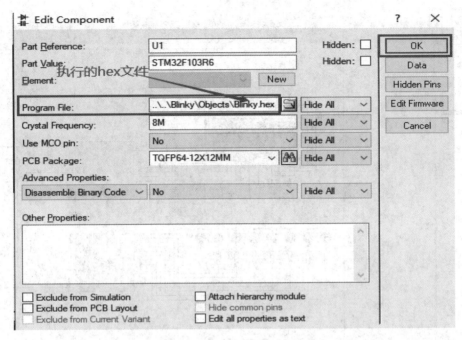

图 1-30　完成 hex 文件设置

(3) 利用同样的方法也可以添加 elf 文件(调试文件)。如果需要执行单步调试，则需添加 elf 文件；如果不需要单步调试，则需添加 hex 文件。单步调试运行效果图如图 1-31 所示，仿真运行效果图如图 1-32 所示。

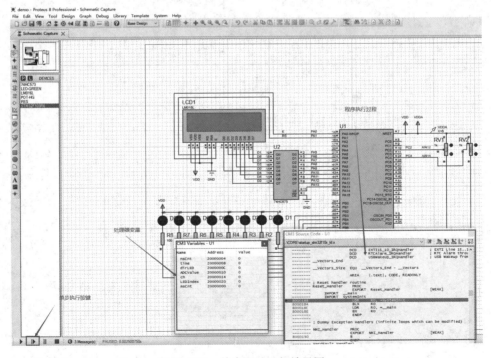

图 1-31　单步调试运行效果图

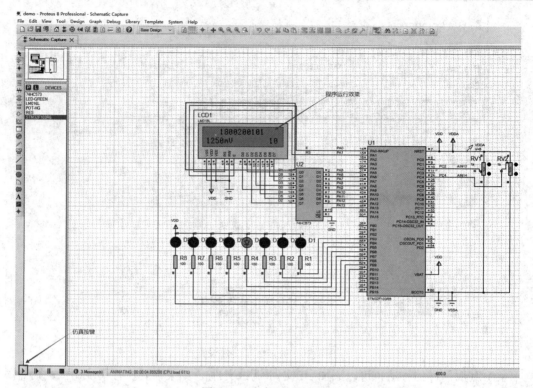

图 1-32　仿真运行效果图

第 2 章　认识 MDK-ARM

2.1　开发工具介绍

MDK(Microcontroller Developer Kit)是微控制器开发工具。Keil MDK-ARM 是美国 Keil 软件公司(现已被 ARM 公司收购)出品的支持 ARM 微控制器的一款 IDE(集成开发环境)。MDK-ARM 包含了工业标准的 Keil C 编译器、宏汇编器、调试器、实时内核等组件，具有业行领先的 ARM C/C++编译工具链，完美支持 Cortex-M、Cortex-R4、ARM7 和 ARM9 系列器件，包含世界上品牌的芯片，如 ST、Atmel、Freescale、NXP、TI 等众多大公司微控制器芯片。

2.2　MDK-ARM 的安装及注册

2.2.1　MDK-ARM 的安装

在编写代码之前需要安装 MDK 软件，STM32 常用的开发工具是 Keil，本书使用的软件版本是 5.30，在安装完成之后可以在工具栏 help 中的 about μVision 选项卡中查看版本信息。读者可通过官方网站(https://www.keil.com/download/product)下载最新的版本。

首先自行从网上下载安装包，将压缩的安装包文件解压到当前文件夹，会看到 MDK 安装包图标，如图 2-1 所示。

1. 安装 MDK-ARM

安装 MDK-ARM 的步骤如下：

(1) 在解压后的文件夹中右键单击 MDK530.exe，选择【以管理员身份运行】(如图 2-1 所示)，弹出安装界面，如图 2-2 所示。

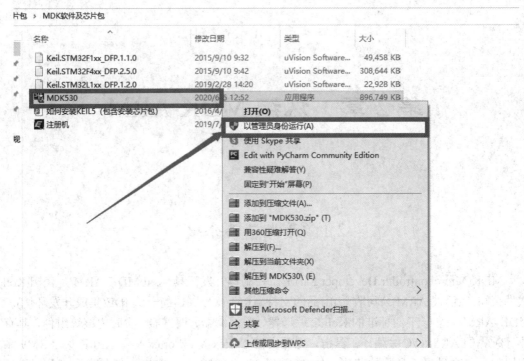

图 2-1　运行 MDK530.exe

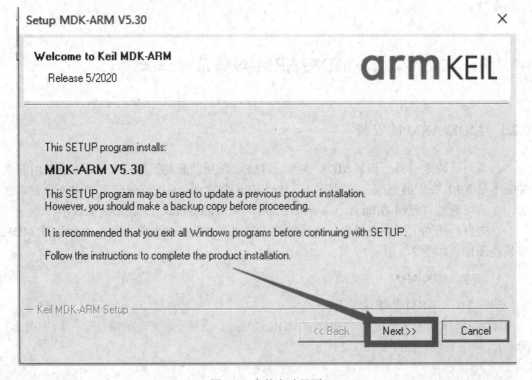

图 2-2　安装启动界面

(2) 在图 2-2 中单击【Next>>】，弹出安装【License Agreement】界面，如图 2-3 所示。

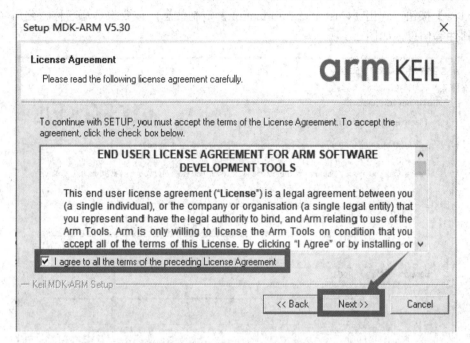

图 2-3　【License Agreement】界面

(3) 在图 2-3 中勾选【I agree to all the terms of the preceding License Agreement】，然后单击【Next>>】按钮，弹出选择安装路径界面，尽量选择英文路径，如图 2-4 所示。

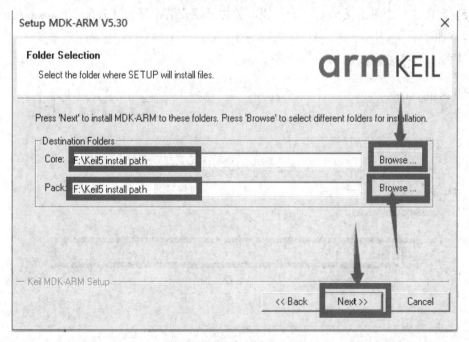

图 2-4　安装路径设置界面

(4) 在图 2-4 中分别单击 Core 与 Pack 后面的【Browse】按钮更改安装路径，建议安装在除 C 盘以外的其他磁盘，可以在 D 盘或者其他盘创建一个 Keil5 文件夹，然后单击

【Next>>】按钮，弹出【Customer Information】定制信息，按要求填写名称、公司名称、电子邮件等信息，如图 2-5 所示。

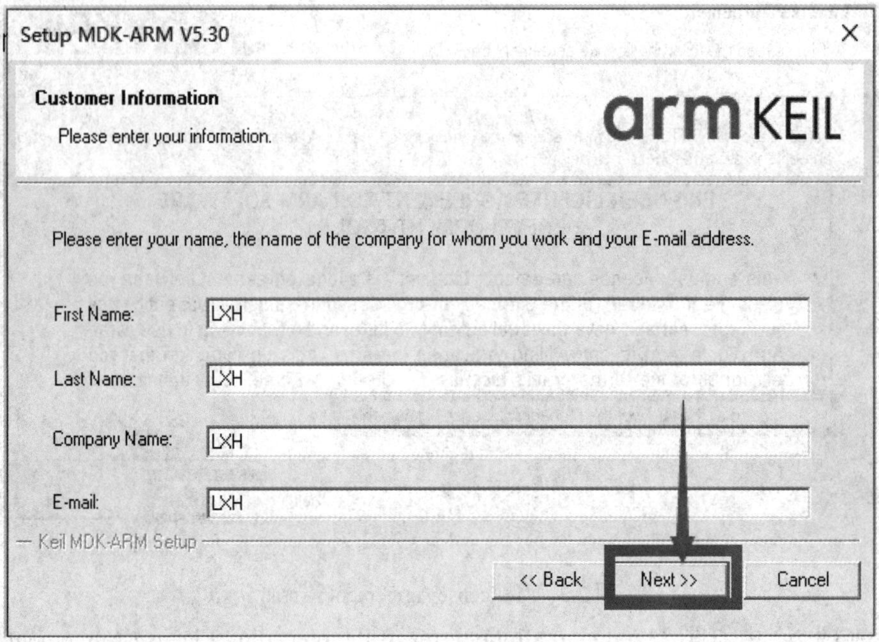

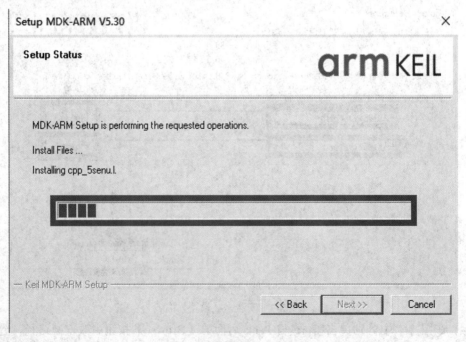

图 2-5　【Customer Information】定制信息对话框

(5) 在图 2-5 中单击【Next>>】按钮，软件开始安装，弹出【Setup Status】对话框，如图 2-6 所示。

图 2-6　【Setup Status】对话框

(6) 软件安装完成，对话框如图 2-7 所示，取消勾选【Show Release Notes】和【Retain current μVision configuration】，单击【Finish】按钮，弹出器件库安装对话框，如图 2-8 所示。

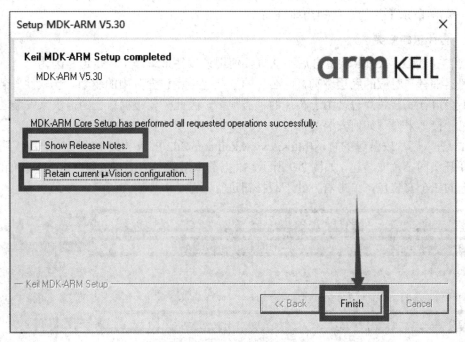

图 2-7 软件安装完成对话框

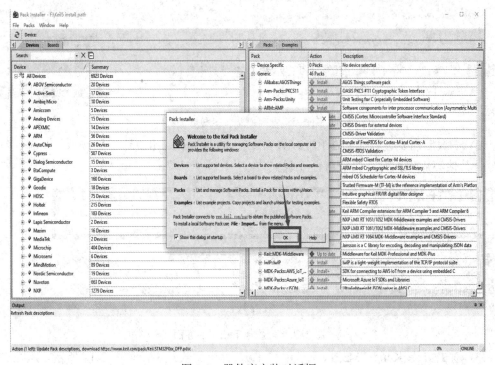

图 2-8 器件库安装对话框

(7) 安装完 MDK 开发环境后，会提示是否安装各种器件库，如图 2-8 所示。读者可以根据实际需要安装各种器件库，也可以下载离线包安装器件库。使用试用版本软件在编译程序时有存储器的大小代码限制，读者可以通过购买正版软件或者其他方式来获取更多的信息。单击【OK】按钮，关掉当前页面。

2. 芯片包的安装

安装好 MDK-ARM 软件之后不能直接使用该软件来编译工程，这是因为每一种嵌入式处理器都有其对应的底层驱动，而芯片的安装包中就包含其中的驱动。当软件安装完成时并不会自行安装芯片包，由于芯片的种类很多，因此需要根据自己的需求来安装芯片的安装包。接下来介绍如何安装芯片包。

(1) 进入芯片安装包的官网(https://www.keil.com/dd2/Pack/#/eula-container)，往下查找，找到 S 开头的芯片安装包，如图 2-9 所示。根据需求下载对应的安装包，这里下载如图 2-9 中框选的三个安装包，单击右方的下载按钮进行下载。

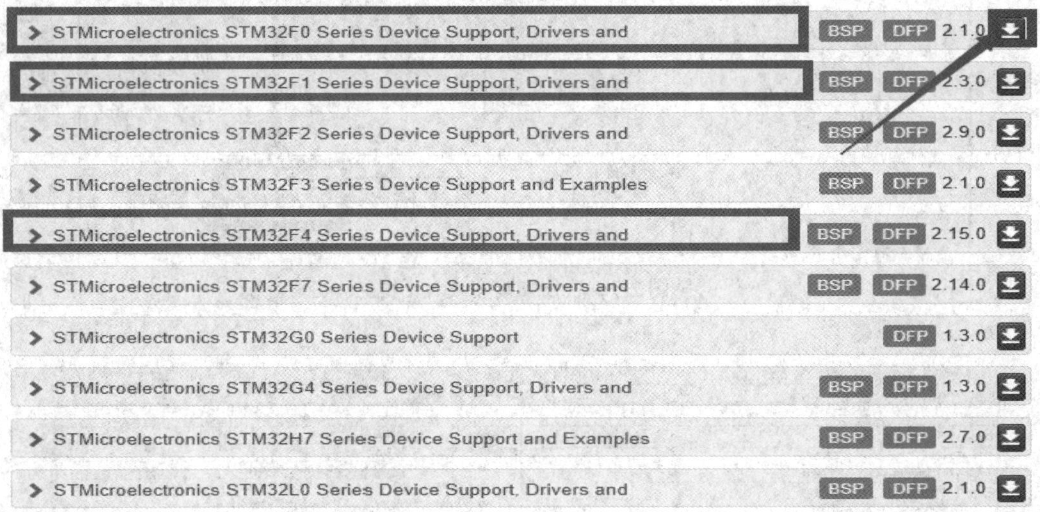

图 2-9　官网安装包下载界面

(2) 下载后的安装包如图 2-10 所示，安装 MCU Device 包，这里只展示三个芯片包的安装，其他芯片包如有需要请自行下载安装。

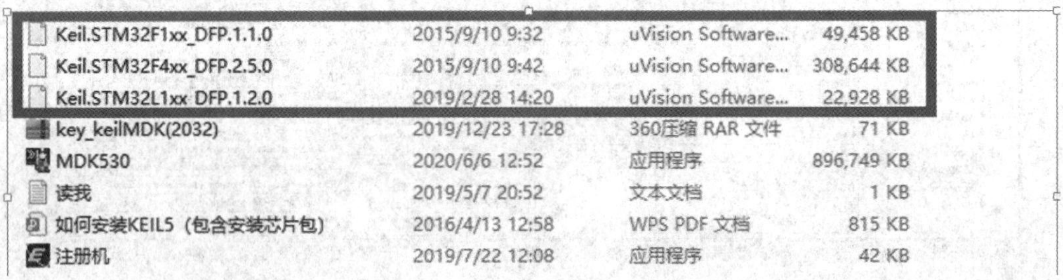

图 2-10　安装包下载后的界面

(3) 双击安装 Keil.STM32F1xx_DFP.1.1.0，弹出的安装界面如图 2-11 所示，路径选择默认即可，单击【Next>>】按钮进行安装，完成安装后弹出如图 2-12 所示的界面。

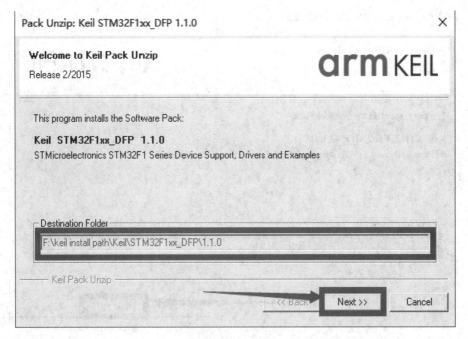

图 2-11   Keil.STM32F1xx_DFP.1.1.0 安装界面

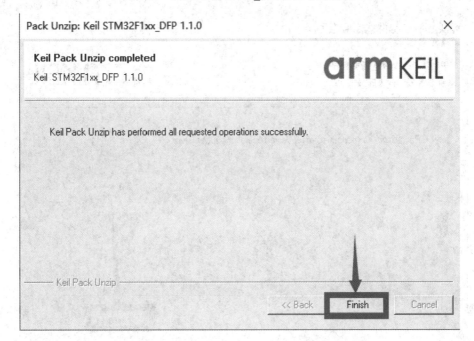

图 2-12   Keil.STM32F1xx_DFP.1.1.0 完成安装

(4) 在图 2-12 中单击【Finish】完成安装。

(5) 双击安装 Keil.STM32F4xx_DFP.2.5.0，弹出的安装界面如图 2-13 所示，路径默认即可，单击【Next>>】安装，完成安装后弹出如图 2-14 所示的界面。

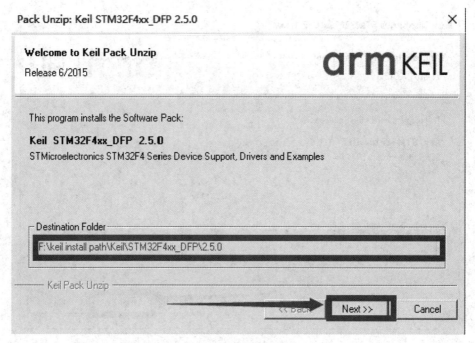

图 2-13　Keil.STM32F4xx_DFP.2.5.0 安装界面

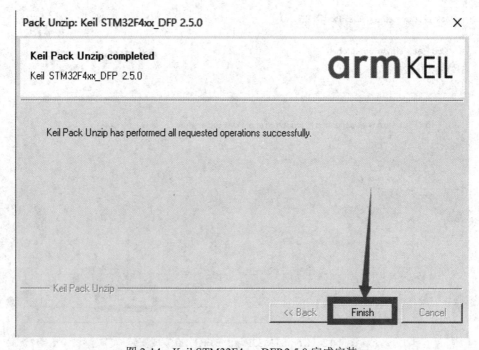

图 2-14　Keil.STM32F4xx_DFP.2.5.0 完成安装

(6) 在图 2-14 中单击【Finish】完成安装。

(7) 双击安装 Keil.STM32L1xx_DFP.1.2.0，弹出的安装界面如图 2-15 所示，路径默认即可，单击【Next>>】安装，完成安装后弹出如图 2-16 所示界面。

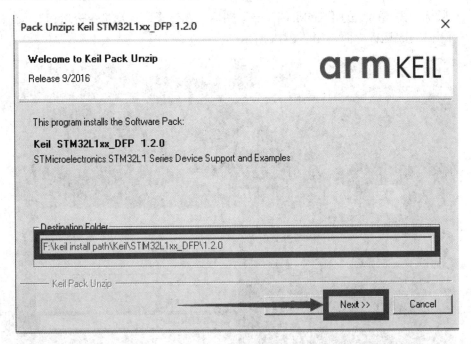

图 2-15 Keil.STM32L1xx_DFP.1.2.0 安装界面

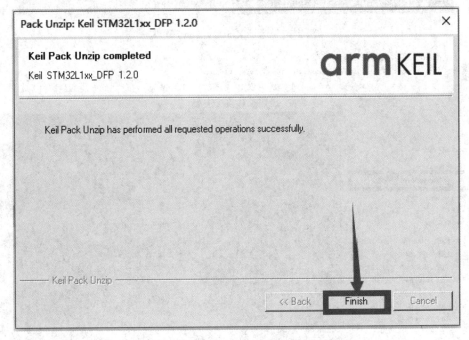

图 2-16 Keil.STM32L1xx_DFP.1.2.0 完成安装

(8) 在图 2-16 中单击【Finish】完成安装。

2.2.2 注册 MDK-ARM

注册 MDK-ARM 的步骤如下:

（1）鼠标右击桌面上的【Keil μVision5】图标，选择【以管理员身份运行】，如图 2-17 所示，弹出 Keil5 运行界面，如图 2-18 所示。

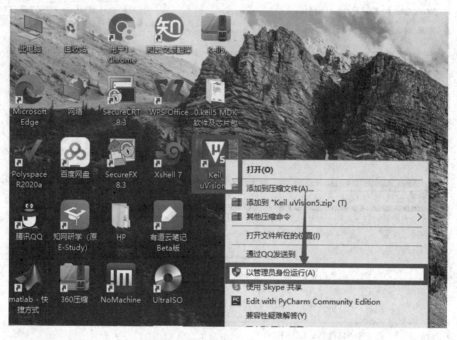

图 2-17　运行 Keil μVision5 软件

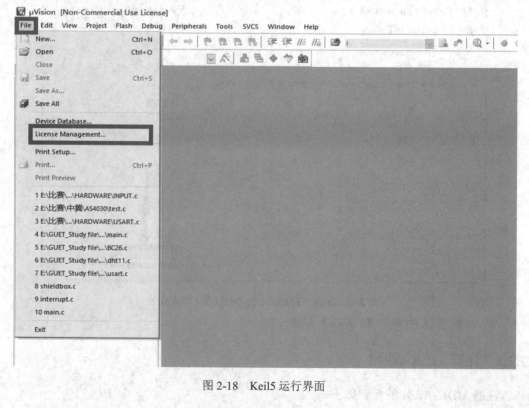

图 2-18　Keil5 运行界面

(2) 在图 2-18 中单击【File】选择【License Management】(不要关闭此界面),弹出【License Management】对话框,如图 2-19 所示。

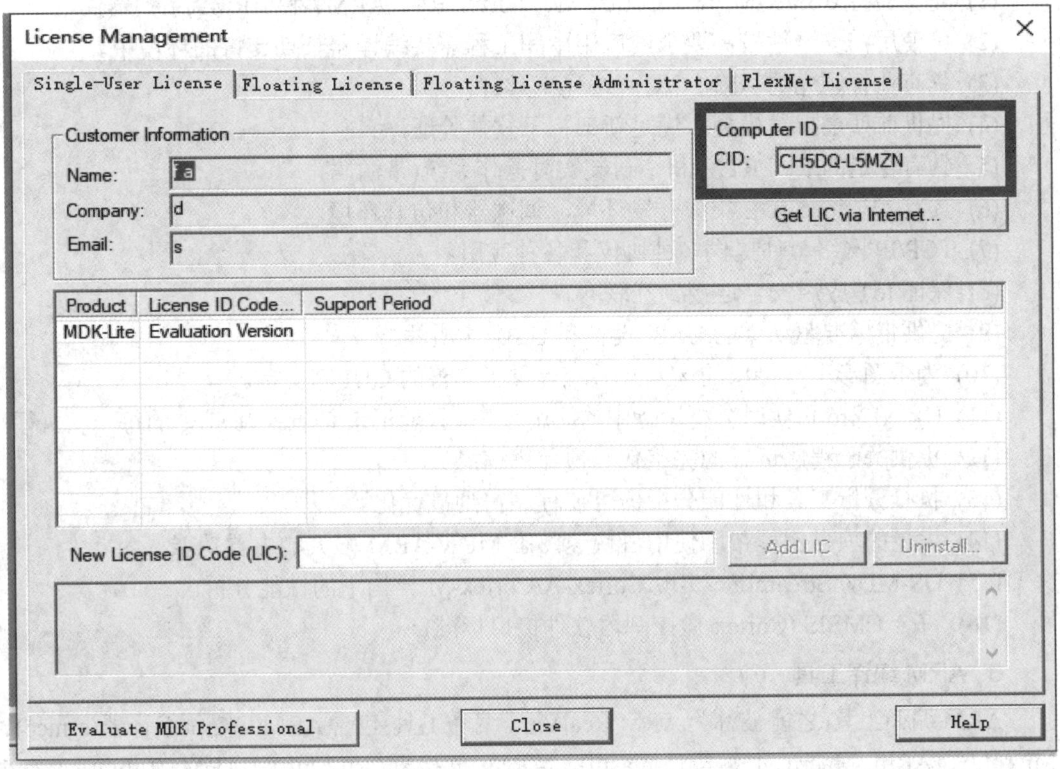

图 2-19   【License Management】对话框

根据 CID 码通过相应的注册软件生成注册码输入到【New Licence ID Code(LIC)】文本框中,单击【Add LIC】按钮即可。

2.3 创建例程简介

2.3.1 MDK-ARM 介绍

MDK-ARM 是 Keil 公司开发的基于 ARM 核的系列微控制器的嵌入式应用程序。

1. MDK-ARM 简介

Keil 公司开发的 ARM 开发工具 MDK,是用来开发基于 ARM 核的系列微控制器的嵌入式应用程序。它适合不同层次的开发者使用,包括专业的应用程序开发工程师和嵌入式软件开发的入门者。MDK 包含了工业标准的 Keil C 编译器、宏汇编器、调试器、实时内核等组件,支持所有基于 ARM 的设备,能帮助工程师按照计划完成项目。

2. MDK 的功能特点

MDK 有如下功能特点：

(1) 完美支持 Cortex-M V8、Cortex-M、Cortex-R4、ARM7 和 ARM9 系列器件。

(2) 可使用在安全性较高要求的应用中和工程需要编译器长期支持的环境中。

(3) 具有业行领先的 ARM C/C++编译工具链。

(4) 提供前期虚拟器模型，满足新架构下软件验证。

(5) 具有稳定的 Keil RTX 和小封装实时操作系统(带源码)。

(6) 具有 μVision5 IDE 集成开发环境、调试器和仿真环境。

(7) TCP/IP 网络套件提供多种协议和各种应用。

(8) 保证 IoT 应用安全连接到互联网。

(9) 提供带标准驱动类的 USB 设备和 USB 主机栈。

(10) 为带图形用户接口的嵌入式系统提供了完善的 GUI 库支持。

(11) ULINKpro 可实时分析运行中的应用程序，且能记录 Cortex-M 指令的每一次执行。

(12) 提供关于程序运行的完整代码覆盖率信息。

(13) 执行分析工具和性能分析器可使程序得到最优化。

(14) 大量的项目例程帮助使用者快速熟悉 MDK-ARM 强大的内置功能。

(15) DS-MDK Streamline 实现 Cortex-A/Cortex-M 异构下的性能分析。

(16) 符合 CMSIS (Cortex 微控制器软件接口标准)。

3. ARM 编译工具

ARM 编译工具(之前被称为 ARM RealView 编译工具)包含 ARM C/C++编译器(armcc)、Microlib、ARM Macro 汇编器(armasm)、ARM 链接器(armLink)、ARM (Librarian and FromELF)等工具。

基于以上专门针对 ARM 架构的微控制器编译器，工程师可以使用 C 或者 C++编写应用程序。通过以上编译器的编译，可以获得高效率和高速度的 ARM 汇编语言。

ARM 编译器将 C/C++元文件编译成可重定位(Relocatable)的目标模块，并且在其中嵌入供 μVision 调试器或在线调试器调试的符号信息。同时，ARM 编译器能帮助生成 listing files(列表文件)，它可以包含 symbol table(符号表)和交叉引用信息。

ARM RVCT 编译器被广泛视为行业最佳的基于 ARM 架构的编译器。它定位于最佳代码密度的编译器，可以帮助生成代码量最小的编译器，帮助节省代码量以满足内存的要求，从而降低硬件成本。同时，编译器支持 ISO 标准的 C/C++语言，可以将 32-bit ARM、16-bit Thumb 及混合的 32/16-bit Thumb2 指令集生成高度优化的代码。

ARM 公司一直致力于改善 ARM 编译器在代码密度和代码性能两方面存在的缺陷，同时增添了很多新的特点，如 Microlib 等。

2.3.2 运行 Blinky 例程的步骤

运行 Blinky 例程的步骤如下：

(1) 运行 Keil μVision5 程序，μVision5 主窗口界面如图 2-20 所示。

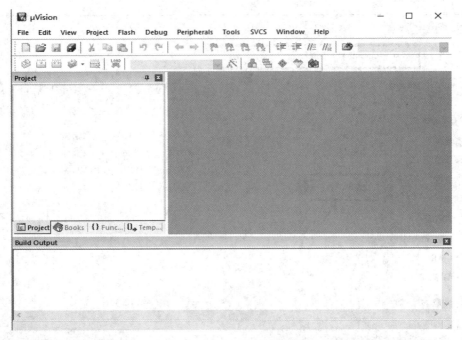

图 2-20　μVision5 主窗口界面

(2) 如图 2-21 所示，在菜单栏中单击【Project】按钮，在弹出的下拉菜单中单击【Open Project...】按钮，弹出选择工程对话框，如图 2-22 所示。

(3) 在图 2-22 中，选择工程存放路径(①)，再选择需要打开的工程名称(②)，最后单击【打开】按钮，弹出打开工程界面，如图 2-23 所示。

(4) 在图 2-24 中，单击编译按钮后，得到编译结果。

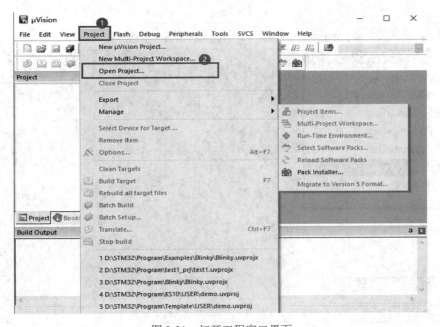

图 2-21　打开工程窗口界面

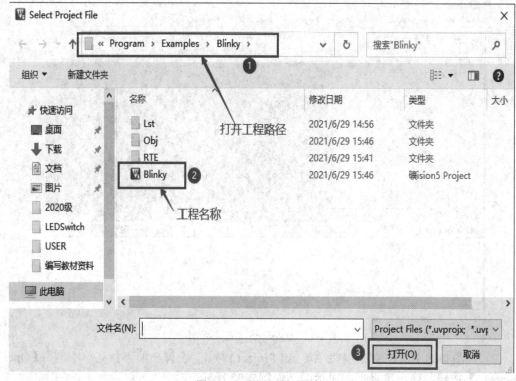

图 2-22　选择工程对话框

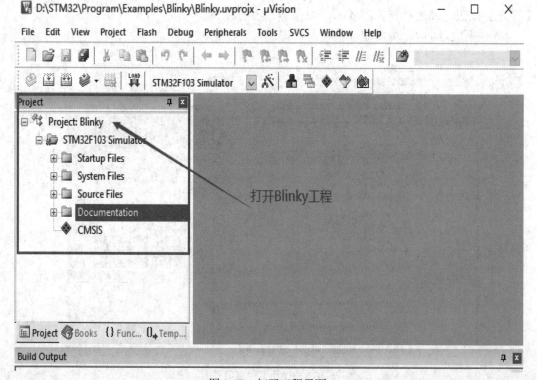

图 2-23　打开工程界面

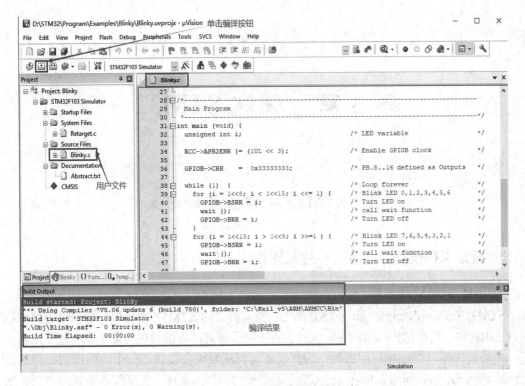

图 2-24　Blinky 工程编译结果界面

第 3 章　调试 STM32

3.1　STM32 工程模板的建立

3.1.1　新建工程模板第一步——拷贝固件库文件

1. 下载 STM32 固件库

STM32Fxxx_StdPeriph_Lib_V3.5.0 是 ST 公司提供的 STM32 固件库，是一个固件函数包，它由程序、数据结构和宏组成，包括了微控制器所有外设的性能特征。该函数库还包括每一个外设的驱动描述和应用实例，为开发者访问底层硬件提供了一个中间应用编程界面(Application Programming Interface，API)，通过使用固件函数库，无需深入掌握底层硬件细节，开发者就可以轻松应用每一个外设。因此，使用固态函数库可以大大减少用户编写程序的时间，进而降低开发成本。每个外设驱动都由一组函数组成，这组函数覆盖了该外设所有的功能。每个器件的开发都由一个通用 API 驱动，API 对该驱动程序的结构、函数和参数名称都进行了标准化。这里选择 F1 的固件库进行下载。固件库的官方下载地址为 https://www.stmicroelectronics.com.cn/zh/embedded-software/stm32-standard-peripheral-libraries.html 。进入官方网页，如图 3-1 所示，选择【F1】进入许可协议注册界面，完成注册后就可以进行下载。

图 3-1　官方 STM32F10x 标准外设库界面

　　将下载后的压缩包进行解压,打开 STM32F10x_StdPeriph_Lib_V3.5.0 文件夹,主要用 Libraries 和 Project 文件夹,如图 3-2 所示。Libraries 文件夹用来存放 ST 库里面最核心的文件,包含两个子文件夹,即 STM32F10x_StdPeriph_Driver 和 CMSIS。

　　(1) STM32F10x_StdPeriph_Driver 文件夹用来存放 STM32 库里面芯片上的所有驱动,其中包含 inc 和 src 两个文件夹。inc 里面是 ST 片上资源的驱动头文件,如要用到某个资源,则必须把相应的头文件包含进来。src 里面是 ST 片上资源的驱动头文件,这些驱动文件涉及了大量的 C 语言的知识,是学习库的重点。

　　(2) CMSIS 文件夹用来存放库自带的启动文件和一些 M3 系列通用的文件。CMSIS 是 ARM Cortex 微控制器软件接口标准,是 ARM 公司芯片厂商提供的一套通用的且独立于芯片厂商的处理器软件接口。

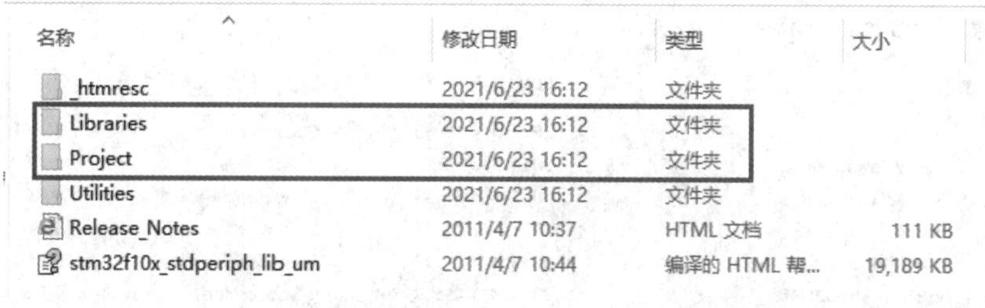

图 3-2　STM32F10x_StdPeriph_Lib_V3.5.0 内容

2. 拷贝固件库文件

拷贝固件库文件的步骤如下:

　　(1) 在 D:\STM32\Program 新建 Blinky 文件夹,并在里面新建三个文件夹,即 CMSIS(存放内核函数及启动引导文件)、FWLIB(存放库函数)和 USER(存放用户自己的函数),如图 3-3 所示。

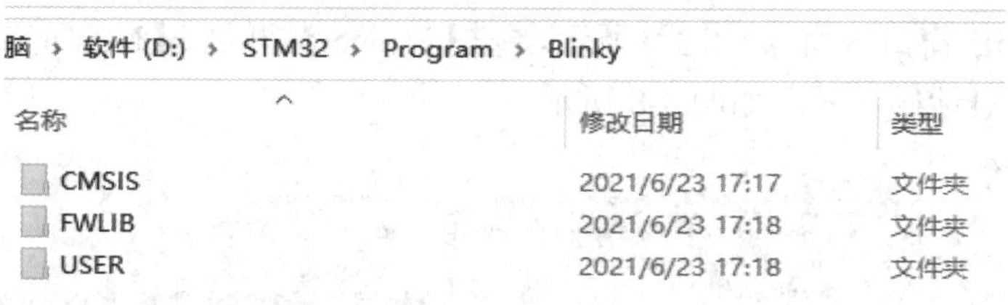

图 3-3　新建工程文件夹

　　(2) 将 STM32F10x_StdPeriph_Lib_V3.5.0\Libraries\CMSIS\CM3\CoreSupport 和 STM32 F10x_StdPeriph_Lib_V3.5.0\Libraries\CMSIS\CM3\DeviceSupport\ST\STM32F10x 中的文件复制到 D:\STM32\Program\Blinky\CMSIS 中,如图 3-4 所示。

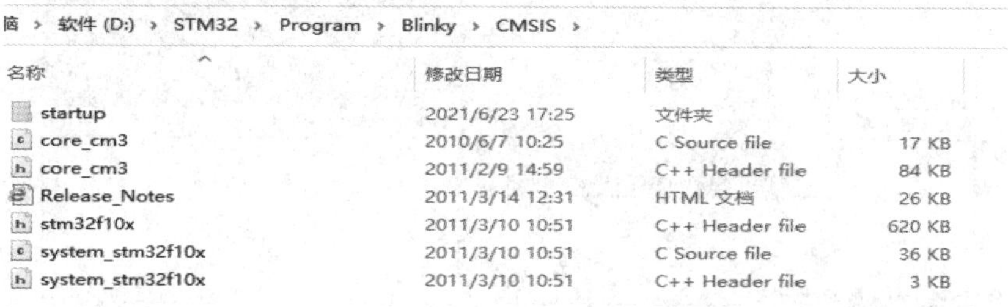

图 3-4　CMSIS 文件夹内容

(3) 将 STM32F10x_StdPeriph_Lib_V3.5.0\Libraries\STM32F10x_StdPeriph_Driver 中的 inc 和 src 复制到 D:\STM32\Program\Blinky\FWLIB 文件夹中，如图 3-5 所示。

图 3-5　FWLIB 文件夹内容

(4) 将 STM32F10x_StdPeriph_Lib_V3.5.0\Project\STM32F10x_StdPeriph_Template 中的文件复制到 D:\STM32\Program\Blinky\USER 文件夹中，如图 3-6 所示。

名称	修改日期	类型	大小
main	2011/4/4 19:03	C Source file	8 KB
Release_Notes	2011/4/6 18:15	HTML 文档	30 KB
stm32f10x_conf	2011/4/4 19:03	C++ Header file	4 KB
stm32f10x_it	2011/4/4 19:03	C Source file	5 KB
stm32f10x_it	2011/4/4 19:03	C++ Header file	3 KB
system_stm32f10x	2011/4/4 19:03	C Source file	36 KB

图 3-6　USER 文件夹内容

通过以上操作完成 STM32 固件库文件的搭建，现在可以在 D:\STM32\Program\Blinky 文件夹中新建工程。

3.1.2　新建工程模板第二步——新建一个 Keil 工程

新建 Keil 工程的步骤如下：

(1) 打开 Keil5 窗口界面，如图 3-7 所示。单击【Project】，再单击【New μVision Project...】，弹出创建新工程对话框界面，如图 3-8 所示。

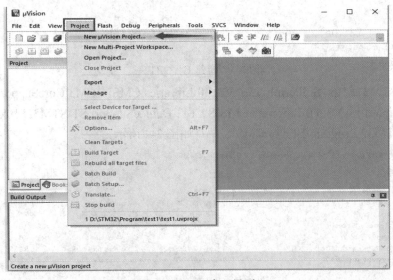

图 3-7　Keil5 窗口界面

图 3-8 创建新工程对话框界面

(2) 在图 3-8 中选择创建工程的路径，输入新建工程的名称，最后单击【保存】按钮，弹出选择芯片型号对话框界面，如图 3-9 所示。

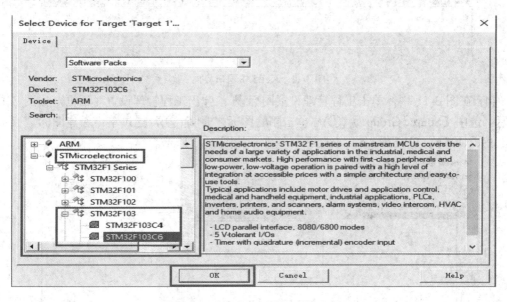

图 3-9 选择芯片型号对话框界面

(3) 在图 3-9 中选择芯片型号，本书选择 STM32F103C6 系列，单击【OK】按钮，弹出在线添加库文件对话框，如图 3-10 所示。这里可以根据实际需要进行选择，对于初学者，暂时不选择任务文件，直接单击【OK】按钮，返回 Keil5 主窗口界面，如图 3-11 所示。

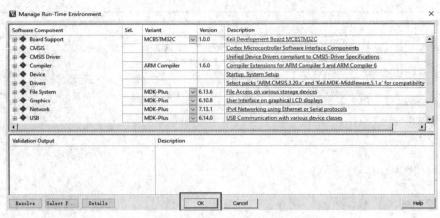

图 3-10　在线添加库文件对话框界面

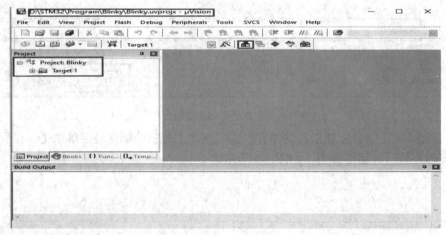

图 3-11　Keil5 主窗口界面

(4) 在图 3-11 中，单击工程管理设置图标🔨，弹出工程管理设置对话框，如图 3-12 所示。选中【Source Group1】(①)，单击删除图标✕删除(②)，通过单击新建图标📄新建 CMSIS、USER、FWLIB、STARTUP 文件夹，如图 3-13 所示。

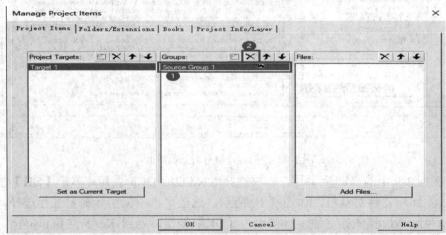

图 3-12　工程管理设置对话框界面

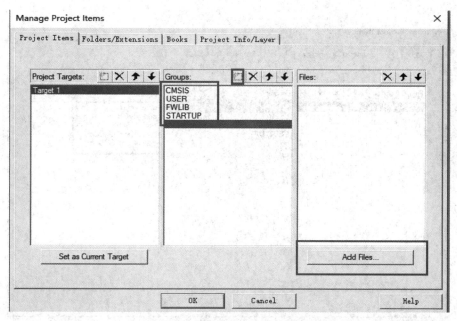

图 3-13　新建文件夹对话框界面

(5) 在图 3-13 中通过单击【Add Files…】按钮依次将相关 STM32 库文件添加到 CMSIS、USER、FWLIB、STARTUP 文件夹中，具体操作过程为：① 对于 FWLIB，只需要添加 D:\STM32\Program\FWLIB\src 中的.c 文件即可，如图 3-14 所示；② 对于 CMSIS，只需要添加 D:\STM32\Program\CMSIS 中的文件，不需要添加 STARTUP 中的文件，如图 3-15 所示；③ 对于STARTUP，只要选择 D:\STM32\Program\CMSIS\startup\arm 中的 startup_stm32f10x_ hd.s、startup_stm32f10x_ld.s 和 startup_stm32f10x_md.s 即可，如图 3-16 所示。

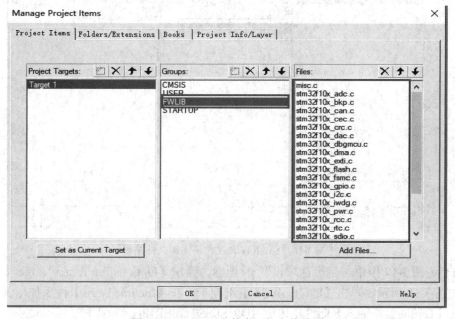

图 3-14　FWLIB 文件夹添加文件结果

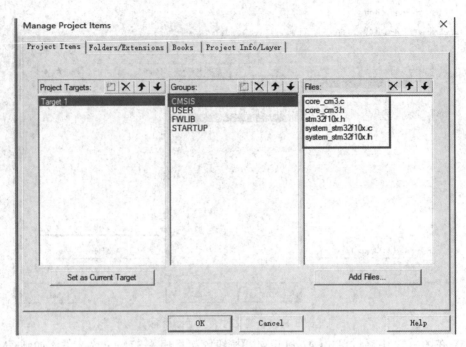

图 3-15　CMSIS 文件夹添加文件结果

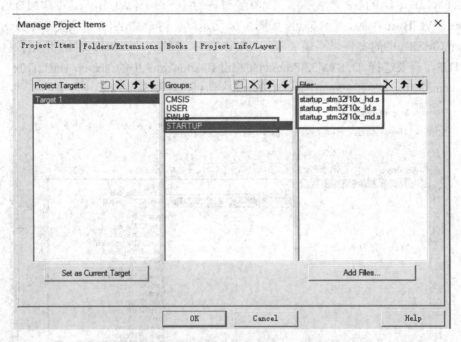

图 3-16　STARTUP 文件夹添加文件结果

(6) 在图 3-17 中单击目标选项设置 ⚒ 图标，弹出【Options for Target 'Target 1'】对话框，如图 3-18 所示。单击【C/C++(AC6)】选项卡，在【Include Paths】栏添加相关文件路径，在【Define】栏输入 STM32F10X_HD.USE_STDPERIPH_DRIVER。

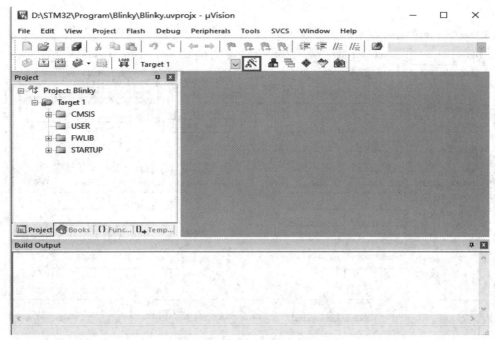

图 3-17　新建的窗口界面

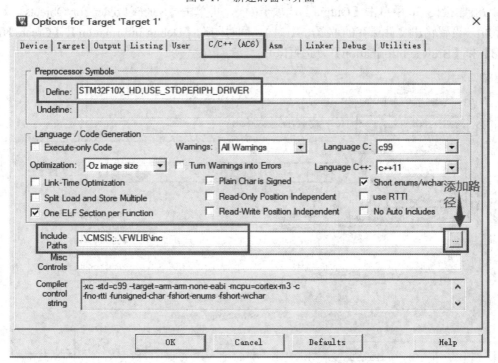

图 3-18　【C/C++(AC6)】选项卡

(7) 在图 3-19 中单击【Target】选项卡(①)，将 Use default compiler version 6 改为 Use default compiler version 5(②)，勾选【Use MicroLIB】复选框(③)，最后单击【OK】按钮(④)。

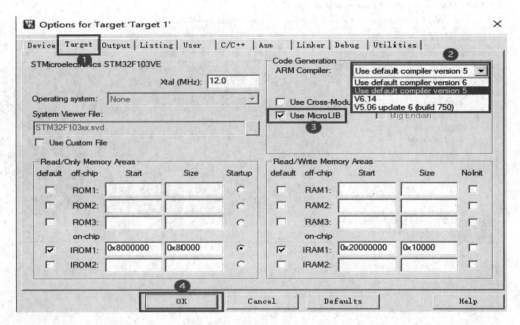

图 3-19　【Target】选项卡

(8) 在图 3-20 中单击【Output】选项卡(①)，再单击【Select Folder for Objects...】按钮(②)，设置输出文件保存的位置(③、④)。同时勾选【Debug Information】、【Create HEX File】和【Browse Information】复选框(⑤)。

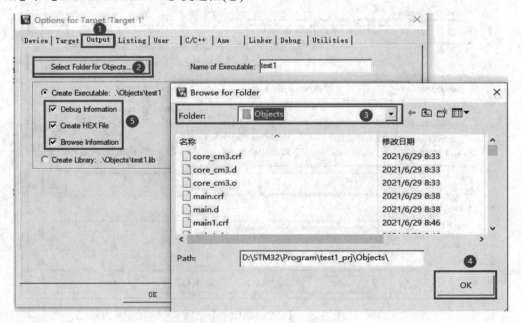

图 3-20　【Output】选项卡

(9) 在图 3-21 中单击【Listing】选项卡(①)，再单击【Select Folder for Listings...】按钮(②)，设置 Listings 信息保存的位置(③、④)。

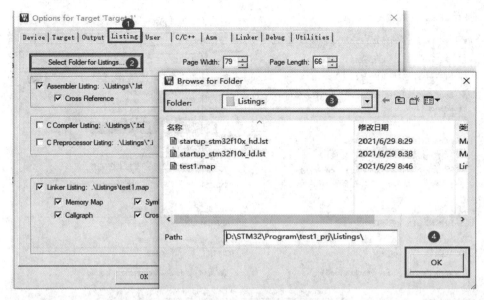

图 3-21　【Listing】选项卡

注意：创建工程时，首先在新建工程文件夹中添加 STM32 固件库文件，然后再新建工程。

3.2　程序的装载

装载程序的步骤如下：

(1) 在图 3-22 中单击工具栏中的 ✗ 按钮，弹出目标选项设置窗口，如图 3-23 所示。

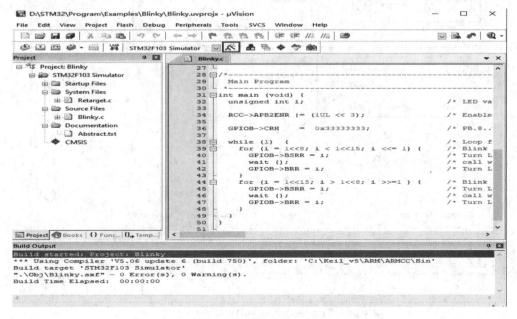

图 3-22　Keil5 主窗口界面

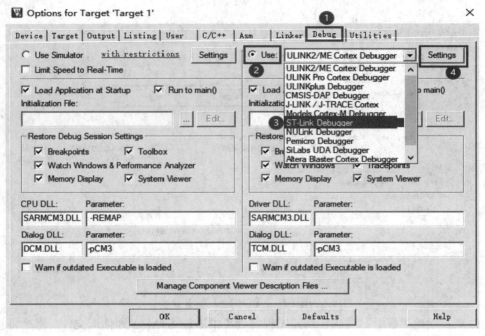

图 3-23　目标选项设置窗口

(2) 在图 3-23 中单击【Debug】选项卡(①)，选择【Use】单选框(②)，再选择仿真器类型(③)，单击【Settings】按钮(④)，弹出【Cortex-M Target Driver Setup】对话框，如图 3-24 所示。

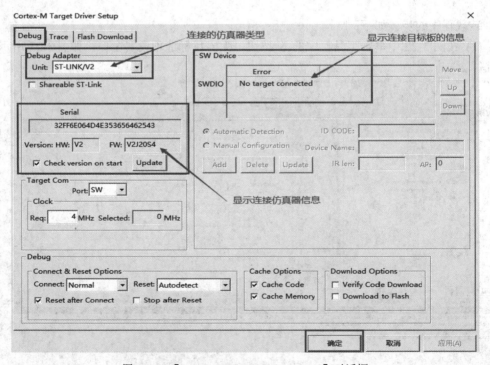

图 3-24　【Cortex-M Target Driver Setup】对话框

(3) 在图 3-25 中单击【Flash Download】选项(①)，选择【Reset and Run】复选框(②)，通过单击【Add】按钮添加芯片型号(③)，单击【确定】按钮结束设置(④)。

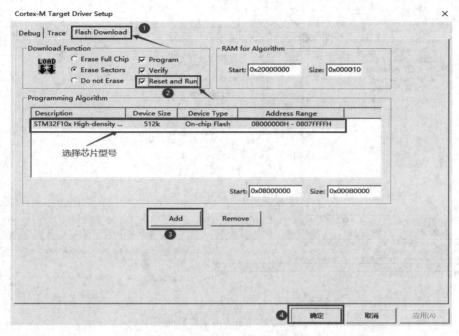

图 3-25　【Flash Download】选项卡

(4) 在图 3-26 中单击【Utilities】选项卡(①)，选择【Update Target before Debugging】复选框(②)，单击【OK】按钮(③)，完成设置，返回 Keil5 主窗口界面，如图 3-27 所示。

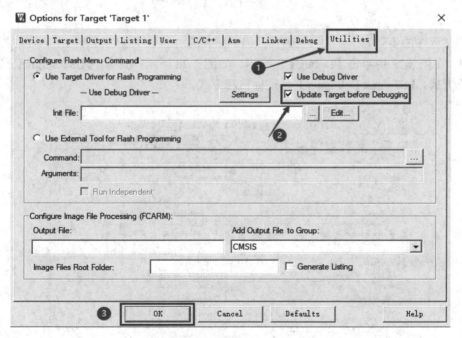

图 3-26　目标选项设置窗口

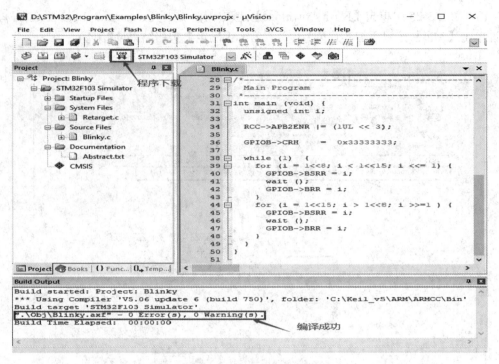

图 3-27　Keil5 主窗口界面

(5) 在图 3-27 中单击 ^{LOAD} 按钮，完成下载。

3.3　程序的调试

调试程序的步骤如下：

(1) 在图 3-23 中单击【Debug】选项卡，如图 3-28 所示。其中，【Use Simulator】是软件仿真方式，【ST-Link Debugger】是硬件仿真方式。

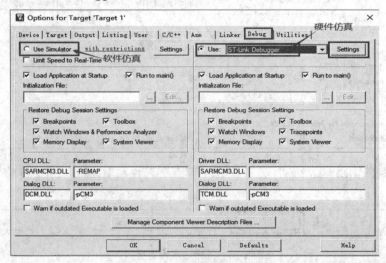

图 3-28　【Debug】选项卡

(2) 在图 3-28 中单击【Settings】按钮，弹出配置【Flash Download】对话框，如图 3-29 所示。

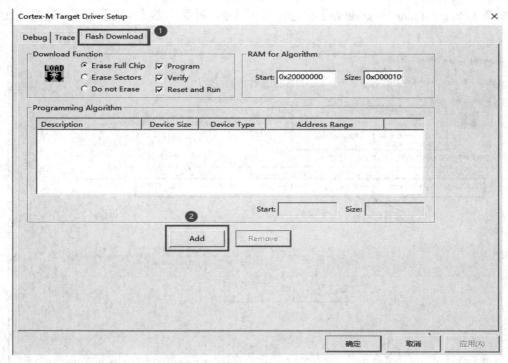

图 3-29　配置【Flash Download】对话框

(3) 在图 3-29 中单击【Flash Download】按钮(①)，再单击【Add】按钮(②)，弹出【Add Flash Programming Algorithm】对话框，如图 3-30 所示。

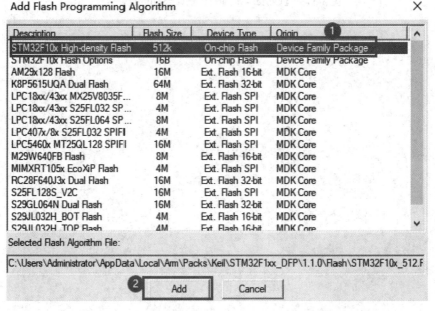

图 3-30　【Add Flash Programming Algorithm】对话框

(4) 在图 3-30 中选择合适器件的 Flash(①), 单击【Add】按钮(②), 弹出【Cortex-M Target Driver Setup】对话框, 如图 3-31 所示。在【Download Function】栏进行下载功能设置, 然后在【Programming Algorithm】栏选择芯片型号, 最后单击【确定】按钮, 完成 Flash 配置。

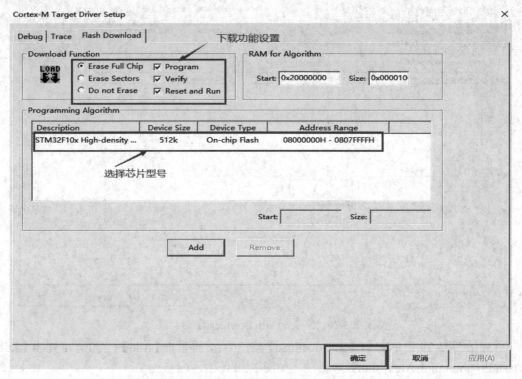

图 3-31　【Cortex-M Target Driver Setup】对话框

第4章 基础实例

4.1 呼吸灯实例

1. 实例要求

在 STM32F103R6 的 PC0 引脚上外接一个 D1 发光二极管,实现呼吸灯显示效果。

2. 硬件电路

本实例的硬件仿真电路如图 4-1 所示。

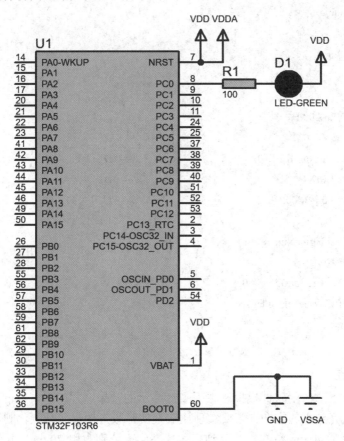

图 4-1 呼吸灯实例电路仿真原理图

U1(STM32F103R6)的 PC0 引脚通过限流电阻 R1(100Ω)驱动 D1 发光二极管的亮灭。

3. 程序设计

根据实例要求，设计的程序如下：

```c
#include "stm32f10x.h"
void MyGPIO_Init(void)
{
    GPIO_InitTypeDef MyGPIO;                              //定义初始化 GPIO 结构体变量
    RCC_APB2PeriphClockCmd(RCC_APB2Periph_GPIOC,ENABLE);   //打开 GPIOC 外设时钟
    MyGPIO.GPIO_Pin = GPIO_Pin_0;                          //指定要配置的 GPIO 引脚
    MyGPIO.GPIO_Speed = GPIO_Speed_10MHz;                  //指定 GPIO 引脚输出响应速度
    MyGPIO.GPIO_Mode = GPIO_Mode_Out_PP;                   //指定 GPIO 引脚为通用推挽输出模式
    GPIO_Init(GPIOC,&MyGPIO);                              //调用 GPIO 初始化函数完成 PC0 引脚配置
}
#define LED(x)   (x)?GPIO_SetBits(GPIOC,GPIO_Pin_0):GPIO_ResetBits(GPIOC,GPIO_Pin_0)
int main(void)
{
    int i,j,ucNum = 0;
    int Flag = 1;
    MyGPIO_Init();
while(1)
{
        for(i=0;i<200;i++)
        {
          if(i < ucNum)LED(0);                //--- D1 灯亮 ---
          else LED(1);                        //--- D1 灯灭 ---
          for(j=0;j<1000;j++);                //--- 延时大约 100μs ---
        }
        if(1 == Flag)ucNum ++;
        else ucNum --;
        if(200 == ucNum)Flag = 0;
        else if(0 == ucNum)Flag = 1;
    }
}
```

4. 实例总结

本实例展示了如何用软件模拟产生呼吸灯显示的效果，程序中，Flag 用于控制 D1 灯从灭到亮或者从亮到灭的方向。若要实现比较好的呼吸灯的显示效果，则一个完整的亮灭的周期应该控制在 40 ms 左右，从灭到亮和从亮到灭分别占用 20 ms，并将每个 20 ms 时间分成 200 份，每份大约占用 100 μs 时间，其中亮的时间通过 ucNum 变量来控制，这样就可以控制 D1 灯亮灭的呼吸灯的显示效果。

4.2 单个 LED 数码管显示 0~9 的实例

1. 实例要求

STM32F103R6 的 GPIOC 端口的 PC0~PC7 引脚驱动一个共阳极 LED 数码管，实现在 LED 数码管上循环显示数字 0~9。

2. 硬件电路

本实例的硬件仿真电路如图 4-2 所示。

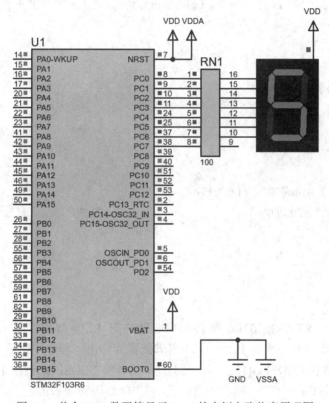

图 4-2 单个 LED 数码管显示 0~9 的实例电路仿真原理图

U1(STM32F103R6)的 PC0~PC7 引脚通过 RN1(100Ω)限流排阻连接到共阳极 LED 数码管的笔段 A~H。

3. 程序设计

根据实例要求，设计的程序如下：

```c
#include "stm32f10x.h"
void MyGPIO_Init(void)
{
    GPIO_InitTypeDef MyGPIO;                          //定义初始化 GPIO 结构体变量
    RCC_APB2PeriphClockCmd(RCC_APB2Periph_GPIOC,ENABLE);   //打开 GPIOC 外设时钟
```

```
    MyGPIO.GPIO_Pin = GPIO_Pin_0 | GPIO_Pin_1 |
                      GPIO_Pin_2 | GPIO_Pin_3 |
                      GPIO_Pin_4 | GPIO_Pin_5 |
                      GPIO_Pin_6 | GPIO_Pin_7;        //指定要配置的 GPIO 引脚
    MyGPIO.GPIO_Speed = GPIO_Speed_10MHz;             //指定 GPIO 引脚输出响应速度
    MyGPIO.GPIO_Mode = GPIO_Mode_Out_PP;              //指定 GPIO 引脚为通用推挽输出模式
    GPIO_Init(GPIOC,&MyGPIO);                         //调用 GPIO 初始化函数完成 PC0 引脚配置
}
//数字 0～9 的笔段码定义
static unsigned char LEDSEG[] = {0x3F,0x06,0x5B,0x4F,0x66,0x6D,0x7D,0x07,0x7F,0x6F};
int main(void)
{
    int i,j;
    MyGPIO_Init();
    while(1)
    {
        for(i=0;i<sizeof(LEDSEG);i++)
        {
            GPIO_Write(GPIOC,~LEDSEG[i]);
            for(j=0;j<200000;j++);                    //--- 软件延时 ---
        }
    }
}
```

4. 实例总结

本实例展示了 STM32F103R6 器件如何驱动共阳 LED 数码管显示笔段码，在使用 GPIOC 端口引脚驱动时，需将 PC0～PC7 引脚配置为输出，程序中将要显示的 0～9 的笔段码按照顺序放置在 LEDSEG[]数组中。通过 for 循环将 LEDSEG[]数组中的内容按顺序送到 GPIOC 端口的 PC0～PC7 引脚上，就能驱动 LED 数码管显示内容了。

4.3　0～99 按键计数显示实例

1. 实例要求

STM32F103R6 的 GPIOC 端口的 PC2～PC9 引脚驱动 2 位共阴 LED 数码管的笔段，PC10、PC11 驱动 2 位共阴 LED 数码管的位选段，PC12 连接着按键 K1，当 K1 按下时计数加 1，实现在 2 位共阴 LED 数码管上显示 100 以内的按键计数值。

2. 硬件电路

本实例的硬件仿真电路如图 4-3 所示。

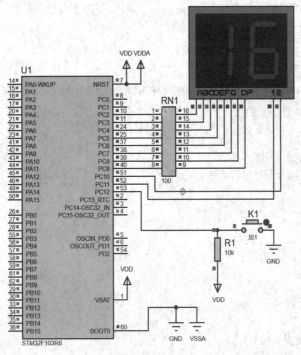

图 4-3 0～99 按键计数显示实例电路仿真原理图

U1 的 PC2～PC9 引脚通过 RN1 限流电阻(100Ω)来驱动 2 位共阴 LED 数码管的笔段。U1 的 PC10、PC11 引脚直接驱动 2 位共阴 LED 数码管的位选段。U1 的 PC12 引脚连接着按键 K1。

3. 程序设计

根据实例要求，设计的程序如下：

```
#include "stm32f10x.h"
void MyGPIO_Init(void)
{
    GPIO_InitTypeDef MyGPIO;                        //定义初始化 GPIO 结构体变量
    RCC_APB2PeriphClockCmd(RCC_APB2Periph_GPIOC,ENABLE);   //打开 GPIOC 外设时钟
    MyGPIO.GPIO_Pin = GPIO_Pin_2 | GPIO_Pin_3 |
                      GPIO_Pin_4 | GPIO_Pin_5 |
                      GPIO_Pin_6 | GPIO_Pin_7 |
                      GPIO_Pin_8 | GPIO_Pin_9 |
                      GPIO_Pin_10| GPIO_Pin_11;  //指定要配置的 GPIO 引脚
    MyGPIO.GPIO_Speed = GPIO_Speed_10MHz;        //指定 GPIO 引脚输出响应速度
    MyGPIO.GPIO_Mode = GPIO_Mode_Out_PP;         //指定 GPIO 引脚为通用推挽输出模式
    GPIO_Init(GPIOC,&MyGPIO);                    //调用 GPIO 初始化函数完成 PC2～PC11 引脚配置
    MyGPIO.GPIO_Pin = GPIO_Pin_12;               //指定要配置的 GPIO 引脚
    MyGPIO.GPIO_Mode = GPIO_Mode_IN_FLOATING;    //指定 GPIO 引脚为浮空输入模式
```

```
    GPIO_Init(GPIOC,&MyGPIO);                        //调用 GPIO 初始化函数完成 PC12 引脚配置
}

//显示数字 0~9 的笔段码
unsigned char LEDSEG[] = {0x3F,0x06,0x5B,0x4F,0x66,0x6D,0x7D,0x07,0x7F,0x6F};
unsigned char LEDDIG[] = {2,1};                             //位选段码
int LEDCnt;
int LEDIndex;
unsigned char LEDBuffer[2] = {0,0};                         //显示缓冲区
int KeyCnt;
int main(void)
{
    int i;
    MyGPIO_Init();
    while(1)
    {
        if(++LEDCnt > 100)
        {
            LEDCnt = 0;
            GPIO_Write(GPIOC,(LEDDIG[LEDIndex] << 10) |
                            (LEDSEG[LEDBuffer[LEDIndex]] << 2));      //驱动 LED 数码管
            if(++LEDIndex >= sizeof(LEDBuffer)) LEDIndex = 0;
        }
        if(RESET == GPIO_ReadInputDataBit(GPIOC,GPIO_Pin_12))        //读按键 K1 状态
        {
            for(i=0;i<1000;i++);//延时去抖
            if(RESET == GPIO_ReadInputDataBit(GPIOC,GPIO_Pin_12))    //再读按键 K1 状态
            {
                if(++KeyCnt >= 100)KeyCnt = 0;                       //计数变量加 1
                LEDBuffer[0] = KeyCnt % 10;                         //取计数变量的个位数
                LEDBuffer[1] = KeyCnt / 10;                         //取计数变量的十位数
            }
            while(RESET == GPIO_ReadInputDataBit(GPIOC,GPIO_Pin_12));//等待 K1 释放
        }
    }
}
```

4. 实例总结

本实例展示了 STM32F103R6 如何驱动动态 LED 数码管显示多位数的编程方法，程序

中变量 LEDCnt 的计数方式用于动态 LED 数码管刷新延时,当 LEDCnt 计数到指定的数值时,程序输出下一个显示缓冲区的笔段到指定的端口引脚上驱动 LED 数码管显示。变量 LEDIndex 则用于指示当前显示的是哪个缓冲区的内容。通过库函数的 GPIO_ReadInput DataBit()函数读取按键 K1 的状态,当按键 K1 按下时,读取 PC12 引脚的电平应为低电平。程序通过判断 PC12 的电平状态实现按键计数变量 KeyCnt 加 1,并将 KeyCnt 变量的各个位分开装入显示缓冲区 LEDBuffer 中。

4.4 基于计数方式实现去抖动的按键计数显示实例

1. 实例要求

STM32F103R6 的 GPIOA 端口的 PA4~PA11 引脚驱动 4 位共阴 LED 数码管的笔段,PA12~PA15 驱动 4 位共阴 LED 数码管的位选段,PB0 和 PB1 分别连接着按键 K1 和 K2,当 K1 按下时,计数加 1,当 K2 按下时,计数减 1,以此实现在 4 位共阴 LED 数码管上显示 10000 以内的按键计数值。

2. 硬件电路

本实例的硬件仿真电路如图 4-4 所示。

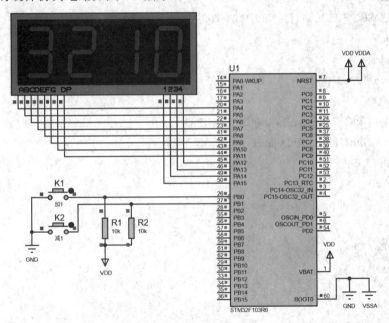

图 4-4 基于计数方式实现去抖动的按键计数显示实例电路仿真原理图

U1(STM32F103R6)的 GPIOA 端口引脚 PA4~PA11 驱动 4 位共阴 LED 数码管的笔段 A~G 及 DP,PA12~PA15 驱动 4 位共阴 LED 数码管的位选段 1~4,按键 K1 和 K2 分别连接到 GPIOB 端口引脚的 PB0 和 PB1 引脚上,电阻 R1 和 R2 为按键 K1 和 K2 的上拉电阻。

3. 程序设计

根据实例要求,设计的程序如下:

```c
#include "stm32f10x.h"
void MyGPIO_Init(void)
{
    GPIO_InitTypeDef MyGPIO;                            //定义初始化 GPIO 结构体变量
    RCC_APB2PeriphClockCmd(RCC_APB2Periph_GPIOA,ENABLE); //打开 GPIOA 外设时钟
    MyGPIO.GPIO_Pin = GPIO_Pin_All & 0xFFF0;            //指定要配置的 GPIO 引脚
    MyGPIO.GPIO_Speed = GPIO_Speed_10MHz;               //指定 GPIO 引脚输出响应速度
    MyGPIO.GPIO_Mode = GPIO_Mode_Out_PP;                //指定 GPIO 引脚为通用推挽输出模式
    GPIO_Init(GPIOA,&MyGPIO);                           //调用 GPIO 初始化函数完成 PA4～PA15 引脚配置
    RCC_APB2PeriphClockCmd(RCC_APB2Periph_GPIOB,ENABLE); //打开 GPIOB 外设时钟
    MyGPIO.GPIO_Pin = GPIO_Pin_0 | GPIO_Pin_1;          //指定要配置的 GPIO 引脚
    MyGPIO.GPIO_Mode = GPIO_Mode_IN_FLOATING;           //指定 GPIO 引脚为浮空输入模式
    GPIO_Init(GPIOB,&MyGPIO);                           //调用 GPIO 初始化函数完成 PB0、PB1 引脚配置
}
//显示数字 0～9 的笔段码
unsigned char LEDSEG[] = {0x3F,0x06,0x5B,0x4F,0x66,0x6D,0x7D,0x07,0x7F,0x6F};
unsigned char LEDDIG[] = {0xE,0xD,0xB,0x7};             //位选段码
#define LEDSEG_DISPLAY(x)   GPIO_Write(GPIOA,x)
int LEDCnt;
int LEDIndex;
unsigned char LEDBuffer[4] = {0,1,2,3};                 //显示缓冲区
int KeyCnt;
#define K1   GPIO_ReadInputDataBit(GPIOB,GPIO_Pin_0)
#define K2   GPIO_ReadInputDataBit(GPIOB,GPIO_Pin_1)
int K1_Cnt,K2_Cnt;
int main(void)
{
    int i;
    MyGPIO_Init();

    while(1)
    {
        if(++LEDCnt > 100)
        {
            LEDCnt = 0;
            LEDSEG_DISPLAY((LEDDIG[LEDIndex]<<12) | (LEDSEG[LEDBuffer[LEDIndex]]<< 4));
            if(++LEDIndex >= sizeof(LEDBuffer)) LEDIndex = 0;
        }
        if(0 == K1)                                     //--- 判断 K1 是否按下 ---
```

```
    {
        if(999999 != K1_Cnt)                      //--- K1 真的已按下标志 ---
        {
            if(++K1_Cnt > 10)                      //--- 加 1 计数用于按键去抖判断 ---
            {
                if(0 == K1)                        //--- 判断 K1 是否真的按下 ---
                {
                    K1_Cnt = 999999;               //--- 置 K1 已按下标志 ---
                    if(++KeyCnt > 9999)KeyCnt = 0; //--- 计数加 1 并送显示缓冲区 ---
                    LEDBuffer[0] = (KeyCnt / 1) % 10;
                    LEDBuffer[1] = (KeyCnt / 10) % 10;
                    LEDBuffer[2] = (KeyCnt / 100) % 10;
                    LEDBuffer[3] = (KeyCnt / 1000) % 10;
                }
            }
        }
        else K1_Cnt = 0;                           //--- K1 释放则置 K1_Cnt 变量为 0 ---
        if(0 == K2)                                //--- 判断 K2 是否按下 ---
        {
            if(999999 != K2_Cnt)                   //--- 判断 K2 已按下标志 ---
            {
                if(++K2_Cnt > 10)                  //--- 加 1 计数用于按键去抖判断 ---
                {
                    if(0 == K2)                    //--- 判断 K2 是否真的按下 ---
                    {
                        K2_Cnt = 999999;           //--- 置 K2 已按下标志 ---
                        if(--KeyCnt < 0)KeyCnt = 0; //--- 计数减 1 并送显示缓冲区 ---
                        LEDBuffer[0] = (KeyCnt / 1) % 10;
                        LEDBuffer[1] = (KeyCnt / 10) % 10;
                        LEDBuffer[2] = (KeyCnt / 100) % 10;
                        LEDBuffer[3] = (KeyCnt / 1000) % 10;
                    }
                }
            }
            else K2_Cnt = 0;                       //--- K2 释放并置 K2_Cnt 变量为 0 ---
    }
}
```

4. 实例总结

本实例展示了在按键识别过程中，采用变量计数的方式来达到按键去抖动的目的，同时也将该变量作为键已按下的标志，实现一个变量多功能的方法。例如定义的变量 K1_Cnt，其执行步骤如下：

(1) 判断键是否按下；

(2) 若检测到键已按下，则判断是否为已按下的标志，这里的标志是 K1_Cnt 被置为特殊值"999999"；

(3) 若不是已按下的标志，则该变量(K1_Cnt)加 1，并判断是否达到设定的计数值 M；

(4) 若该变量(K1_Cnt)已达到设定的值 M，则判断该键是否真的按下；

(5) 若该键真的被按下了，则置该变量 K1_Cnt 为特殊值"999999"，这个特殊值一定要大于 M，并执行相应的键处理事件；

(6) 其他的情况下，只需判断键是否已释放，若已释放，则将该变量 K1_Cnt 置 0；

(7) 通过设置一个变量既作为计数，又作为标志，可以有效提高 CPU 处理效率。

4.5　外部中断方式的加减计数实例

1. 实例要求

STM32F103R6 的 GPIOC 端口的 PC0～PC11 驱动 4 位共阴 LED 数码管笔段和位选段，GPIOA 端口 PA0 和 PA1 引脚外接按键 K1 和 K2，用外部中断方式实现按键计数的加 1 和减 1 操作，并通过 LED 数码管显示。

2. 硬件电路

本实例的硬件仿真电路如图 4-5 所示。

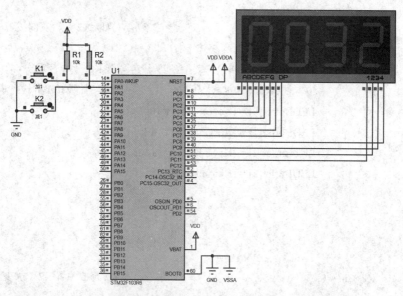

图 4-5　外部中断方式的加减计数实例电路仿真原理图

U1(STM32F103R6)的 GPIOC 端口的 PC0～PC7 引脚连接到 4 位共阴 LED 数码管的笔段 A～G 和 DP 引脚上,用于驱动 LED 的笔段码;U1(STM32F103R6)的 GPIOC 端口的 PC8～PC11 用于直接驱动 4 位共阴 LED 数码管的位选段"1234"引脚。按键 K1 和 K2 分别连接到 GPIOA 端口的 PA0 和 PA1 引脚上,按下触发计数加 1 或计数减 1。

3. 程序设计

根据实例要求,设计的程序如下:

```
#include "stm32f10x.h"

void MyGPIO_Init(void)
{
    GPIO_InitTypeDef MyGPIO;                              //定义初始化 GPIO 结构体变量

    RCC_APB2PeriphClockCmd(RCC_APB2Periph_GPIOC,ENABLE);//打开 GPIOC 外设时钟
    MyGPIO.GPIO_Pin = GPIO_Pin_All & 0xFFF;              //指定要配置的 GPIO 引脚
    MyGPIO.GPIO_Speed = GPIO_Speed_10MHz;                //指定 GPIO 引脚输出响应速度
    MyGPIO.GPIO_Mode = GPIO_Mode_Out_PP;                 //指定 GPIO 引脚为通用推挽输出模式
    GPIO_Init(GPIOC,&MyGPIO);                //调用 GPIO 初始化函数完成 PC0～PC11 引脚配置

    RCC_APB2PeriphClockCmd(RCC_APB2Periph_GPIOA,ENABLE); //打开 GPIOA 外设时钟
    MyGPIO.GPIO_Pin = GPIO_Pin_0 | GPIO_Pin_1;           //指定要配置的 GPIO 引脚
    MyGPIO.GPIO_Mode = GPIO_Mode_IN_FLOATING;            //指定 GPIO 引脚为浮空输入模式
    GPIO_Init(GPIOA,&MyGPIO); //调用 GPIO 初始化函数完成 PA0、PA1 引脚配置
}

//显示数字 0～9 的笔段码
unsigned char LEDSEG[] = {0x3F,0x06,0x5B,0x4F,0x66,0x6D,0x7D,0x07,0x7F,0x6F};
unsigned char LEDDIG[] = {0xE,0xD,0xB,0x7};                //位选段码

#define LEDSEG_DISPLAY(x)    GPIO_Write(GPIOC,x)
int LEDCnt;
int LEDIndex;
unsigned char LEDBuffer[4] = {0,1,2,3};                    //显示缓冲区
int KeyCnt;

void LoadLEDBuffer(int val)
{
    LEDBuffer[0] = (val / 1) % 10;
    LEDBuffer[1] = (val / 10) % 10;
```

```
    LEDBuffer[2] = (val / 100) % 10;
    LEDBuffer[3] = (val / 1000) % 10;
}

void MyNVIC_Init(void)
{
 NVIC_InitTypeDef MyNVIC;                                 //NVIC 初始化结构体变量定义

    NVIC_PriorityGroupConfig(NVIC_PriorityGroup_2);      //设置优先级分组
    MyNVIC.NVIC_IRQChannel = EXTI0_IRQn;                 //设置 EXTI0 通道向量
    MyNVIC.NVIC_IRQChannelPreemptionPriority = 2;        //设置抢占优先级
    MyNVIC.NVIC_IRQChannelSubPriority = 2;               //设置响应优先级
    MyNVIC.NVIC_IRQChannelCmd = ENABLE;                  //使能设置的通道向量
    NVIC_Init(&MyNVIC);                                  //完成设置的通道向量初始化
    MyNVIC.NVIC_IRQChannel = EXTI1_IRQn;                 //设置 EXTI1 通道向量
    MyNVIC.NVIC_IRQChannelSubPriority = 3;               //设置响应优先级
    NVIC_Init(&MyNVIC);                                  //完成设置的通道向量初始化
}

void MyEXTI0_EXTI1_Init(void)
{
    EXTI_InitTypeDef    MyEXTI;                          //EXTI 初始化结构体变量定义

    RCC_APB2PeriphClockCmd(RCC_APB2Periph_AFIO,ENABLE);        //使能 AFIO 时钟

    GPIO_EXTILineConfig(GPIO_PortSourceGPIOA,GPIO_PinSource0);    //设置 PA0 为 EXTI0 线
    MyEXTI.EXTI_Line=EXTI_Line0;                         //配置 EXTI0 线
    MyEXTI.EXTI_Mode = EXTI_Mode_Interrupt;              //中断模式
    MyEXTI.EXTI_Trigger =EXTI_Trigger_Falling;          //下降沿触发方式
    MyEXTI.EXTI_LineCmd = ENABLE;                        //使能配置的 EXTI 线中断
    EXTI_Init(&MyEXTI);                                  //完成设置的 EXTI 线初始化
    GPIO_EXTILineConfig(GPIO_PortSourceGPIOA,GPIO_PinSource1);    //设置 PA1 为 EXTI1 线
MyEXTI.EXTI_Line=EXTI_Line1;                             //配置 EXTI1 线
EXTI_Init(&MyEXTI);                                      //完成设置的 EXTI 线初始化
}

void EXTI0_IRQHandler(void)
{
    EXTI_ClearITPendingBit(EXTI_Line0);                 //清 EXTI0 线中断标志
```

```
    if(++KeyCnt >= 10000) KeyCnt = 0;              //KeyCnt 计数变量加 1
    LoadLEDBuffer(KeyCnt);                          //送 LEDBuffer 缓冲区显示
}

void EXTI1_IRQHandler(void)
{
    EXTI_ClearITPendingBit(EXTI_Line1);            //清 EXTI1 线中断标志
    if(--KeyCnt < 0)KeyCnt = 9999;                 //KeyCnt 计数变量减 1
    LoadLEDBuffer(KeyCnt);                          //送 LEDBuffer 缓冲区显示
}


int main(void)
{
    int i;
    MyGPIO_Init();
    MyNVIC_Init();
    MyEXTI0_EXTI1_Init();
    LoadLEDBuffer(KeyCnt);
    while(1)
    {
        //LED 数码管动态显示程序段
        if(++LEDCnt > 100)
        {
            LEDCnt = 0;
            LEDSEG_DISPLAY((LEDDIG[LEDIndex]<<8) | (LEDSEG[LEDBuffer[LEDIndex]]<<0));
            if(++LEDIndex >= sizeof(LEDBuffer))LEDIndex = 0;
        }
    }
}
```

4. 实例总结

本实例展示了如何实现引脚中断功能。本实例中用 GPIOA 端口的 PA0 和 PA1 作为外部中断源输入引脚,在使用之前,需要对相关寄存器初始化,初始化的内容描述如下:

(1) 要指定哪些引脚作为中断功能的输入引脚;

(2) 指定触发中断的边沿方式:上升沿、下降沿还是下升沿和下降沿;

(3) 对应引脚的中断功能使能;

(4) 开 NVIC 的中断向量号,对于 PA0 引脚的 EXTI0 线的中断向量号是 EXTI0_IRQn,PA1 引脚复用的 EXTI1 线的中断向量号是 EXTI1_IRQn。

在使用中断功能时,程序中必须要有对应的中断函数。本实例是 EXTI0 线的外部中断,则中断函数为"void EXTI0_IRQHandler(void)"。EXTI1 线的外部中断函数为"void EXTI1_IRQHandler(void)"。

在中断服务程序中，通过 EXTI_ClearITPendingBit()函数清除相应的外部中断线的标志。

4.6　4×4 矩阵键盘读取实例

1. 实例要求

STM32F103R6 的 GPIOB 端口外接一个 4×4 矩阵键盘，GPIOA 端口外接 4 位共阴 LED 数码，实现 16 个按键值和键码的识别，并将按键识别和编码显示在 LED 数码管上。

2. 硬件电路

本实例的硬件仿真电路如图 4-6 所示。

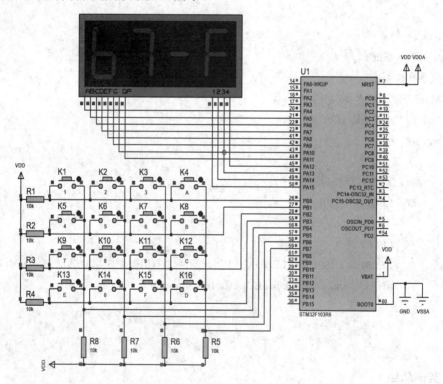

图 4-6　4×4 矩阵键盘读取实例电路仿真原理图

U1(STM32F103R6)的 GPIOA 端口引脚 PA4～PA11 连接 4 位共阴 LED 数码管的笔段 A～G 及 DP 引脚，PA12～PA15 引脚连接到 4 位共阴 LED 数码管的位选段 1～4 引脚上。按键 K1～K16 构成 4×4 矩阵键盘的行线连接到 U1(STM32F103R6)的 GPIO 端口引脚的 PB0～PB3 上，列线连接到 GPIOB 端口引脚的 PB4～PB7 上，电阻 R1～R8 为 4×4 矩阵键盘的行线和列线的上拉电阻。

3. 程序设计

根据实例要求，设计的程序如下：

```c
#include "stm32f10x.h"
//LED 数码管笔段编码数组变量声明
unsigned char LEDSEG[] =
{
    0x3F,0x06,0x5B,0x4F,0x66,0x6D,0x7D,0x07,0x7F,0x6F,   //0,1,2,3,4,5,6,7,8,9
    0x77,0x7C,0x39,0x5E,0x79,0x71,                       //A,b,C,d,E,F
    0x40,0x00,                                           //-(表示数码管显示 "_" 符号)
};
unsigned char LEDDIG[] = {0xE,0xD,0xB,0x7};              //位选段码


#define LEDSEG_DISPLAY(x)    GPIO_Write(GPIOA,x)
int LEDCnt;
int LEDIndex;
unsigned char LEDBuffer[4] = {16,16,16,16};              //显示缓冲区


//4×4 矩阵键盘的每个按键编码数组变量声明
unsigned char KEYTAB[] =
{
    0x7D,                                                //0
    0xEE,0xDE,0xBE,                                      //1,2,3
    0xED,0xDD,0xBD,                                      //4,5,6
    0xEB,0xDB,0xBB,                                      //7,8,9
    0x7E,0x7D,0x7B,0x77,                                 //A,b,C,d
    0xE7,0xB7,                                           //E,F
};


void ROWOUT_COLIN(void)
{
    GPIO_InitTypeDef MyGPIO;
    MyGPIO.GPIO_Pin = GPIO_Pin_0 | GPIO_Pin_1 | GPIO_Pin_2 | GPIO_Pin_3;
    MyGPIO.GPIO_Speed = GPIO_Speed_10MHz;
    MyGPIO.GPIO_Mode = GPIO_Mode_Out_PP;
    GPIO_Init(GPIOB,&MyGPIO);
    MyGPIO.GPIO_Pin = GPIO_Pin_4 | GPIO_Pin_5 | GPIO_Pin_6 | GPIO_Pin_7;
    MyGPIO.GPIO_Mode = GPIO_Mode_IN_FLOATING;
    GPIO_Init(GPIOB,&MyGPIO);
    GPIO_Write(GPIOB,0xF0);
}
void ROWIN_COLOUT(void)
```

```
{
    GPIO_InitTypeDef MyGPIO;
    MyGPIO.GPIO_Pin = GPIO_Pin_4 | GPIO_Pin_5 | GPIO_Pin_6 | GPIO_Pin_7;
    MyGPIO.GPIO_Speed = GPIO_Speed_10MHz;
    MyGPIO.GPIO_Mode = GPIO_Mode_Out_PP;
    GPIO_Init(GPIOB,&MyGPIO);
    MyGPIO.GPIO_Pin = GPIO_Pin_0 | GPIO_Pin_1 | GPIO_Pin_2 | GPIO_Pin_3;
    MyGPIO.GPIO_Mode = GPIO_Mode_IN_FLOATING;
    GPIO_Init(GPIOB,&MyGPIO);
    GPIO_Write(GPIOB,0x0F);
}
int main(void)
{
    int i,Key;
    GPIO_InitTypeDef MyGPIO;                          //定义初始化 GPIO 结构体变量

    RCC_APB2PeriphClockCmd(RCC_APB2Periph_GPIOA,ENABLE);    //打开 GPIOA 外设时钟
    MyGPIO.GPIO_Pin = GPIO_Pin_All & 0xFFF0;       //指定要配置的 GPIO 引脚
    MyGPIO.GPIO_Speed = GPIO_Speed_10MHz;          //指定 GPIO 引脚输出响应速度
    MyGPIO.GPIO_Mode = GPIO_Mode_Out_PP;           //指定 GPIO 引脚为通用推挽输出模式
    GPIO_Init(GPIOA,&MyGPIO);          //调用 GPIO 初始化函数完成 PA4～PA15 引脚配置

    RCC_APB2PeriphClockCmd(RCC_APB2Periph_GPIOB,ENABLE);//打开 GPIOB 外设时钟

    while(1)
    {
        //LED 数码管动态显示程序段
        if(++LEDCnt > 100)
        {
            LEDCnt = 0;
            LEDSEG_DISPLAY((LEDDIG[LEDIndex]<<12)|(LEDSEG[LEDBuffer[LEDIndex]]<<4));
            if(++LEDIndex >= sizeof(LEDBuffer))LEDIndex = 0;
        }
        ROWOUT_COLIN();              //配置 PB0～PB7 为行线输出、列线输入引脚
        //读取列线引脚电平状态是否有键按下
        if(0xF0 != (GPIO_ReadInputData(GPIOB) & 0xF0))
        {
            for(i=0;i<1000;i++);         //延时去抖
            //再读取列线引脚电平状态是否真的有键按下
```

```
            if(0xF0 != (GPIO_ReadInputData(GPIOB) & 0xF0))
            {
                Key = GPIO_ReadInputData(GPIOB) & 0xF0;    //获取列线的状态数值
                ROWIN_COLOUT();              //配置 PB0～PB7 为行线输入、列线输出
                //获取行线状态并与列线状态数值合并
                Key |= GPIO_ReadInputData(GPIOB) & 0x0F;
                for(i=0;i<sizeof(KEYTAB);i++) //查 KEYTAB 表是否存储该按键编码
                {
                    if(KEYTAB[i] == Key)break;
                }
                //将编码值转换为数字代码存储到 Key 变量中
                if(i >= sizeof(KEYTAB))i = 16;
                else Key = i;
                LEDBuffer[0] = Key;              //显示出该键的数字代码值
                LEDBuffer[1] = 16;
                LEDBuffer[2] = KEYTAB[Key] & 0xF;
                LEDBuffer[3] = (KEYTAB[Key] >> 4) & 0xF;
                while(0x0F != (GPIO_ReadInputData(GPIOB) & 0x0F));    //等待键释放
            }
        }
    }
}
```

4. 实例总结

本实例展示了 STM32F103R6 与 4×4 矩阵键盘接口的硬件连接和按键识别的程序实现方法。在程序中，采用行列交换法来识别 4×4 矩阵键盘的每个按键。其实现步骤如下：

(1) 先置连接在 4 个行线的 PB0～PB3 引脚为输出方向且输出全为低电平，连接在 4 个列线的 PB4～PB7 为输入方向。

(2) 读取 GPIOB 端口的 PB4～PB7 引脚的电平状态，若等于"F0"，则表示没有键按下。

(3) 若不等于"F0"，则表示有键按下，去抖动之后。

(4) 若真的不等于"F0"，则表示真的有键按下；置键已按下标志，并保存这个时刻的 PB4～PB7 引脚电平状态值。

(5) 将行和列的输入/输出方向进行交换，即行被设置为输入方向，列被设置为输出方向且输出全为低电平；并读取这个时刻的 PB0～PB3 引脚电平状态值，与刚才保存的值进行合并，就形成了该按键的编码值。

(6) 根据按键的编码值在 KEYTAB[]表中查找，并找到对应该编码值的序号即可。

(7) 若按键释放了，则将已按下标志置 0。

4.7　定时器 TIM1 中断方式实现 LED 数码动态显示实例

1. 实例要求

利用 STM32F103R6 的定时器 TIM1 实现 1 ms 的定时中断，并驱动 4 位共阴 LED 数码管的动态显示刷新，每 100 ms 自动计数加 1 并显示在数码管上。

2. 硬件电路

本实例的硬件仿真电路如图 4-7 所示。

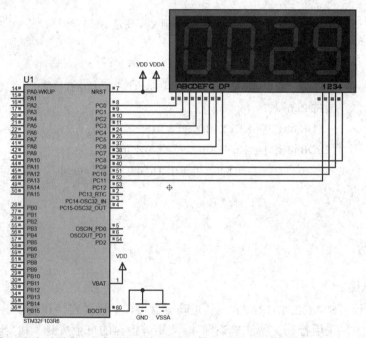

图 4-7　定时器 TIM1 中断方式实现 LED 数码动态显示实例电路仿真原理图

U1(STM32F103R6)的 GPIOC 端口引脚 PC0～PC7 驱动 4 位共阴 LED 数码管的笔段引脚 A～G 及 DP，引脚 PC8～PC11 驱动 4 位共阴 LED 数码管位选段 1～4。

3. 程序设计

根据实例要求，设计的程序如下：

```
#include "stm32f10x.h"

//LED 数码管笔段编码数组变量声明
unsigned char LEDSEG[] =
{
    0x3F,0x06,0x5B,0x4F,0x66,0x6D,0x7D,0x07,0x7F,0x6F,        //0,1,2,3,4,5,6,7,8,9
    0x77,0x7C,0x39,0x5E,0x79,0x71,                            //A,b,C,d,E,F
    0x40,0x00,                                                //-
```

```c
};
unsigned char LEDDIG[] = {0xE,0xD,0xB,0x7};          //位选段码

#define LEDSEG_DISPLAY(x)    GPIO_Write(GPIOC,x)
int LEDIndex;
unsigned char LEDBuffer[4] = {16,16,16,16};          //显示缓冲区

int Time100mSCnt;
int Counter;

void TIM1_UP_IRQHandler(void)
{
    if(RESET != TIM_GetITStatus(TIM1,TIM_IT_Update))
    {
        TIM_ClearITPendingBit(TIM1,TIM_IT_Update);

        //LED 数码管动态显示程序段
        LEDSEG_DISPLAY((LEDDIG[LEDIndex] << 8) |
                        (LEDSEG[LEDBuffer[LEDIndex]] << 0));
        if(++LEDIndex >= sizeof(LEDBuffer))LEDIndex = 0;

        if(++Time100mSCnt>=200)
        {
            Time100mSCnt = 0;
            Counter++;
            LEDBuffer[0] = (Counter / 1) % 10;
            LEDBuffer[1] = (Counter / 10) % 10;
            LEDBuffer[2] = (Counter / 100) % 10;
            LEDBuffer[3] = (Counter / 1000) % 10;
        }
    }
}

int main(void)
{
    int i;
    //GPIO 初始化
    {
        GPIO_InitTypeDef MyGPIO;                //定义初始化 GPIO 结构体变量
```

```
        RCC_APB2PeriphClockCmd(RCC_APB2Periph_GPIOC,ENABLE);//打开 GPIOC 外设时钟
        MyGPIO.GPIO_Pin = GPIO_Pin_All & 0xFFF;        //指定要配置的 GPIO 引脚
        MyGPIO.GPIO_Speed = GPIO_Speed_10MHz;          //指定 GPIO 引脚输出响应速度
        MyGPIO.GPIO_Mode = GPIO_Mode_Out_PP;           //指定 GPIO 引脚为通用推挽输出模式
        GPIO_Init(GPIOC,&MyGPIO);                      //调用 GPIO 初始化函数完成 PC0～PC11 引脚配置
    }
    //NVIC 初始化
    {
        NVIC_InitTypeDef MyNVIC;                       //定义初始化 NVIC 结构体变量
        NVIC_PriorityGroupConfig(NVIC_PriorityGroup_2);//设置优先级分组
        MyNVIC.NVIC_IRQChannel = TIM1_UP_IRQn;         //设置向量通道
        MyNVIC.NVIC_IRQChannelPreemptionPriority = 2;  //设置抢占优先级
        MyNVIC.NVIC_IRQChannelSubPriority = 2;         //设置响应优先级
        MyNVIC.NVIC_IRQChannelCmd = ENABLE;            //使能设置的向量通道中断
        NVIC_Init(&MyNVIC);                            //调用 NVIC 初始化函数完成设置的向量通道配置
    }
    //TIM1 初始化
    {
        TIM_TimeBaseInitTypeDef   MyTIM;               //定义初始化 TIM 结构体变量
        RCC_APB2PeriphClockCmd(RCC_APB2Periph_TIM1,ENABLE);  //打开 TIM1 外设时钟
        MyTIM.TIM_Period = 5;                          //设置定时的设定值
        MyTIM.TIM_Prescaler = 800 – 1;                 //设置定时器的预分频系数
        MyTIM.TIM_CounterMode = TIM_CounterMode_Up;            //设置定时器的计数方式
        TIM_TimeBaseInit(TIM1,&MyTIM);                 //调用 TIM 初始化函数完成 TIM 定时功能的配置
        TIM_Cmd(TIM1,ENABLE);                          //使能 TIM1 工作
        TIM_ITConfig(TIM1,TIM_IT_Update,ENABLE);               //使能 TIM1 的溢出中断
    }

    while(1)
    {
    }
}
```

4. 实例总结

本实例展示了 STM32F103R6 的定时器 TIM1 产生 0.5 ms 的定时中断，将每 0.5 ms 刷新 LED 数码管显示事件程序段放在定时中断函数中处理，同时定时中断函数实现了每 0.1 s 计数值自动加 1，并将计数的结果送到 LEDBuffer 显示缓冲区。对于 0.1 s 的定时时间的产生，程序中定义一个 Time100mSCnt 变量，每当 0.5 ms 的定时中断函数执行一次，Time100mSCnt 变量就会自动加 1 一次，加到 200 次为 0.1 s 的时间产生。

4.8 定时器 TIM2 实现脉宽调制(PWM)实例

1. 实例要求

利用 STM32F103R6 的定时器 TIM2 的比较输出功能实现频率为 1kHz 的占空比可调的硬 PWM 信号,该信号由 PB10 复用的 TIM2_CH3 功能引脚输出,连接在 PA8 和 PA9 引脚上的按键 K1 和 K2 用于调节 PWM 信号的占空比数值,K1 用于占空比增调节,K2 用于占空比的减调节,STM32F103R6 的 GPIOC 端口用于驱动 4 位共阴 LED 数码管显示 PWM 的占空比数值。

2. 硬件电路

本实例的硬件仿真电路如图 4-8 所示。

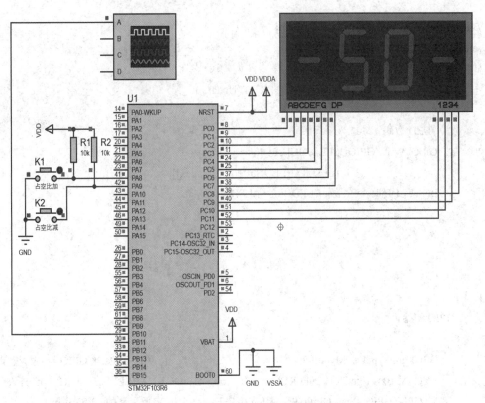

图 4-8 定时器 TIM2 实现的 PWM 实例电路仿真原理图

U1(STM32F103R6)的 GPIOC 端口引脚 PC0~PC7 驱动 4 位共阴 LED 数码管的笔段引脚 A~G 及 DP,引脚 PC8~PC11 驱动 4 位共阴 LED 数码管位选段 1~4。GPIOA 端口的 PA8 和 PA9 引脚外接按键 K1 和 K2,电阻 R1 和 R2 为按键 K1 和 K2 的上拉电阻,GPIOB 端口的 PB10 引脚输出定时器 TIM2 的 CH3 通道的 PWM 信号到虚拟示波器的 A 通道。

3. 程序设计

根据实例要求,设计的程序如下:

```c
#include "stm32f10x.h"
//LED 数码管笔段编码数组变量声明
unsigned char LEDSEG[] =
{
    0x3F,0x06,0x5B,0x4F,0x66,0x6D,0x7D,0x07,0x7F,0x6F,      //0,1,2,3,4,5,6,7,8,9
    0x77,0x7C,0x39,0x5E,0x79,0x71,                          //A,b,C,d,E,F
    0x40,0x00,                                              //-
};
unsigned char LEDDIG[] = {0xE,0xD,0xB,0x7};                //位选段码

int LEDIndex;
unsigned char LEDBuffer[4] = {16,16,16,16};                //显示缓冲区


//TIM2 中断服务程序
void TIM2_IRQHandler(void)
{
    if(RESET != TIM_GetITStatus(TIM2,TIM_IT_Update))
    {
        //LED 数码管动态显示程序段
        GPIO_Write(GPIOC,(LEDDIG[LEDIndex] << 8) |
                         (LEDSEG[LEDBuffer[LEDIndex]] << 0));
        if(++LEDIndex >= sizeof(LEDBuffer))LEDIndex = 0;
    }
}


int main(void)
{
    //GPIO 初始化
    {
        GPIO_InitTypeDef MyGPIO;                              //定义初始化 GPIO 结构体变量
        RCC_APB2PeriphClockCmd(RCC_APB2Periph_GPIOC,ENABLE); //打开 GPIOC 外设时钟
        MyGPIO.GPIO_Pin = GPIO_Pin_All & 0xFFF;        //指定要配置的 GPIO 引脚
        MyGPIO.GPIO_Speed = GPIO_Speed_10MHz;          //指定 GPIO 引脚输出响应速度
        MyGPIO.GPIO_Mode = GPIO_Mode_Out_PP;           //指定 GPIO 引脚为通用推挽输出模式
        GPIO_Init(GPIOC,&MyGPIO);            //调用 GPIO 初始化函数完成 PC0～PC11 引脚配置

        RCC_APB2PeriphClockCmd(RCC_APB2Periph_GPIOB,ENABLE);  //打开 GPIOB 外设时钟
        RCC_APB2PeriphClockCmd(RCC_APB2Periph_AFIO, ENABLE);  //打开复用外设时钟
        GPIO_PinRemapConfig(GPIO_FullRemap_TIM2,ENABLE);      //打开 TIM2 引脚复用映射
```

```
        MyGPIO.GPIO_Pin = GPIO_Pin_10;                    //TIM2_CH1 复用在 PB10 引脚上
        MyGPIO.GPIO_Speed = GPIO_Speed_50MHz;             //设置响应速度
        MyGPIO.GPIO_Mode = GPIO_Mode_AF_PP;               //设置 PB10 为复用功能推挽输出
        GPIO_Init(GPIOB,&MyGPIO);            //调用 GPIO 初始化函数完成 PB10 引脚配置


        RCC_APB2PeriphClockCmd(RCC_APB2Periph_GPIOA,ENABLE);  //打开 GPIOA 外设时钟
        MyGPIO.GPIO_Pin = GPIO_Pin_8 | GPIO_Pin_9;
        MyGPIO.GPIO_Mode = GPIO_Mode_IN_FLOATING;
        GPIO_Init(GPIOA,&MyGPIO);            //调用 GPIO 初始化函数完成 PA8、PA9 引脚配置
}
//NVIC 初始化
{
        NVIC_InitTypeDef MyNVIC;                  //定义初始化 NVIC 结构体变量
        NVIC_PriorityGroupConfig(NVIC_PriorityGroup_2);      //设置优先级分组
        MyNVIC.NVIC_IRQChannel = TIM2_IRQn;               //设置向量通道
        MyNVIC.NVIC_IRQChannelPreemptionPriority = 2;      //设置抢占优先级
        MyNVIC.NVIC_IRQChannelSubPriority = 3;             //设置响应优先级
        MyNVIC.NVIC_IRQChannelCmd = ENABLE;               //使能设置的向量通道中断
        NVIC_Init(&MyNVIC);            //调用 NVIC 初始化函数完成设置的向量通道配置


}
//TIM2 初始化
{
        TIM_TimeBaseInitTypeDef   MyTIM;                   //定义初始化 TIM 结构体变量
        RCC_APB1PeriphClockCmd(RCC_APB1Periph_TIM2,ENABLE);   //打开 TIM2 外设时钟
        MyTIM.TIM_Prescaler = 8 - 1;                       //设置定时器的预分频系数
        MyTIM.TIM_Period = 1000;                           //设置定时的初值
        MyTIM.TIM_ClockDivision = TIM_CKD_DIV1;
        MyTIM.TIM_CounterMode = TIM_CounterMode_Up;        //设置定时器的计数方式
        MyTIM.TIM_RepetitionCounter = 0;
        TIM_TimeBaseInit(TIM2,&MyTIM);            //调用 TIM 初始化函数完成 TIM2 的配置
        TIM_ARRPreloadConfig(TIM2,ENABLE);
        TIM_Cmd(TIM2,ENABLE);                              //使能 TIM2 工作
        TIM_ITConfig(TIM2,TIM_IT_Update,ENABLE);           //使能 TIM2 的溢出中断
}
//PWM 初始化
{
        TIM_OCInitTypeDef MyPWM;                           //定义 PWM 结构体变量
        MyPWM.TIM_OCMode = TIM_OCMode_PWM1;                //选择 PWM1 模式
```

```
        MyPWM.TIM_OutputState = TIM_OutputState_Enable;          //正常输出使能
        MyPWM.TIM_OutputNState = TIM_OutputNState_Disable;       //反向输出禁止
        MyPWM.TIM_Pulse = 800;                                   //设置占空比
        MyPWM.TIM_OCPolarity = TIM_OCPolarity_Low;               //正常输出低电平
        MyPWM.TIM_OCNPolarity = TIM_OCNPolarity_Low;             //反向输出低电平
        MyPWM.TIM_OCIdleState = TIM_OCIdleState_Reset;
        MyPWM.TIM_OCNIdleState = TIM_OCNIdleState_Reset;
        TIM_OC3Init(TIM2,&MyPWM);            //初始化 TIM2_CH3 通道输出 PWM 配置
        TIM_OC3PreloadConfig(TIM2,TIM_OCPreload_Enable);         //自动装载使能
        TIM_CtrlPWMOutputs(TIM2,ENABLE); //使能 TIM2_CH3 通道输出 PWM
}
static int PWMPulse = 500;                    //定义的 PWM 占空比变量
TIM_SetCompare3(TIM2,PWMPulse);              //将 PWM 占空比数值送入 TIM2
LEDBuffer[1] = ((PWMPulse / 10) / 1) % 10;
LEDBuffer[2] = ((PWMPulse / 10) / 10) % 10;
while(1)
{
    #define K1    GPIO_ReadInputDataBit(GPIOA,GPIO_Pin_8)    //K1 宏定义
    #define K2    GPIO_ReadInputDataBit(GPIOA,GPIO_Pin_9)    //K2 宏定义
    if(RESET == K1)                                          //判断 K1 是否按下
    {
        PWMPulse+= 10;                                       //占空比数值加 1 级
        if(PWMPulse >= 1000)PWMPulse = 1000;                 //加到最大
        TIM_SetCompare3(TIM2,PWMPulse);     //将 PWM 占空比数值送入 TIM2
        LEDBuffer[1] = ((PWMPulse / 10) / 1) % 10;
        LEDBuffer[2] = ((PWMPulse / 10) / 10) % 10;
        while(RESET == K1);                                  //等待 K1 释放
    }
    if(RESET == K2)                                          //判断 K2 是否按下
    {
        PWMPulse- = 10;                                      //占空比数值减 1 级
        if(PWMPulse <= 0)PWMPulse = 0;                       //减到最小
        TIM_SetCompare3(TIM2,PWMPulse);         //将 PWM 占空比数值送入 TIM2
        LEDBuffer[1] = ((PWMPulse / 10) / 1) % 10;
        LEDBuffer[2] = ((PWMPulse / 10) / 10) % 10;
        while(RESET == K2);                                  //等待 K2 释放
    }
}
}
```

4. 实例总结

本实例展示了如何利用 STM32F103R6 的定时器 TIM2 的比较输出功能产生 PWM 信号，该信号由复用在 PB10 引脚上的 TIM2_CH3 通道输出。需要对 PB10 做如下配置：

(1) RCC_APB2PeriphClockCmd()函数使能 GPIOB 和 AFIO 外设时钟。

(2) GPIO_PinRemapConfig()函数设置定时器 TIM2 的 CH 通道引脚映射。

(3) 通过配置 GPIO_InitTypeDef 结构体成员将 PB10/TIM2_CH1 配置为复用功能推挽输出模式，GPIO_Init()函数完成 PB10 的配置。

利用定时器 TIM2 产生 PWM 信号，需要做如下配置：

(1) 利用 TIM2 的时基单元配置 PWM 信号的周期。由于仿真时钟为 8 MHz，因此当 TIM_TimeBaseInitTypeDef 结构体成员 Prescaler 的分频系数设置为 8 时，加载到 CNT 计数器的时钟为 1 MHz，当配置 TIM2 为向上计数方式时，从 0 计数到 1000 即为 1 ms 定时。通过调用 TIM_TimeBaseInit()函数完成定时器 TIM2 的时基单元配置。

(2) 调用 TIM_Cmd()函数使能 TIM2 开始工作。

(3) 通过配置 TIM_OCInitTypeDef 结构体成员完成 PWM 输出模式的选择、占空比的设定、正常以及反向输出使能或禁止等信息，并调用 TIM_OC3Init()函数完成 PWM 信号 CH3 的输出配置。

(4) 调用 TIM_CtrlPWMOutputs()函数使能 PWM 信号输出到引脚。

由于定时器 TIM2 的时基单元产生的是 1ms 周期，因此可将定时器 TIM2 的溢出中断使能，作为定时刷新动态 LED 数码管的时间，每 1ms 执行 1 次 TIM2_IRQHandler()中断服务程序中的数码管动态扫描程序。

定义的 PWMPulse 变量用于设置 PWM 信号的占空比，通过 TIM_SetCompare3()函数实现动态改变 CCR3 寄存器的内容，即对应着占空比数值。该数值一定要小于 TIM_TimeBaseInitTypeDef 结构体的 Period 成员数值。

定时器 TIM2_CH3 通道输出的 PWM 的波形图如图 4-9 所示。

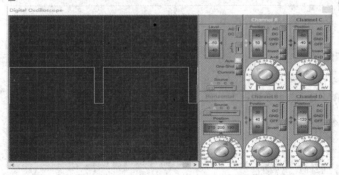

图 4-9 定时器 TIM2_CH3/PB10 引脚输出的 PWM 波形图

4.9 定时器 TIM3 测量信号频率实例

1. 实例要求

利用 STM32F103R6 定时器 TIM3 的捕获功能测量从 PC6/TIM3_CH1 通道输入信号的

频率,并通过由 GPIOB 口共同连接驱动的 4 位共阴 LED 数码管来显示该数值。

2. 硬件电路

本实例的硬件仿真电路如图 4-10 所示。

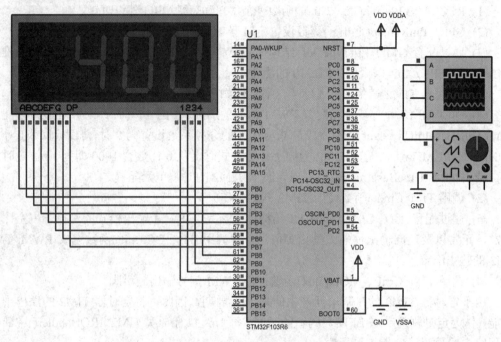

图 4-10　定时器 TIM3 测量信号频率实例电路仿真原理图

U1(STM32F103R6)的 GPIOB 端口的 PB0~PB7 引脚连接到 4 位共阴 LED 数码管的笔段 A~G 及 DP 引脚,PB8~PB11 引脚连接到 4 位共阴 LED 数码管的位选段 1~4 引脚上,信号发生器产生的信号由 PC6/TIM3_CH1 通道输入。

3. 程序设计

根据实例要求,设计的程序如下:

```c
#include "stm32f10x.h"

//LED 数码管笔段编码数组变量声明
unsigned char LEDSEG[] =
{
    0x3F,0x06,0x5B,0x4F,0x66,0x6D,0x7D,0x07,0x7F,0x6F,      //0,1,2,3,4,5,6,7,8,9
    0x77,0x7C,0x39,0x5E,0x79,0x71,                          //A,b,C,d,E,F
    0x40,0x00,                                             //-
};
unsigned char LEDDIG[] = {0xE,0xD,0xB,0x7};                //位选段码

int LEDIndex;
```

```
unsigned char LEDBuffer[4] = {16,16,16,16};                          //显示缓冲区

void MyGPIO_Init(void)
{
    GPIO_InitTypeDef MyGPIO;                              //定义初始化 GPIO 结构体变量
    RCC_APB2PeriphClockCmd(RCC_APB2Periph_GPIOB,ENABLE); //打开 GPIOB 外设时钟
    MyGPIO.GPIO_Pin = GPIO_Pin_All & 0xFFF;              //指定要配置的 GPIO 引脚
    MyGPIO.GPIO_Speed = GPIO_Speed_10MHz;               //指定 GPIO 引脚输出响应速度
    MyGPIO.GPIO_Mode = GPIO_Mode_Out_PP;               //指定 GPIO 引脚为通用推挽输出模式
    GPIO_Init(GPIOB,&MyGPIO);                 //调用 GPIO 初始化函数完成 PB0～PB11 引脚配置

    RCC_APB2PeriphClockCmd(RCC_APB2Periph_GPIOC,ENABLE); //打开 GPIOC 外设时钟
    RCC_APB2PeriphClockCmd(RCC_APB2Periph_AFIO, ENABLE); //打开复用功能外设时钟
    GPIO_PinRemapConfig(GPIO_FullRemap_TIM3,ENABLE);      //TIM3 引脚复用功能映射打开
    MyGPIO.GPIO_Pin = GPIO_Pin_6;                //TIM3_CH1 复用在 PC6 引脚上
    MyGPIO.GPIO_Mode = GPIO_Mode_IN_FLOATING;     //设置 PC6 为浮空输入引脚
    GPIO_Init(GPIOC,&MyGPIO);                 //调用 GPIO 初始化函数完成 PC6 引脚配置
}
void MyTIM2_Init(void)
{
    TIM_TimeBaseInitTypeDef   MyTIM;          //定义初始化 TIM 结构体变量
    RCC_APB1PeriphClockCmd(RCC_APB1Periph_TIM2,ENABLE); //打开 TIM2 外设时钟
    MyTIM.TIM_Prescaler = 8 - 1;                        //设置定时的初值
    MyTIM.TIM_Period = 1000;                            //设置定时器的预分频系数
    MyTIM.TIM_ClockDivision = TIM_CKD_DIV1;
    MyTIM.TIM_CounterMode = TIM_CounterMode_Up;        //设置定时器的计数方式
    MyTIM.TIM_RepetitionCounter = 0;
    TIM_TimeBaseInit(TIM2,&MyTIM);            //调用 TIM 初始化函数完成 TIM2 的配置
    TIM_ARRPreloadConfig(TIM2,ENABLE);
    TIM_Cmd(TIM2,ENABLE);                              //使能 TIM2 工作
    TIM_ITConfig(TIM2,TIM_IT_Update,ENABLE);           //使能 TIM2 的溢出中断
}
void MyTIM3_CC_Init(void)
{
    TIM_TimeBaseInitTypeDef   MyTIM;                    //定义初始化 TIM 结构体变量
    RCC_APB1PeriphClockCmd(RCC_APB1Periph_TIM3,ENABLE); //打开 TIM3 外设时钟
    MyTIM.TIM_Prescaler = 8 - 1;                       //设置定时器的预分频系数
    MyTIM.TIM_Period = 0xFFFF;                         //设置定时的初值
    MyTIM.TIM_ClockDivision = TIM_CKD_DIV1;
```

```
        MyTIM.TIM_CounterMode = TIM_CounterMode_Up;                    //设置定时器的计数方式
        MyTIM.TIM_RepetitionCounter = 0;
        TIM_TimeBaseInit(TIM3,&MyTIM);                      //调用 TIM 初始化函数完成 TIM3 的配置

        TIM_ICInitTypeDef MyTIMIC;
        MyTIMIC.TIM_Channel = TIM_Channel_1;
        MyTIMIC.TIM_ICPolarity = TIM_ICPolarity_Rising;
        MyTIMIC.TIM_ICSelection = TIM_ICSelection_DirectTI;
        MyTIMIC.TIM_ICPrescaler = TIM_ICPSC_DIV1;
        MyTIMIC.TIM_ICFilter = 0;
        TIM_ICInit(TIM3,&MyTIMIC);

        TIM_Cmd(TIM3,ENABLE);
        TIM_ITConfig(TIM3,TIM_IT_CC1,ENABLE);
}

void MyNVIC_Init(void)
{
        NVIC_InitTypeDef MyNVIC;                              //定义初始化 NVIC 结构体变量
        NVIC_PriorityGroupConfig(NVIC_PriorityGroup_2);      //设置优先级分组
        MyNVIC.NVIC_IRQChannel = TIM2_IRQn;                  //设置向量通道
        MyNVIC.NVIC_IRQChannelPreemptionPriority = 2;        //设置抢占优先级
        MyNVIC.NVIC_IRQChannelSubPriority = 2;               //设置响应优先级
        MyNVIC.NVIC_IRQChannelCmd = ENABLE;                  //使能设置的向量通道中断
        NVIC_Init(&MyNVIC);                     //调用 NVIC 初始化函数完成设置的向量通道配置

        MyNVIC.NVIC_IRQChannel = TIM3_IRQn;                  //设置向量通道
        MyNVIC.NVIC_IRQChannelPreemptionPriority = 1;        //设置抢占优先级
        MyNVIC.NVIC_IRQChannelSubPriority = 3;               //设置响应优先级
        NVIC_Init(&MyNVIC);                     //调用 NVIC 初始化函数完成设置的向量通道配置
}

void TIM2_IRQHandler(void)                                   //TIM2 中断服务程序
{
        if(RESET != TIM_GetITStatus(TIM2,TIM_IT_Update))
        {
                //LED 数码管动态显示程序段
                GPIO_Write(GPIOB,(LEDDIG[LEDIndex] << 8) |
                                (LEDSEG[LEDBuffer[LEDIndex]] << 0));
```

```c
            if(++LEDIndex >= sizeof(LEDBuffer))LEDIndex = 0;
        }
    }


int Flag,OKFlag;
int a,b,e,f;
void TIM3_IRQHandler(void)                              //TIM3 中断服务程序
{
    if (RESET != TIM_GetITStatus(TIM3,TIM_IT_CC1))      //捕获事件来到
    {
        if(0 == Flag)                                   //第一次执行，初始化变量 a、b 的值
        {
            a = TIM_GetCapture1(TIM3);                  //读取 TIM3_CH1 通道的时刻
            b = TIM_GetCapture1(TIM3);                  //读取 TIM3_CH1 通道的时刻
            Flag = 1;                                   //置标志
        }
        else if(1 == Flag)
        {
            b = TIM_GetCapture1(TIM3);                  //读取 TIM3_CH1 通道的时刻
            if(b < a)b += 65536;                        //溢出自动补上
            if(0 == OKFlag)f = b - a;                   //计算两个上升沿时刻差值
            a = b;
            OKFlag = 1;
        }
    }
}

int main(void)
{
    int i;

    MyGPIO_Init();                                      //GPIO 初始化
    MyTIM2_Init();                                      //TIM2 初始化
    MyTIM3_CC_Init();                                   //TIM3 初始化
    MyNVIC_Init();                                      //NVIC 初始化

    while(1)
    {
        if(1 == OKFlag)
```

```
    {
        for(i=0;i<sizeof(LEDBuffer);i++)LEDBuffer[i] = 17;    //清显示
        f = 1000000 / f;                                       //将时间转换为频率
        i = 0;
        while((f) && (i < sizeof(LEDBuffer)))
        {
            LEDBuffer[i++] = f % 10;                           //各个位分开装入显示缓冲区
            f /= 10;
        }
        OKFlag = 0;
    }
}
}
```

4. 实例总结

本实例展示了如何应用 STM32F103R6 定时器 TIM3 的 CH1 通道的输入捕获功能来测量外部输入信号的频率。

首先要对复用 PC6 引脚上的 TIM3_CH1 复用功能进行如下配置:

(1) 利用 RCC_APB2PeriphClockCmd()函数开启 GPIOC 和 AFIO 外设时钟。

(2) GPIO_PinRemapConfig()函数实现 TIM3_CH1 复用功能的引脚映射。

(3) 利用 GPIO_InitTypeDef 结构体将 PC6 引脚配置为浮空输入模式,并用 GPIO_Init()函数完成 PC6 的配置。

其次配置定时器 TIM3 的输入捕获功能, 应做如下配置:

(1) 将 TIM3 的时基单元的时钟频率设置为 1MHz 进行计数, 即每 1 μs 计数一次, 由于仿真的主时钟为 8 MHz, 因此将 TIM_TimeBaseInitTypeDef 结构体成员的 Prescaler 值设置为 8, 进行 8 分频后, 加载到 TIM3 定时器的时钟频率即为 1 MHz, 接着设置 TIM_TimeBaseInitTypeDef 结构体成员的 Period 值为最大值 0Xffff, 即最大计数设定值, 同时设置定时器 TIM3 的计数方式, 最后通过调用 TIM_TimeBaseInit()函数完成定时器 TIM3 时基单元的配置。

(2) 继续配置定时器 TIM3 的输入捕获结构体 TIM_ICInitTypeDef 成员信息, 将成员 TIM_Channel 配置为定时器 TIM3 的 CH1 通道, 配置 TIM_ICPolarity 成员为一种边沿检测方式(本实例选择上升沿), 通过 TIM_ICSelection 设置信号输入来源外部, TIM_ICPrescaler 成员完成分频系数的设定等。

(3) 利用 TIM_Cmd()函数开启 TIM3 工作, 并利用 TIM_ITConfig()函数开启输入捕获中断, 同时还要配置 NVIC 控制器, 将 TIM3_IRQn 向量中断开启并配置优先级。

当产生了输入捕获中断, 在 TIM3_IRQHandler()中断函数中, 通过 TIM_GetITStatus()函数读取 TIM_IT_CC1 位的中断状态为 "1" 时, 执行相应的处理。通过两次上升沿捕获中断读取定时器 TIM3 的 CCR1 寄存器的时刻值, 并计算两者之间的差值, 即为当前信号一个周期内的时间。

主程序的 while(1) 中不停地根据 OKFlag 标志来计算当前时间差值，并将该时间差值转换为频率数值，然后通过 LED 数码管显示。

程序利用定时器 TIM2 产生 1ms 的定时时间，用于动态扫描 LED 数码管显示。

虚拟信号发生器产生的信号频率和幅值如图 4-11 所示。

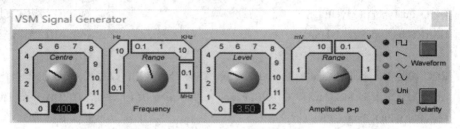

图 4-11　信号发生器产生的信号频率和幅值

4.10　USART1 实现字符串发送实例

1. 实例要求

利用 STM32F103R6 的 USART1 的 PA9/USART1_TX 引脚功能将 "Uart Test" 字符串发送到串口虚拟终端上显示，波特率为 9600 b/s。

2. 硬件电路

本实例的硬件仿真电路如图 4-12 所示。

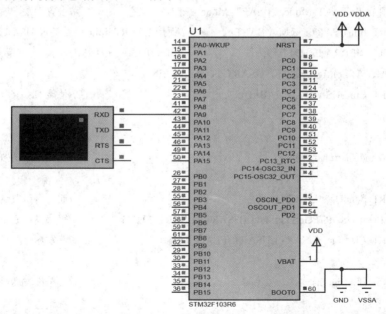

图 4-12　USART1 实现的字符串发送实例电路仿真原理图

3. 程序设计

根据实例要求，设计的程序如下：

```c
#include "stm32f10x.h"

void MyUSART1_Init(void)
{
    GPIO_InitTypeDef MyGPIO;                                              //定义 GPIO 结构体变量
    USART_InitTypeDef MyUSART;                                           //定义 USART 结构体变量

    RCC_APB2PeriphClockCmd(RCC_APB2Periph_AFIO,ENABLE);       //打开 AFIO 外设时钟
    RCC_APB2PeriphClockCmd(RCC_APB2Periph_GPIOA,ENABLE);      //打开 GPIOA 外设时钟
    MyGPIO.GPIO_Pin = GPIO_Pin_9;                               //设置 GPIO 引脚
    MyGPIO.GPIO_Speed = GPIO_Speed_50MHz;                       //设置输出响应速度
    MyGPIO.GPIO_Mode = GPIO_Mode_AF_PP;                         //设置复用功能推挽输出
    GPIO_Init(GPIOA,&MyGPIO);                                   //调用 GPIO_Init()函数完成 PA9 的配置

    RCC_APB2PeriphClockCmd(RCC_APB2Periph_USART1,ENABLE);//打开 USART1 外设时钟
    MyUSART.USART_BaudRate = 9600;                              //设置波特率
    MyUSART.USART_WordLength = USART_WordLength_8b;             //设置数据位长度
    MyUSART.USART_StopBits = USART_StopBits_1;                  //设置停止位
    MyUSART.USART_Parity = USART_Parity_No;                     //设置奇偶校验位
    MyUSART.USART_HardwareFlowControl = USART_HardwareFlowControl_None;//设置握手协议
    MyUSART.USART_Mode = USART_Mode_Tx;                         //设置为发送模式
    USART_Init(USART1, &MyUSART);           //调用 USART_Init()函数完成 USART1 的配置
    USART1->BRR = 0x1D4C / 9;               //由于仿真时钟为 8MHz,因此重新设置波特率
    //USART_ITConfig(USART1, USART_IT_RXNE, ENABLE);
    USART_Cmd(USART1, ENABLE);                                  //使能 USART1 工作
}

void Uart_SendChar(char ch)                                     //字符发送函数
{
    USART_SendData(USART1,ch);                                  //通过串口发送字符
    while(0 == USART_GetFlagStatus(USART1,USART_FLAG_TC));       //等待发送完毕
    USART_ClearFlag(USART1,USART_FLAG_TC);                      //清发送完成标志
}
void Uart_SendString(char *s)                                   //字符串发送函数
{
    while(*s)Uart_SendChar(*s ++);
}

char TestStr[] = {"Uart Test\r\n"};                             //定义的字符串
```

```
int main(void)
{
    int i;
    MyUSART1_Init();                    //USART1 初始化

    while(1)
    {
        Uart_SendString(TestStr);       //发送字符串
        for(i=0;i<1000000;i++);         //延时
    }
}
```

4. 实例总结

串口虚拟终端显示的结果如图 4-13 所示。

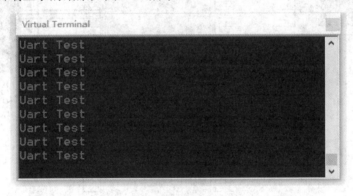

图 4-13   USART1 实现的字符串发送实例串口虚拟终端显示

本实例展示了 STM32F103R6 微控制器的 USART 功能的使用方法。在正确使用之前，需要对 USART 进行初始化，主要的初始化内容如下：

(1) 调用 RCC_APB2PeriphClockCmd()函数开启 AFIO 和 GPIOA 外设时钟。

(2) 通过 GPIO_InitTypeDef 结构体配置 PA9 为复用推挽输出模式等信息。

(3) 调用 GPIO_Init()函数完成 PA9 的配置。

(4) 调用 RCC_APB2PeriphClockCmd()函数开启 USART1 外设时钟。

(5) 通过 USART_InitTypeDef 结构体完成 USART 配置信息的设定，包括波特率、数据位、停止位等。

(6) 开启发送功能。

(7) 打开 USART1 外设让其工作。

通过 USART_SendData()函数实现数据的串口发送，确认数据是否发送完毕，可通过 USART_GetFlagStatus()函数读取 USART_FLAG_TC 标志是否为"1"来判断。若为"1"，则发送完毕，利用 USART_ClearFlag()函数将该标志位清"0"。

4.11　中断方式的 USART2 发送接收实例

1. 实例要求

LPC1343 的 RXD 和 TXD 连接到串口虚拟终端,由虚拟终端发送来的字符 0～9 及 A～F 通过共阳 LED 数码管显示,按键 K1 加 1 计数的值送到串口虚拟终端上显示。串口波特率为 9600 b/s。

2. 硬件电路

本实例的硬件仿真电路如图 4-14 所示。

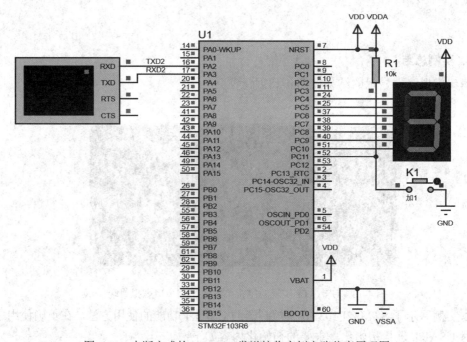

图 4-14　中断方式的 USART2 发送接收实例电路仿真原理图

U1(STM32F103R6)的 PA2/USART2_TX 和 PA3/USART2_RX 引脚连接到串口虚拟终端的 RXD 和 TXD 引脚上。PC4～PC10 引脚驱动共阳 LED 数码管的笔段 A～G 引脚,按键 K1 连接到 PC11 引脚上。

3. 程序设计

根据实例要求,设计的程序如下:

```
#include "stm32f10x.h"
#include "string.h"
void MyGPIOC_Init(void)
{
    GPIO_InitTypeDef MyGPIO;                                    //定义 GPIO 结构体变量
    RCC_APB2PeriphClockCmd(RCC_APB2Periph_GPIOC,ENABLE); //打开 GPIOC 外设时钟
```

```
        MyGPIO.GPIO_Pin = GPIO_Pin_4 | GPIO_Pin_5 | GPIO_Pin_6 | GPIO_Pin_7 |
                        GPIO_Pin_8 | GPIO_Pin_9 | GPIO_Pin_10;      //设置 GPIO 引脚
        MyGPIO.GPIO_Speed = GPIO_Speed_50MHz;                       //设置输出响应速度
        MyGPIO.GPIO_Mode =   GPIO_Mode_Out_PP;                      //设置复用功能推挽输出
        GPIO_Init(GPIOC,&MyGPIO);              //调用 GPIO_Init()函数完成 PC4~PC10 的配置

        MyGPIO.GPIO_Pin = GPIO_Pin_11;
        MyGPIO.GPIO_Mode = GPIO_Mode_IN_FLOATING;
        GPIO_Init(GPIOC,&MyGPIO);              //调用 GPIO_Init()函数完成 PC11 的配置
}

void MyUSART2_Init(void)
{
        GPIO_InitTypeDef MyGPIO;                                    //定义 GPIO 结构体变量
        USART_InitTypeDef MyUSART;                                  //定义 USART 结构体变量

        RCC_APB2PeriphClockCmd(RCC_APB2Periph_AFIO,ENABLE);    //打开 AFIO 外设时钟
        RCC_APB2PeriphClockCmd(RCC_APB2Periph_GPIOA,ENABLE);   //打开 GPIOA 外设时钟
        MyGPIO.GPIO_Pin = GPIO_Pin_2;                               //设置 GPIO 引脚
        MyGPIO.GPIO_Speed = GPIO_Speed_50MHz;                       //设置输出响应速度
        MyGPIO.GPIO_Mode = GPIO_Mode_AF_PP;                         //设置复用功能推挽输出
        GPIO_Init(GPIOA,&MyGPIO);              //调用 GPIO_Init()函数完成 PA2 的配置

        MyGPIO.GPIO_Pin = GPIO_Pin_3;                               //设置 GPIO 引脚
        MyGPIO.GPIO_Mode = GPIO_Mode_IN_FLOATING;                   //设置为浮空输入模式
        GPIO_Init(GPIOA,&MyGPIO);              //调用 GPIO_Init()函数完成 PA3 的配置

        RCC_APB1PeriphClockCmd(RCC_APB1Periph_USART2,ENABLE);//打开 USART2 外设时钟
        MyUSART.USART_BaudRate = 9600;                              //设置波特率
        MyUSART.USART_WordLength = USART_WordLength_8b;             //设置数据位长度
        MyUSART.USART_StopBits = USART_StopBits_1;                  //设置停止位
        MyUSART.USART_Parity = USART_Parity_No;                     //设置奇偶校验位
        MyUSART.USART_HardwareFlowControl = USART_HardwareFlowControl_None;//设置握手协议
        MyUSART.USART_Mode = USART_Mode_Rx | USART_Mode_Tx; //设置为发送模式
        USART_Init(USART2,&MyUSART);           //调用 USART_Init()函数完成 USART2 的配置
        USART2->BRR = 0x1D4C / 9 / 2;          //仿真时钟为 8MHz，PCLK1 = 4MHz，重新设置波特率
        USART_ITConfig(USART2,USART_IT_RXNE,ENABLE);
        USART_ITConfig(USART2,USART_IT_TC,ENABLE);
        USART_Cmd(USART2,ENABLE);                                   //使能 USART1 工作
```

```c
}

void MyNVIC_Init(void)
{
    NVIC_InitTypeDef MyNVIC;                                 //定义初始化 NVIC 结构体变量
    NVIC_PriorityGroupConfig(NVIC_PriorityGroup_2);         //设置优先级分组
    MyNVIC.NVIC_IRQChannel = USART2_IRQn;                   //设置向量通道
    MyNVIC.NVIC_IRQChannelPreemptionPriority = 2;          //设置抢占优先级
    MyNVIC.NVIC_IRQChannelSubPriority = 2;                 //设置响应优先级
    MyNVIC.NVIC_IRQChannelCmd = ENABLE;                   //使能设置的向量通道中断
    NVIC_Init(&MyNVIC);            //调用 NVIC 初始化函数完成设置的向量通道配置
}


static unsigned char LEDSEG[] =
{
  0x3F,0x06,0x5B,0x4F,0x66,0x6D,0x7D,0x07,0x7F,0x6F,      //--- 数字 0~9 的笔段码 ---
  0x77,0x7C,0x39,0x5E,0x79,0x71,                          //--- 字母 AbCdEF ---
};


int SendFlag;
int SendIndex;
char SendBuffer[32];
void MyUSART2_Send(char *str)
{
    strcpy((char *)SendBuffer,(char *)str);                 //将要发送的字符串复制到发送缓冲区
    SendIndex = 0;                                          //置发送索引为 0
    SendFlag = SET;                                        //置发送开始标志
    USART_SendData(USART2,SendBuffer[0]);                  //发送第 1 个字符
    while(RESET != SendFlag);                              //等待所有字符全部发送完毕
}


void USART2_IRQHandler(void)
{
    char temp;
    if(RESET != USART_GetITStatus(USART2,USART_IT_TC))     //判断是否为串口发送完成中断
    {
        USART_ClearITPendingBit(USART2,USART_IT_TC);       //清串口发送完成中断标志
        if(RESET != SendFlag)                 //若还有要发送的内容，则继续发送下一个字符
        {
```

```
                temp = SendBuffer[++SendIndex];
                if(temp)USART_SendData(USART2,temp);else SendFlag = 0;
            }
        }
        if(RESET != USART_GetITStatus(USART2,USART_IT_RXNE)) //判断是否为串口接收完成中断
        {
            USART_ClearITPendingBit(USART2,USART_IT_RXNE);    //清串口接收完成中断标志
            temp = USART_ReceiveData(USART2);                 //接收串口数据
            //将接收到的字符 0～9 和 A～F 以及 a～f 转化为 LED 数码管显示的 0～9 以及 A～F
            if((temp >= '0') && (temp <= '9')) GPIO_Write(GPIOC,~LEDSEG[temp - 0x30] << 4);
            else if((temp >= 'A') && (temp <= 'F')) GPIO_Write(GPIOC,~LEDSEG[temp - 0x37] << 4);
            else if((temp >= 'a') && (temp <= 'f')) GPIO_Write(GPIOC,~LEDSEG[temp - 0x57] << 4);
        }
    }


char TestStr[] = {"Uart Test...\r\n"};                        //定义的字符串
char KeyStr[] = {"KeyValue = 0000\r\n"};                      //定义的字符串

int main(void)
{
    MyGPIOC_Init();                                           //GPIO 初始化
    MyUSART2_Init();                                          //USART1 初始化
    MyNVIC_Init();                                            //NVIC 初始化
    MyUSART2_Send(TestStr);                                  //通过 USART2 串口中断发送
    while(1)
    {
        {
            static int K1_Cnt;                               //按键 K1 的去抖延时变量
            #define K1   GPIO_ReadInputDataBit(GPIOC,GPIO_Pin_11)   //按键 K1 引脚读宏定义
            static int KeyCnt;                               //按键计数变量
            if((RESET == K1) && (999999 != K1_Cnt) && (++K1_Cnt > 10000))//判断按键是否按下
            {
                if(RESET == K1)                              //确认按键 K1 已按下
                {
                    K1_Cnt = 999999;                         //置已按下标志
                    if(++KeyCnt > 9999)KeyCnt = 0;           //计数加 1
                    KeyStr[11] = (KeyCnt / 1000) % 10 + '0';
                    KeyStr[12] = (KeyCnt / 100) % 10 + '0';
                    KeyStr[13] = (KeyCnt / 10) % 10 + '0';
```

```
                        KeyStr[14] = (KeyCnt / 1) % 10 + '0';
                        MyUSART2_Send(KeyStr);      //计数加 1 的数值通过 USART2 串口中断发送
                    }
                }
                else if(RESET != K1)K1_Cnt = 0;
            }
        }
    }
```

4. 实例总结

本实例的串口虚拟终端显示结果如图 4-15 所示。

图 4-15　中断方式的 USART2 发送接收实例的串口虚拟终端显示

本实例展示了如何使用 STM32F103R6 的 USART2 串口中断方式来发送和接收数据。
USART2 串口初始化步骤如下：

(1) 配置 USART2 的串口引脚。调用 RCC_APB2PeriphClockCmd()函数开启 AFIO 和
GPIOA 外设时钟，将复用在 PA2 引脚上的 USART2_TX 复用引脚配置为复用功能推挽输
出模式，将复用在 PA3 引脚上的 USART2_RX 复用引脚配置为浮空输入模式，并通过调用
GPIO_Init()完成引脚的配置。

(2) 调用 RCC_APB1PeriphClockCmd()函数打开 USART2 外设时钟。

(3) 设置 USART_InitTypeDef 结构体成员信息，包括数据位、停止位、奇偶校验位、
波特率、握手协议、发送接收模式等，调用 USART_Init()函数完成 USART2 的信息配置。

(4) 若要用中断方式，则调用 USART_ITConfig()函数使能串口发送中断和串口接收
中断。

(5) 调用 USART_Cmd()函数开启 USART2 外设工作。

由于使用串口中断方式，还要配置 NVIC 的 USART2_IRQn 通道、抢占优先级和响应
优先级等信息，因此调用 NVIC_Init()函数完成 NVIC 的初始化。

在 USART2_IRQHandler()中断服务程序中，通过 USART_GetITStatus()函数分别读取
串口发送完成和接收完成中断标志，以判断是否继续下一个发送或当前是否正确接收等
处理。

4.12　SPI1 接口的串/并转换 LED 数码管显示实例

1. 实例要求

利用 STM32F103R6 的 SPI1 外设驱动两片 74HC595 串/并转换芯片实现在 4 位共阴 LED 数码管上显示按键加减计数。

2. 硬件电路

本实例的硬件仿真电路如图 4-16 所示。

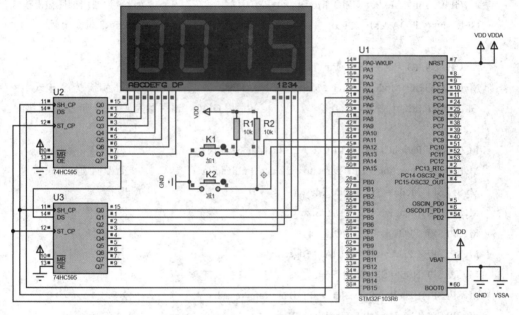

图 4-16　SPI1 接口的串/并转换 LED 数码管显示实例电路仿真原理图

U1(STM32F103R6) 的 PA5/SPI1_SCK 引脚连接 U2 和 U3 的 SH_CP 引脚，PA7/SPI1_MOSI 引脚连接 U2 的 DS 引脚，U2 的 Q0～Q7 分别连接到 4 位共阴 LED 数码管的笔段 A～G 及 DP 引脚上，U3 的 Q0～Q3 分别连接到 4 位共阴 LED 数码管的位选段 1～4 上。按键 K1 和 K2 分别连接 U1(STM32F103R6) 的 PA11 和 PA12 引脚，电阻 R1 和 R2 为按键 K1 和 K2 的上拉电阻。

3. 程序设计

根据实例要求，设计的程序如下：

```
#include "stm32f10x.h"

void MySPI1_Init(void)
{
    GPIO_InitTypeDef MyGPIO;
    SPI_InitTypeDef MySPI;
```

```
    RCC_APB2PeriphClockCmd(RCC_APB2Periph_AFIO,ENABLE);      //打开 AFIO 外设时钟
    RCC_APB2PeriphClockCmd(RCC_APB2Periph_GPIOA,ENABLE);     //打开 GPIOA 外设时钟
    MyGPIO.GPIO_Pin = GPIO_Pin_5 | GPIO_Pin_7;               //设置 GPIO 引脚
    MyGPIO.GPIO_Speed = GPIO_Speed_50MHz;                    //配置响应速度
    MyGPIO.GPIO_Mode = GPIO_Mode_AF_PP; //配置为复用功能推挽输出模式
    GPIO_Init(GPIOA,&MyGPIO);                   //调用 GPIO_Init 函数完成 PA5 和 PA7 引脚配置

    MyGPIO.GPIO_Pin = GPIO_Pin_8;                            //设置 GPIO 引脚
    MyGPIO.GPIO_Mode = GPIO_Mode_Out_PP;                     //设置为通用推挽输出模式
    GPIO_Init(GPIOA,&MyGPIO);                   //调用 GPIO_Init 函数完成 PA8 引脚配置

    MyGPIO.GPIO_Pin = GPIO_Pin_11 | GPIO_Pin_12;            //设置 GPIO 引脚
    MyGPIO.GPIO_Mode = GPIO_Mode_IN_FLOATING;               //设置为浮空输入模式
    GPIO_Init(GPIOA,&MyGPIO);                   //调用 GPIO_Init 函数完成 PA11 和 PA12 引脚配置

    RCC_APB2PeriphClockCmd(RCC_APB2Periph_SPI1,ENABLE);     //打开 SPI1 外设时钟
    MySPI.SPI_Direction = SPI_Direction_2Lines_FullDuplex;  //配置双向通信方式
    MySPI.SPI_Mode = SPI_Mode_Master;                       //SPI 主模式
    MySPI.SPI_DataSize = SPI_DataSize_8b;                   //8 位数据位
    MySPI.SPI_CPOL = SPI_CPOL_Low;                          //极性为低电平
    MySPI.SPI_CPHA = SPI_CPHA_1Edge;                        //选择为上升沿
    MySPI.SPI_NSS = SPI_NSS_Soft;
    MySPI.SPI_BaudRatePrescaler = SPI_BaudRatePrescaler_4;  //4 分频
    MySPI.SPI_FirstBit = SPI_FirstBit_MSB;                  //高位在前
    MySPI.SPI_CRCPolynomial = 7;
    SPI_Init(SPI1,&MySPI);                      //调用 SPI_Init()函数完成 SPI1 初始化
    SPI_Cmd(SPI1,ENABLE);                                   //使能 SPI1 外设
}

unsigned char MySPIByteReadWrite(unsigned char dat)        //SPI1 发送接收函数
{
    SPI_I2S_SendData(SPI1,dat);//发送数据
    while(RESET == SPI_I2S_GetFlagStatus(SPI1,SPI_I2S_FLAG_BSY));  //等待发送完毕
    return(SPI_I2S_ReceiveData(SPI1));                      //返回接收数据
}

unsigned char LEDSEG[] =
{
```

```
        0x3F,0x06,0x5B,0x4F,0x66,0x6D,0x7D,0x07,0x7F,0x6F,        //--- 数字 0~9 的笔段码 ---
        0x77,0x7C,0x39,0x5E,0x79,0x71,                            //--- 字母 AbCdEF ---
};
unsigned char LEDDIG[] =                                          //位选段码
{
        0xE,0xD,0xB,0x7,
};

int LEDCnt;
int LEDIndex;
unsigned char LEDBuffer[4] = {0,0,0,0};                           //显示缓冲区

void LoadLEDBuffer(int dat)
{
        LEDBuffer[0] = (dat / 1) % 10;
        LEDBuffer[1] = (dat / 10) % 10;
        LEDBuffer[2] = (dat / 100) % 10;
        LEDBuffer[3] = (dat / 1000) % 10;
}

#define K1    GPIO_ReadInputDataBit(GPIOA,GPIO_Pin_11)            //按键 K1 宏定义
#define K2    GPIO_ReadInputDataBit(GPIOA,GPIO_Pin_12)            //按键 K2 宏定义
#define ST_CP(x)      (x)?GPIO_SetBits(GPIOA,GPIO_Pin_8):GPIO_ResetBits(GPIOA,GPIO_Pin_8)
int KeyCnt;

int main(void)
{
        MySPI1_Init();                                           //SPI1 初始化

        while(1)
        {
            if(++LEDCnt >= 200)
            {
                LEDCnt = 0;
                MySPIByteReadWrite(LEDDIG[LEDIndex]);            //送位选段
                MySPIByteReadWrite(LEDSEG[LEDBuffer[LEDIndex]]); //送笔段
                ST_CP(1);                                        //锁存
                ST_CP(0);
                if(++LEDIndex >= sizeof(LEDBuffer))LEDIndex = 0;
```

```
        }

        if(RESET == K1)                              //判断 K1 是否按下
        {
            if(++KeyCnt >= 10000)KeyCnt = 0;         //计数加 1
            LoadLEDBuffer(KeyCnt);                    //送显示缓冲区
            while(RESET == K1);                      //等待按键释放
        }
        if(RESET == K2)                              //判断 K2 是否按下
        {
            if(--KeyCnt <= 0)KeyCnt = 9999;          //计数减 1
            LoadLEDBuffer(KeyCnt);                    //送显示缓冲区
            while(RESET == K2);                      //等待按键释放
        }
    }
}
```

4. 实例总结

本实例展示了如何应用 STM32F103R6 的 SPI1 外设实现串/并转换并驱动 4 位共阴 LED 数码管动态显示。关键要对 SPI1 进行如下配置：

(1) SPI1 的 SCK 和 MOSI 复用引脚的配置。应用 RCC_APB2PeriphClockCmd()函数开启 AFIO 和 GPIOA 外设时钟，同时应用 GPIO_Init()函数完成对复用在 PA5 和 PA7 引脚上的 SPI1_SCK 和 SPI1_MOSI 的复用功能配置。

(2) 配置 SPI1 外设。用 RCC_APB2PeriphClockCmd()函数打开 SPI1 外设的时钟，配置初始化 SPI1 外设的 SPI_InitTypeDef 结构体成员信息，包括通信方式、数据位、主/从模式、SCK 时钟极性和相位、波特率、高位在前还是低位在前等。调用 SPI_Init()函数完成 SPI1 外设的初始化。

(3) 调用 SPI_Cmd()函数使能 SPI1 外设工作。

(4) 通过 SPI_I2S_SendData()函数实现 SPI1 串口的数据发送，SPI_I2S_ReceiveData()函数实现 SPI1 串口的数据接收。在启动发送之后，需要通过 SPI_I2S_GetFlagStatus()函数读取 SPI1 的忙标志位，用于表示当前数据是否发送或接收完毕。

main 主程序的 while(1)无限循环中实现 LED 数码管的动态显示刷新(通过 SPI1 串口将数据送到外部的 74HC595)和按键 K1、K2 的识别处理任务。

4.13　I^2C 接口的 24C02 串行存储器读写实例

1. 实例要求

利用 STM32F103R6 的 GPIO 引脚模拟 I^2C 串行总线通信协议，并与一个 24C02 存储器连接，实现对该存储器的读和写操作。

2. 硬件电路

本实例的硬件仿真电路如图 4-17 所示。

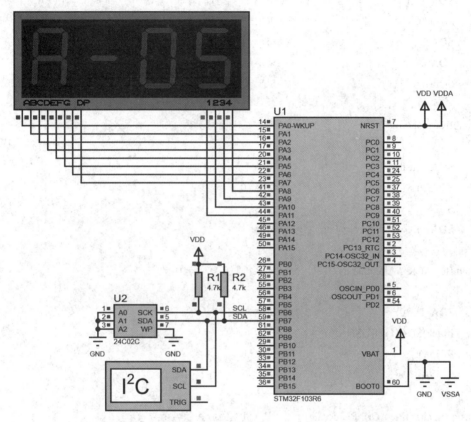

图 4-17 I²C 接口的 24C02 串行存储器读写实例电路仿真原理图

U1(STM32F103R6)的 PB6 和 PB7 引脚连接到 U2(24C02)的 SCK 和 SDA 引脚上，电阻 R1 和 R2 为 I²C 总线上的上拉电阻。GPIOA 端口 PA0～PA7 引脚分别连接到 4 位共阴 LED 数码管的笔段引脚 A～G 及 DP 上，PA8～PA11 引脚分别连接到 4 位共阴 LED 数码管的位选段 1～4 引脚上。

3. 程序设计

根据实例要求，设计的程序如下：

```
#include "stm32f10x.h"


#define SCL_Dir(x)   (x)?(GPIOB->CRL &= 0xF0FFFFFF):(GPIOB->CRL |= 0x05000000)

#define SDA_Dir(x)   (x)?(GPIOB->CRL &= 0x0FFFFFFF):(GPIOB->CRL |= 0x50000000)

#define SCL(x)        (x)?(GPIOB->ODR |= (1 << 6)):(GPIOB->ODR &=~(1 << 6))

#define SDA(x)        (x)?(GPIOB->ODR |= (1 << 7)):(GPIOB->ODR &=~(1 << 7))

#define SDA_PIN       (GPIOB->IDR & (1 << 7))
```

```
void IIC_Start(void)                    //产生开始信号函数
{
    SDA_Dir(0);                         //SDA 输出方向
    SCL(1);                             //SCL=1
    SDA(1);                             //SDA=1
    SDA(0);                             //SDA=0
    SCL(0);                             //SCL=0
}
void IIC_Stop(void)                     //产生结束信号函数
{
    SDA_Dir(0);                         //SDA 输出方向
    SDA(0);                             //SDA=0
    SCL(1);                             //SCL=1
    SDA(1);                             //SDA=1
}
void IIC_ACK_Write(char ack)            //向从机写应答信号函数
{
    SDA_Dir(0);                         //SDA 输出方向
    if(ack)SDA(1);else SDA(0);
    SCL(1);                             //SCL=1
    SCL(0);                             //SCL=0
}
unsigned char IIC_ACK_Read(void)        //读从机返回应答信号函数
{
    unsigned char ack;
    SDA_Dir(1);                         //SDA 输入方向
    SCL(1);                             //SCL=1
    ack = SDA_PIN;                      //读 SDA 线状态
    SCL(0);                             //SCL=0
    if(ack)return 1;else return 0;
}
void IIC_Write(unsigned char dat)       //字节写函数
{
    int i;
    SDA_Dir(0);
    for(i=0;i<8;i++)
    {
        if(dat & 0x80)SDA(1);else SDA(0);
```

```
            dat <<= 1;
            SCL(1);
            SCL(0);
        }
}
unsigned char IIC_Read(void)              //字节读函数
{
        int i;
        unsigned char dat = 0;
        SDA_Dir(1);
        for(i=0;i<8;i++)
        {
            dat <<= 1;
            SCL(1);
            if(SDA_PIN)dat |= 0x01;else dat &= 0xFE;
            SCL(0);
        }
    return dat;
}
void IIC_Pin_Init(void)
{
        RCC_APB2PeriphClockCmd(RCC_APB2Periph_GPIOB,ENABLE);  //打开 GPIOB 外设时钟
        SCL_Dir(0);                       //SCL 输出方向
        SDA_Dir(0);                       //SDA 输出方向
        IIC_Stop();
}


void M24C02_Write(unsigned char adr,unsigned char dat)
{
        IIC_Start();
        IIC_Write(0xA0);                  //设备地址写
        if(0 == IIC_ACK_Read())           //读从机 ACK 信号
        {
            IIC_Write(adr);               //写 M24C02 存储器地址
            if(0 == IIC_ACK_Read())       //读从机 ACK 信号
            {
                IIC_Write(dat);           //写 M24C02 数据
                if(0 == IIC_ACK_Read())   //读从机 ACK 信号
                {
```

```
                        IIC_Stop();                    //发送停止信号
                        return;
                    }
                }
            }
        IIC_Stop();                                    //发送停止信号
    }
    unsigned char M24C02_Read(unsigned char adr)
    {
        unsigned char ret;
        IIC_Start();
        IIC_Write(0xA0);                               //设备地址写
        if(0 == IIC_ACK_Read())                        //读从机 ACK 信号
        {
            IIC_Write(adr);                            //写 M24C02 存储器地址
            if(0 == IIC_ACK_Read())                    //读从机 ACK 信号
            {
                IIC_Start();
                IIC_Write(0xA1);                       //设备地址读
                if(0 == IIC_ACK_Read())                //读从机 ACK 信号
                {
                    ret = IIC_Read();
                    IIC_ACK_Write(1);
                    return ret;
                }
            }
        }
        IIC_Stop();                                    //发送停止信号
        return ret;
    }


    unsigned char LEDSEG[] =
    {
        0x3F,0x06,0x5B,0x4F,0x66,0x6D,0x7D,0x07,0x7F,0x6F,    //--- 数字 0～9 的笔段码 ---
        0x77,0x7C,0x39,0x5E,0x79,0x71, 0x40,0x00,             //--- 字母 AbCdEF ---
    };
    unsigned char LEDDIG[] =                                 //位选段码
    {
        0xE,0xD,0xB,0x7,
```

```c
};

int LEDCnt;
int LEDIndex;
unsigned char LEDBuffer[4] = {0,0,0,0};              //显示缓冲区

int main(void)
{
    IIC_Pin_Init();
    RCC_APB2PeriphClockCmd(RCC_APB2Periph_GPIOA,ENABLE); //打开 GPIOA 外设时钟
    GPIOA->CRL = 0x11111111;                 //PA0～PA7 推挽输出，响应速度为 10 MHz
    GPIOA->CRH = 0x44441111;                 //PA8～PA11 推挽输出，响应速度为 10 MHz
    for(int i=0;i<16;i++)
    {
        M24C02_Write(i,15 - i);              //向 M24C02 存储器写数据
        for(int j=0;j<2000;j++);             //延时
    }
    while(1)
    {
        if(++LEDCnt >= 100)
        {
            LEDCnt = 0;
            GPIOA->ODR = (LEDDIG[LEDIndex] << 8) | (LEDSEG[LEDBuffer[LEDIndex]] << 0);
            if(++LEDIndex >= sizeof(LEDBuffer))LEDIndex = 0;
        }
        static int RdIndex,RdCnt;
        if(++RdCnt >= 100000)
        {
            RdCnt = 0;
            unsigned char temp = M24C02_Read(RdIndex);
            LEDBuffer[0] = temp % 16;
            LEDBuffer[1] = temp / 16;
            LEDBuffer[2] = 16;
            LEDBuffer[3] = RdIndex % 16;
            if(++RdIndex >= 16)RdIndex = 0;
        }
    }
}
```

4. 实例总结

本实例展示了如何利用 STM32F103R6 的 GPIO 引脚实现 I^2C 串行总线协议的模拟。实测的数据如图 4-18 所示。

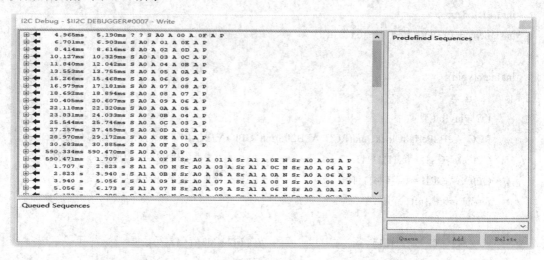

图 4-18　I^2C 接口的 24C02 串行存储器读写实例的 I^2C 调试器监测数据

程序中，模拟 I^2C 协议的方法如下：

(1) 打开 GPIOB 外设时钟并配置 PB6 和 PB7 引脚为通用开漏模式。

(2) 模拟 I^2C 的 START 启动信号：置 SDA 为输出，先拉低 SDA 线，再拉低 SCL 线。

(3) 模拟 I^2C 的 STOP 停止信号：置 SDA 为输出，先置 SDA 为低电平，再将 SCL 置高电平，最后置 SDA 为高电平。

(4) I^2C 字节写，先将 SDA 线置为输出，产生 8 个 SCL 周期的写时钟，并在每个 SCL 为低电平时，将数据线 SDA 状态置好。

(5) I^2C 字节读，先将 SDA 线置为输入，产生 8 个 SCL 周期的读时钟，并在每个 SCL 时钟周期下读取数据线 SDA 的状态。

(6) 读从机的应答信号：先将 SDA 线置输入，置 SCL 为高电平，读取 SDA 线状态后，将 SCL 线置低电平。

(7) 写从机的应答或应答非信号：先将 SDA 线置输出，若是应答信号，则将 SDA 线置低电平，若是应答非信号，则将 SDA 线置高电平后，将 SCL 线拉低。

4.14　查询方式的 A/D 转换应用实例

1. 实例要求

利用 STM32F103R6 的内置 12 位 A/D 转换器 ADC1 将接在 PA0/ADC1_AIN0 通道上的模拟量转换为数字量，然后在 LED 数码管上显示。

2. 硬件电路

本实例硬件仿真电路如图 4-19 所示。

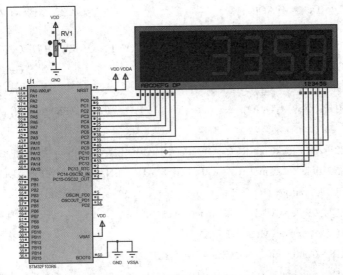

图 4-19 查询方式的 A/D 转换应用实例电路仿真原理图

U1(STM32F103R6)的 PA0/ADC1_AIN0 引脚外接一个可调电位器 RV1，电压可在
0~VDD 之间调节。GPIOC 端口的 PC0～PC7 引脚分别连接到 6 位共阴 LED 数码管的笔段
A～G 及 DP 引脚上，PC8~PC13 分别连接到 6 位共阴 LED 数码管的位选段 1～6 引脚上。

3. 程序设计

根据实例要求，设计的程序如下：

```
#include "stm32f10x.h"

void MyGPIO_Init(void)
{
    GPIO_InitTypeDef MyGPIO;                            //定义 GPIO 结构体初始化变量
    RCC_APB2PeriphClockCmd(RCC_APB2Periph_GPIOC,ENABLE); //打开 GPIOC 外设时钟
    MyGPIO.GPIO_Pin =    GPIO_Pin_0 | GPIO_Pin_1 | GPIO_Pin_2 | GPIO_Pin_3 |
                         GPIO_Pin_4 | GPIO_Pin_5 | GPIO_Pin_6 | GPIO_Pin_7 |
                         GPIO_Pin_8 | GPIO_Pin_9 | GPIO_Pin_10 | GPIO_Pin_11 |
                         GPIO_Pin_12 | GPIO_Pin_13;//配置 GPIO 引脚
    MyGPIO.GPIO_Speed = GPIO_Speed_50MHz;               //配置输出响应速度
    MyGPIO.GPIO_Mode = GPIO_Mode_Out_PP;                //配置为通用推挽输出模式
    GPIO_Init(GPIOC,&MyGPIO);               //调用 GPIO_Init()函数完成 PC0～PC13 的配置

}

void MyADC1_Init(void)
{
    GPIO_InitTypeDef MyGPIO;                //定义 GPIO 结构体初始化变量
```

```
        ADC_InitTypeDef    MyADC;                          //定义 ADC 结构体初始化变量

        RCC_APB2PeriphClockCmd(RCC_APB2Periph_GPIOA,ENABLE); //打开 GPIOA 外设时钟
        MyGPIO.GPIO_Pin = GPIO_Pin_0;                       //配置 GPIO 引脚
        MyGPIO.GPIO_Mode = GPIO_Mode_AIN;                   //配置为模拟输入模式
        GPIO_Init(GPIOA,&MyGPIO);                           //调用 GPIO_Init()函数完成 PA0 的配置

        RCC_APB2PeriphClockCmd(RCC_APB2Periph_AFIO,ENABLE); //打开 AFIO 外设时钟
        RCC_APB2PeriphClockCmd(RCC_APB2Periph_ADC1,ENABLE); //打开 ADC1 外设时钟
        RCC_ADCCLKConfig(RCC_PCLK2_Div6);                   //6 分频
        MyADC.ADC_Mode = ADC_Mode_Independent;              //配置为独立模式
        MyADC.ADC_ScanConvMode = DISABLE;                   //禁止扫描方式
        MyADC.ADC_ContinuousConvMode = DISABLE;             //连接转换禁止
        MyADC.ADC_ExternalTrigConv = ADC_ExternalTrigConv_None; //外部触发转换禁止
        MyADC.ADC_DataAlign = ADC_DataAlign_Right;          //数据右对齐
        MyADC.ADC_NbrOfChannel = 1;                         //1 个通道
        ADC_Init(ADC1,&MyADC);                              //调用 ADC_Init()完成 ADC1 的配置
        ADC_Cmd(ADC1,ENABLE);                               //使能 ADC1
        ADC_SoftwareStartConvCmd(ADC1,ENABLE);              //软件启动 ADC1 转换开始
}

unsigned char LEDSEG[] =
{
  0x3F,0x06,0x5B,0x4F,0x66,0x6D,0x7D,0x07,0x7F,0x6F,  //--- 数字 0~9 的笔段码 ---
  0x77,0x7C,0x39,0x5E,0x79,0x71, 0x40,0x00,           //--- 字母 AbCdEF- ---
};
unsigned char LEDDIG[] = //位选段码
{
    0x3E,0x3D,0x3B,0x37,0x2F,0x1F,
};

int LEDCnt;
int LEDIndex;
unsigned char LEDBuffer[6];                              //显示缓冲区

int main(void)
{
    MyGPIO_Init();                                      //GPIOC 端口引脚初始化
    MyADC1_Init();                                      //ADC1 初始化
    while(1)
```

```
    {
        //LED 数码管动态显示程序段
        if(++LEDCnt >= 100)
        {
            LEDCnt = 0;
            GPIO_Write(GPIOC,(LEDDIG[LEDIndex] << 8) | (LEDSEG[LEDBuffer[LEDIndex]] << 0));
            if(++LEDIndex >= sizeof(LEDBuffer))LEDIndex = 0;
        }

        if(RESET != ADC_GetFlagStatus(ADC1,ADC_FLAG_EOC))        //ADC1 转换是否结束
        {
            static int ADCValue;
            ADC_ClearFlag(ADC1,ADC_FLAG_EOC);                    //清 ADC 转换结束标志
            ADCValue = ADC_GetConversionValue(ADC1);             //读取 ADC1 转换的结果
            ADC_RegularChannelConfig(ADC1,0,1,ADC_SampleTime_239Cycles5);
                                                                 //重新配置 ADC1 转换
            ADC_SoftwareStartConvCmd(ADC1,ENABLE);               //软件启动 ADC1 转换开始
            //将转换的结果送 LEDBuffer 显示缓冲区
            for(int i=0;i<sizeof(LEDBuffer);i++)LEDBuffer[i] = 17;
            int i = 0;
            while(ADCValue)
            {
                LEDBuffer[i++] = ADCValue % 10;
                ADCValue /= 10;
            }
        }
    }
}
```

4. 实例总结

本实例展示 STM32F103R6 的 A/D 转换器的使用方法。在 A/D 转换器正确使用之前，需要对其进行配置，配置的步骤如下：

(1) 配置复用在 GPIO 引脚上的 A/D 转换功能，打开该引脚的 GPIO 外设时钟，并配置该引脚为模拟输入通道。

(2) 打开 AFIO 外设和 ADC1 外设时钟。

(3) 通过 RCC_ADCCLKConfig()函数配置 ADC1 时钟。

(4) 配置 ADC_InitTypeDef 结构体的各个成员信息，包括工作模式、扫描方式、数据对齐方式、触发转换模式、连续转换功能、通道数等。再调用 ADC_Init()函数完成 ADC1 的配置。

(5) 调用 ADC_Cmd()函数使能 ADC 工作。

(6) 通过 ADC_SoftwareStartConvCmd()函数启动 ADC 转换。

读取 A/D 转换器转换数据的步骤如下：

(1) 启动 A/D 转换器。

(2) 通过 ADC_GetFlagStatus()函数读取 A/D 转换结束标志(ADC_FLAG_EOC)来判断是否转换结束。

(3) 通过 ADC_ClearFlag()函数清 A/D 转换结束标志。

(4) 调用 ADC_GetConversionValue()函数读取 A/D 转换结束的数据。

(5) 最后将 A/D 转换的数据进行处理或用于显示等。

(6) 通过 ADC_RegularChannelConfig()重新配置 ADC，并启动 ADC 转换开始下一轮转换。

4.15　中断方式的多路 A/D 转换应用实例

1. 实例要求

将 0～VDD 的模拟量分别从 PA0/AIN0 引脚和 PA1/AIN1 引脚输入，采用 STM32F103R6 的 ADC 中断方式实现 A/D 转换，在 LM016L 液晶上显示。

2. 硬件电路

本实例的硬件仿真电路如图 4-20 所示。

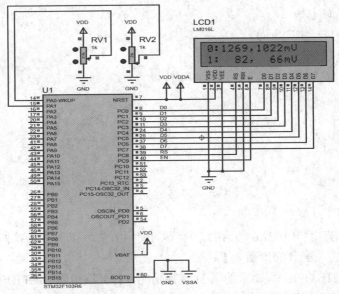

图 4-20　中断方式的多路 A/D 转换应用实例电路仿真原理图

可调节电位器 RV1 和 RV2 的可调端分别连接到 U1(STM32F103R6)的 PA0 和 PA1 引脚上。GPIOC 端口的 PC0～PC7 连接到 LCD1(LM016L)的 D0～D7 引脚上，PC8 连接到 RS 引脚上，PC9 连接到 E 引脚上。

3. 程序设计

根据实例要求，设计的程序如下：

```
#include "stm32f10x.h"

void MyGPIO_Init(void)
{
    GPIO_InitTypeDef MyGPIO;                          //定义 GPIO 结构体初始化变量
    RCC_APB2PeriphClockCmd(RCC_APB2Periph_GPIOC,ENABLE); //打开 GPIOC 外设时钟
    MyGPIO.GPIO_Pin =     GPIO_Pin_0 | GPIO_Pin_1 | GPIO_Pin_2 | GPIO_Pin_3 |
                          GPIO_Pin_4 | GPIO_Pin_5 | GPIO_Pin_6 | GPIO_Pin_7 |
                          GPIO_Pin_8 | GPIO_Pin_9; //配置 GPIO 引脚
    MyGPIO.GPIO_Speed = GPIO_Speed_50MHz;             //配置输出响应速度
    MyGPIO.GPIO_Mode = GPIO_Mode_Out_PP;              //配置为通用推挽输出模式
    GPIO_Init(GPIOC,&MyGPIO);                         //调用 GPIO_Init()函数完成 PC0~PC13 的配置


}

void MyADC1_Init(void)
{
    GPIO_InitTypeDef MyGPIO;                          //定义 GPIO 结构体初始化变量
    ADC_InitTypeDef    MyADC;                         //定义 ADC 结构体初始化变量

    RCC_APB2PeriphClockCmd(RCC_APB2Periph_GPIOA,ENABLE); //打开 GPIOA 外设时钟
    MyGPIO.GPIO_Pin = GPIO_Pin_0 | GPIO_Pin_1;        //配置 GPIO 引脚
    MyGPIO.GPIO_Mode = GPIO_Mode_AIN;                 //配置为模拟输入模式
    GPIO_Init(GPIOA,&MyGPIO);                         //调用 GPIO_Init()函数完成 PA0 和 PA1 的配置

    RCC_APB2PeriphClockCmd(RCC_APB2Periph_AFIO,ENABLE);  //打开 AFIO 外设时钟
    RCC_APB2PeriphClockCmd(RCC_APB2Periph_ADC1,ENABLE);  //打开 ADC1 外设时钟
    RCC_ADCCLKConfig(RCC_PCLK2_Div6);          //6 分频
    MyADC.ADC_Mode = ADC_Mode_Independent;     //配置为独立模式
    MyADC.ADC_ScanConvMode = DISABLE;          //禁止扫描方式
    MyADC.ADC_ContinuousConvMode = DISABLE;    //连接转换禁止
    MyADC.ADC_ExternalTrigConv = ADC_ExternalTrigConv_None;   //外部触发转换禁止
    MyADC.ADC_DataAlign = ADC_DataAlign_Right;     //数据右对齐
    MyADC.ADC_NbrOfChannel = 1;                //1 个通道
    ADC_Init(ADC1,&MyADC);                         //调用 ADC_Init()完成 ADC1 的配置

    ADC_ITConfig(ADC1,ADC_IT_EOC,ENABLE);
    ADC_Cmd(ADC1,ENABLE);                          //使能 ADC1
    ADC_SoftwareStartConvCmd(ADC1,ENABLE);         //软件启动 ADC1 转换开始
```

```
    }

void MyNVIC_Init(void)
{
    NVIC_InitTypeDef MyNVIC;

    NVIC_PriorityGroupConfig(NVIC_PriorityGroup_2);      //配置优先级组
    MyNVIC.NVIC_IRQChannel = ADC1_2_IRQn;                //设置 NVIC 的向量通道
    MyNVIC.NVIC_IRQChannelPreemptionPriority = 2;        //设置抢占优先级
    MyNVIC.NVIC_IRQChannelSubPriority = 2;               //设置响应优先级
    MyNVIC.NVIC_IRQChannelCmd = ENABLE;                  //使能向量中断
    NVIC_Init(&MyNVIC);                     //调用 NVIC_Init()函数完成 ADC1_2 的中断配置
}


#define RS_CLR    GPIO_ResetBits(GPIOC,GPIO_Pin_8)       //宏定义 RS=0
#define RS_SET    GPIO_SetBits(GPIOC,GPIO_Pin_8)         //宏定义 RS=1
#define EN_CLR    GPIO_ResetBits(GPIOC,GPIO_Pin_9)       //宏定义 EN=0
#define EN_SET    GPIO_SetBits(GPIOC,GPIO_Pin_9)         //宏定义 EN=1


void LCD_Write_Com(unsigned char com)                    //写 LCD 液晶命令函数
{
    int i;
    for(i=0;i<1000;i++);
    GPIO_Write(GPIOC,com);
    RS_CLR; EN_SET; EN_CLR;
}

void LCD_Write_Data(unsigned char Data)                  //写 LCD 液晶数据函数
{
    int i;
    for(i=0;i<1000;i++);
    GPIO_Write(GPIOC,Data);
    RS_SET; EN_SET; EN_CLR;
}

void LCD_Init(void)                                      //LCD 液晶初始化函数
{
    int i;
    LCD_Write_Com(0x38);LCD_Write_Com(0x08);LCD_Write_Com(0x01);
```

```
        for(i=0;i<100000;i++);
        LCD_Write_Com(0x06);LCD_Write_Com(0x0C);
}

void LCD_Write_Char(char x,char y,char Data)        //向指定的位置显示字符
{
        if (0 == x)LCD_Write_Com(0x80 + y);else LCD_Write_Com(0xC0 + y);
        LCD_Write_Data(Data);
}

void LCD_Write_String(char x,char y,char *p)        //向指定的位置显示字符串
{
        while(*p)
        {
                if(y < 16){;}else{x++;y = 0;}
                LCD_Write_Char(x,y++,*p++);
        }
}

int ADCValue,ADCFlag;
int ch = 0;
void ADC1_2_IRQHandler(void)                        //ADC 中断
{
        if(0 != (ADC_GetITStatus(ADC1,ADC_IT_EOC)))
        {
                ADC_ClearITPendingBit(ADC1,ADC_IT_EOC);
                ADCValue = ADC_GetConversionValue(ADC1);
                ADCFlag = 1;
        }
}

void DataTreat(int temp,char *p)                    //数据处理
{
        int i = 0;
        for(i=0;i<4;i++)*(p + i) = ' ';
        *(p + i - 1) = '0';
        i = 0;
        while(temp)
        {
```

```
                    *(p + 3 − i) = temp % 10 + '0';
                    temp /= 10;
                    i++;
            }
    }

char ADC_LCDDisplay[] = {"X:0000,0000mV"};          //定义的字符串
int main(void)
{
        MyGPIO_Init();                              //GPIOC 端口引脚初始化
        MyNVIC_Init();                              //NVIC 初始化
        MyADC1_Init();                              //ADC1 初始化
        LCD_Init();

        while(1)
        {
            if(0 != ADCFlag)
            {
                ADC_LCDDisplay[0] = ch + '0';       //显示通道
                int temp = ADCValue;                //显示 A/D 转换数值
                DataTreat(temp,&ADC_LCDDisplay[2]);
                temp = ADCValue * 3300 / 4095;      //模拟转换电压
                DataTreat(temp,&ADC_LCDDisplay[7]);
                LCD_Write_String(ch,0,ADC_LCDDisplay);
                ADCFlag = 0;
                if(++ch >= 2)ch = 0;
                switch(ch)
                {
                    case 0:
            ADC_RegularChannelConfig(ADC1,ADC_Channel_0,1,ADC_SampleTime_239Cycles5);
                        break;
                    case 1:
            ADC_RegularChannelConfig(ADC1,ADC_Channel_1,1,ADC_SampleTime_239Cycles5);
                        break;
                }
                ADC_SoftwareStartConvCmd(ADC1,ENABLE);          //启动 A/D 转换
            }
        }
}
```

4. 实例总结

本实例展示了如何利用 STM32F103R6 的 A/D 中断方式进行 A/D 转换。具体的配置步骤如下：

(1) 配置模拟通道的 GPIO 引脚。打开相应 GPIO 的外设时钟，并配置对应的 GPIO 引脚为模拟输入方式。

(2) 打开 AFIO 外设时钟和 ADC1 外设时钟，并配置 ADC1 的 A/D 时钟。

(3) 配置 ADC_InitTypeDef 结构体成员信息，主要包括工作模式、扫描方式、外部触发方式、数据对齐方式、通道数等信息。通过 ADC_Init() 函数完成配置。

(4) 通过 ADC_ITConfig() 函数开启 ADC1 转换结束中断请求。

(5) 使能 ADC1 工作，利用 ADC_RegularChannelConfig() 函数设置要转换的通道、采样时间等，并启动 ADC1 转换开始。

(6) 配置 NVIC 控制器的 ADC1_2_IRQn 中断向量。

(7) 在 void ADC1_2_IRQHandler(void) 中断函数中编写 ADC1 转换中断服务程序。

4.16　定时器 TIM1 的 PWM 生成 100 Hz 正弦波应用实例

1. 实例要求

利用 STM32F103R6 的 16 位定时器 TIM1 的 PWM 功能产生 100Hz 正弦波信号，该信号由 PA7/TIM1_CH1N 引脚输出，外接虚拟示波器观察波形。

2. 硬件电路

本实例的硬件仿真电路如图 4-21 所示。

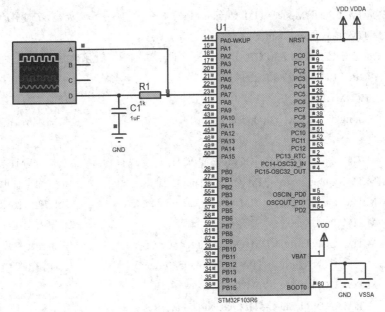

图 4-21　定时器 TIM1 的 PWM 生成 100Hz 正弦波的应用实例电路仿真原理图

3. 程序设计

根据实例要求，设计的程序如下：

```c
#include "stm32f10x.h"

void MyTIM1_PWM_Init(void)
{
    GPIO_InitTypeDef MyGPIO;                      //定义 GPIO 结构体初始化变量
    TIM_TimeBaseInitTypeDef   MyTIM;              //定义初始化 TIM 结构体变量
    TIM_OCInitTypeDef MyPWM;                      //定义 PWM 结构体变量

    RCC_APB2PeriphClockCmd(RCC_APB2Periph_GPIOA,ENABLE); //打开 GPIOB 外设时钟
    RCC_APB2PeriphClockCmd(RCC_APB2Periph_AFIO, ENABLE);  //打开复用外设时钟
    GPIO_PinRemapConfig(GPIO_FullRemap_TIM1,ENABLE);      //TIM1 引脚复用映射打开
    MyGPIO.GPIO_Pin = GPIO_Pin_7;                 //TIM1_CH1 复用在 PA7 引脚上
    MyGPIO.GPIO_Speed = GPIO_Speed_50MHz;         //设置响应速度
    MyGPIO.GPIO_Mode = GPIO_Mode_AF_PP; //设置 PA7 为复用功能推挽输出
    GPIO_Init(GPIOA,&MyGPIO);                     //调用 GPIO 初始化函数完成 PA7 引脚配置

    RCC_APB2PeriphClockCmd(RCC_APB2Periph_TIM1,ENABLE);   //打开 TIM1 外设时钟
    MyTIM.TIM_Prescaler = 8 – 1;                  //设置定时器的预分频系数
    MyTIM.TIM_Period = 100;                       //设置定时的初值
    MyTIM.TIM_ClockDivision = TIM_CKD_DIV1;
    MyTIM.TIM_CounterMode = TIM_CounterMode_Up;   //设置定时器的计数方式
    MyTIM.TIM_RepetitionCounter = 0;
    TIM_TimeBaseInit(TIM1,&MyTIM);                //调用 TIM 初始化函数完成 TIM1 的配置
    TIM_ARRPreloadConfig(TIM1,ENABLE);
    TIM_Cmd(TIM1,ENABLE);                         //使能 TIM1 工作
    TIM_ITConfig(TIM1,TIM_IT_Update,ENABLE);      //使能 TIM1 的溢出中断

    MyPWM.TIM_OCMode = TIM_OCMode_PWM1;           //选择 PWM1 模式
    MyPWM.TIM_OutputState = TIM_OutputState_Disable;  //正常输出禁止
    MyPWM.TIM_OutputNState = TIM_OutputNState_Enable; //反向输出使能
    MyPWM.TIM_Pulse = 50;                         //设置占空比
    MyPWM.TIM_OCPolarity = TIM_OCPolarity_Low;    //正常输出低电平
    MyPWM.TIM_OCNPolarity = TIM_OCNPolarity_Low;  //反向输出低电平
    MyPWM.TIM_OCIdleState = TIM_OCIdleState_Reset;
    MyPWM.TIM_OCNIdleState = TIM_OCNIdleState_Reset;
    TIM_OC1Init(TIM1,&MyPWM);                     //初始化 TIM1_CH1 通道为 PWM 输出功能
```

```
        TIM_OC1PreloadConfig(TIM1,TIM_OCPreload_Enable); //自动装载使能
        TIM_CtrlPWMOutputs(TIM1,ENABLE);                    //使能 TIM1_CHN1 通道输出 PWM
}


void MyNVIC_Init(void)
{
        NVIC_InitTypeDef MyNVIC;

        NVIC_PriorityGroupConfig(NVIC_PriorityGroup_2);     //配置优先级组
        MyNVIC.NVIC_IRQChannel = TIM1_UP_IRQn;              //设置 NVIC 的向量通道
        MyNVIC.NVIC_IRQChannelPreemptionPriority = 2;       //设置抢占优先级
        MyNVIC.NVIC_IRQChannelSubPriority = 2;              //设置响应优先级
        MyNVIC.NVIC_IRQChannelCmd = ENABLE;                 //使能向量中断
        NVIC_Init(&MyNVIC);                                 //调用 NVIC_Init()函数完成 TIM1 的中断配置
}


unsigned char SINTAB[100] =                                 //--- 正弦表 ---
{
    49, 52, 55, 58, 61, 64, 67, 70, 73, 75, 78, 80, 83, 85, 87, 89,
    90, 92, 93, 95, 96, 96, 97, 98, 98, 98, 98, 98, 97, 96, 96, 95,
    93, 92, 90, 89, 87, 85, 83, 80, 78, 75, 73, 70, 67, 64, 61, 58,
    55, 52, 49, 46, 43, 40, 37, 34, 31, 28, 25, 23, 20, 18, 15, 13,
    11, 9, 8, 6, 5, 3, 2, 2, 1, 0, 0, 0, 0, 0, 1, 2,
    2, 3, 5, 6, 8, 9, 11, 13, 15, 18, 20, 23, 25, 28, 31, 34,
    37, 40, 43, 48,
};
int SinIndex;


void TIM1_UP_IRQHandler(void)
{
    if(RESET != TIM_GetITStatus(TIM1,TIM_IT_Update))        //判断是否溢出中断
    {
        TIM_ClearITPendingBit(TIM1,TIM_IT_Update);          //清溢出中断标志
        TIM_SetCompare1(TIM1,SINTAB[SinIndex]);             //重新设置 PWM 占空比
        if(++SinIndex >= sizeof(SINTAB))SinIndex = 0;       //100 个点全部扫描完毕
    }
}


int main(void)
```

```
{
    MyGPIO_Init();                  //GPIOC 端口引脚初始化
    MyNVIC_Init();                  //NVIC 初始化
    MyTIM1_PWM_Init();              //TIM1 的 PWM 功能初始化
    while(1){;}
}
```

4. 实例总结

本实例通过虚拟示波器观察到的波形如图 4-22 所示。

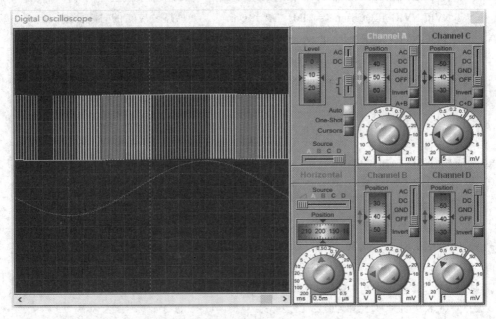

图 4-22　虚拟示波器观察到的 PWM 和 100 Hz 正弦信号

图 4-22 中下面的波形是输出频率为 100 Hz 的正弦信号,上面的波形是输出频率为 10 kHz 的 PWM 信号。

本实例展示了如何利用定时器 TIM1 的 PWM 功能产生正弦信号。当占空比是固定值的 PWM 信号由 PA7/TIM1_CH1N 引脚输出时,经过 R1 和 C1 构成的低通滤波器,可以输出稳定的直流电压。当改变占空比时,经过低通滤波后的直流电压也会呈线性地改变。利用该原理,在每个 PWM 周期内改变一次占空比,即可改变其经过低通滤波后的输出电压。若要产生频率为 f 的正弦信号,则要将正弦信号的周期细分为 N 个点,每个点所对应频率为 $N \cdot f$,该频率为 PWM 信号的频率,而该点所对应的正弦信号的幅度为该 PWM 信号的占空比值。

本实例中,$N = 100$,正弦信号的频率 $f = 100$ Hz,则 PWM 信号的频率为 10 kHz。

程序中,将定时器 TIM1 配置为产生 PWM 周期为 100 μs 的定时,同时初始化 PWM 模式相关配置信息。

在 TIM1_UP_IRQHandler 中断函数中,每隔 100 μs 调用 TIM_SetCompare1()函数改变 TIM1 的 PWM 占空比数值。

4.17 基于 GPIO 的 D/A 转换多波形发生器应用实例

1. 实例要求

利用 STM32F103R6 的 GPIOC 端口的 PC0~PC7 引脚驱动一个 R-2R 电阻网络，实现 8 位的 D/A 转换，产生三角波、正弦波、锯齿波等波形，通过虚拟示波器观察波形情况。

2. 硬件电路

本实例的硬件仿真电路如图 4-23 所示。

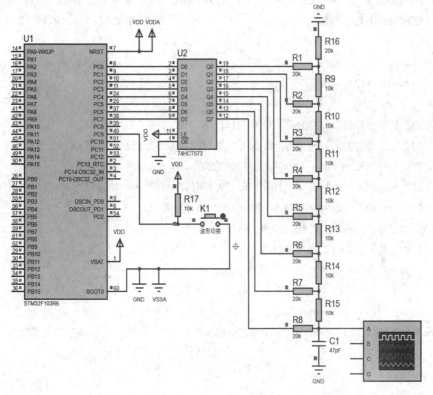

图 4-23 基于 GPIO 的 D/A 转换多波形发生器应用实例电路仿真原理图

U1(STM32F103R6)的 PC0~PC7 引脚通过 U2(74HCT573)驱动后，分别连接电阻 R1~R16 构成的 R-2R 电阻网络组成的 8 位 D/A 转换电路，电容 C1 起滤波作用。按键 K1 用于切换不同的波形，连接到 PC9 引脚。

3. 程序设计

根据实例要求，设计的程序如下：

```
#include "stm32f10x.h"

void MyGPIO_Init(void)
{
```

```c
    GPIO_InitTypeDef MyGPIO;                              //定义 GPIO 结构体初始化变量
    RCC_APB2PeriphClockCmd(RCC_APB2Periph_GPIOC,ENABLE);  //打开 GPIOC 外设时钟
    MyGPIO.GPIO_Pin = GPIO_Pin_0 | GPIO_Pin_1 | GPIO_Pin_2 | GPIO_Pin_3 |
                      GPIO_Pin_4 | GPIO_Pin_5 | GPIO_Pin_6 | GPIO_Pin_7;  //配置 GPIO 引脚
    MyGPIO.GPIO_Speed = GPIO_Speed_50MHz;                 //配置输出响应速度
    MyGPIO.GPIO_Mode = GPIO_Mode_Out_PP;                  //配置为通用推挽输出模式
    GPIO_Init(GPIOC,&MyGPIO);                             //调用 GPIO_Init()函数完成 PC0~PC7 的配置

    MyGPIO.GPIO_Pin = GPIO_Pin_9;                         //配置 GPIO 引脚
    MyGPIO.GPIO_Mode = GPIO_Mode_IN_FLOATING;             //配置为浮空输入模式
    GPIO_Init(GPIOC,&MyGPIO);                             //调用 GPIO_Init()函数完成 PC9 的配置
}


const char SinTAB[128] =                                  //正弦表
{
    127, 133, 139, 146, 152, 158, 164, 170, 176, 181, 187, 192, 203, 208, 212,
    217, 221, 225, 229, 233, 236, 239, 242, 244, 247, 249, 250, 252, 253, 253, 254,
    254, 254, 253, 253, 252, 250, 249, 247, 244, 242, 239, 236, 233, 229, 225, 221,
    217, 212, 208, 203, 198, 192, 187, 181, 176, 170, 164, 158, 152, 146, 139, 133,
    127, 121, 115, 108, 102, 96, 90, 84, 78, 73, 67, 62, 56, 51, 46, 42,
    37, 33, 29, 25, 21, 18, 15, 12, 10, 7, 5, 4, 2, 1, 1, 0,
    0, 0, 1, 1, 2, 4, 5, 7, 10, 12, 15, 18, 21, 25, 29, 33,
    37, 42, 46, 51, 56, 62, 67, 73, 78, 84, 90, 96, 102, 108, 115, 121,
};


#define K1    GPIO_ReadInputDataBit(GPIOC,GPIO_Pin_9)      //按键 K1 定义
int K1_Cnt;
int WaveStatus;
char flag;


int main(void)
{
    int Cnt;
    MyGPIO_Init();                                         //GPIOC 端口引脚初始化
    while(1)
    {
        if((0 == K1) && (999999 != K1_Cnt) && (++K1_Cnt > 10))  //判断按键 K1 是否按下
        {
            if(0 == K1)                                    //若真的按下
```

```
        {
            K1_Cnt = 999999;                        //置已按下标志
            if(++WaveStatus >= 3)WaveStatus = 0;    //切换波形状态
            Cnt = 0;
        }
    }
    else if(0 != K1)K1_Cnt = 0;                     //等待按键释放

    switch(WaveStatus)
    {
        case 0:                                     //锯齿波的输出
            Cnt+= 2;
            if(Cnt >= 256)Cnt = 0;
            GPIOC->ODR = Cnt;
            break;
        case 1:                                     //三角波的输出
            if(0 == flag)
            {
                Cnt+= 2;
                if(Cnt >= 254)flag = 1;
            }
            else
            {
                Cnt -= 2;
                if(Cnt <= 0)flag = 0;
            }
            GPIOC->ODR = Cnt;
            break;
        case 2:                                     //正弦波的输出
            GPIOC->ODR = SinTAB[Cnt];
            if(++Cnt >= 128)Cnt = 0;
            break;
    }

}
```

4. 实例总结

本实例通过虚拟示波器观察到的波形如图 4-24～图 4-26 所示。

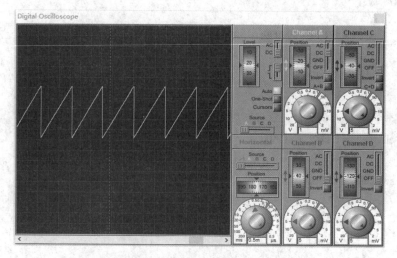

图 4-24　虚拟示波器观察到的锯齿波

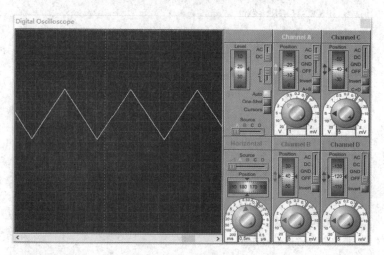

图 4-25　虚拟示波器观察到的三角波

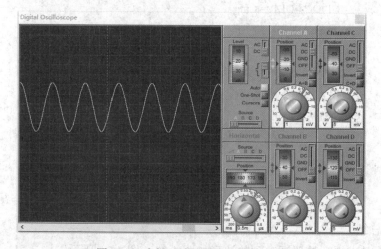

图 4-26　虚拟示波器观察到的正弦波

4.18 8×8点阵LED显示数字0~9的实例

1. 实例要求

在STM32F103R6的GPIOA和GPIOB端口上连接一个8×8点阵LED显示模块，实现在8×8点阵LED显示模块上轮流显示数字0~9。

2. 硬件电路

本实例的硬件仿真电路如图4-27所示。

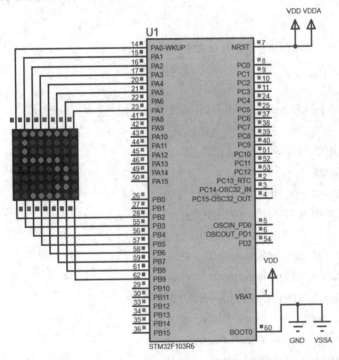

图4-27 8×8点阵LED显示数字0~9的实例电路仿真原理图

U1(STM32F103R6)的GPIOA端口引脚PA0~PA7和GPIOB端口引脚PB2~PB9分别驱动8×8点阵LED的行和列引脚。

3. 程序设计

根据实例要求，设计的程序如下：

```
#include "stm32f10x.h"

void MyGPIO_Init(void)
{
    GPIO_InitTypeDef MyGPIO;                        //定义 GPIO 结构体初始化变量
    RCC_APB2PeriphClockCmd(RCC_APB2Periph_GPIOA,ENABLE); //打开 GPIOA 外设时钟
    MyGPIO.GPIO_Pin = GPIO_Pin_0 | GPIO_Pin_1 | GPIO_Pin_2 | GPIO_Pin_3 |
```

```
                    GPIO_Pin_4 | GPIO_Pin_5 | GPIO_Pin_6 | GPIO_Pin_7;   //配置 GPIO 引脚
    MyGPIO.GPIO_Speed = GPIO_Speed_50MHz;                              //配置输出响应速度
    MyGPIO.GPIO_Mode = GPIO_Mode_Out_PP;          //配置为通用推挽输出模式
    GPIO_Init(GPIOA,&MyGPIO);                     //调用 GPIO_Init()函数完成 PA0～PA7 的配置

    RCC_APB2PeriphClockCmd(RCC_APB2Periph_GPIOB,ENABLE);      //打开 GPIOB 外设时钟
    MyGPIO.GPIO_Pin = GPIO_Pin_2 | GPIO_Pin_3 | GPIO_Pin_4 | GPIO_Pin_5 |
                    GPIO_Pin_6 | GPIO_Pin_7 | GPIO_Pin_8 | GPIO_Pin_9;  //配置 GPIO 引脚
    GPIO_Init(GPIOB,&MyGPIO);                     //调用 GPIO_Init()函数完成 PB2～PB9 的配置
}

const unsigned char COLTAB[] = {0x01,0x02,0x04,0x08,0x10,0x20,0x40,0x80};
int LEDCnt;
int LEDIndex = 0;
char LEDBuffer[8] = {0x55,0xAA,0x00,0x00,0x00,0x00,0x00,0x00};

const char NUMBER8X8[] =
{
0x00,0x7C,0xC3,0x81,0x81,0xC3,0x3E,0x00,//"0",0
0x00,0x02,0x02,0x01,0xFF,0x00,0x00,0x00,//"1",1
0x00,0xC2,0xA1,0xA1,0x91,0x89,0x8E,0x00,//"2",2
0x00,0x42,0x89,0x89,0x89,0x76,0x00,0x00,//"3",3
0x20,0x30,0x28,0x24,0x22,0xFF,0x20,0x00,//"4",4
0x00,0x0F,0x89,0x89,0x89,0xD9,0x71,0x00,//"5",5
0x00,0x7C,0xD2,0x89,0x89,0x89,0x70,0x00,//"6",6
0x01,0x01,0xC1,0x31,0x09,0x07,0x01,0x00,//"7",7
0x00,0x76,0x89,0x89,0x89,0x89,0x76,0x00,//"8",8
0x00,0x0E,0x91,0x91,0x91,0x53,0x3E,0x00,//"9",9
};

int main(void)
{
    int i,Cnt,sCnt;
    MyGPIO_Init();                                //GPIO 端口引脚初始化
    for(i=0;i<sizeof(LEDBuffer);i++)
        LEDBuffer[i] = NUMBER8X8[Cnt * sizeof(LEDBuffer) + i];

    while(1)
    {
```

```
        if(++LEDCnt >= 100)
        {
            LEDCnt = 0;
            GPIO_Write(GPIOB,COLTAB[LEDIndex] << 2);
            GPIO_Write(GPIOA,~LEDBuffer[LEDIndex]);
            if(++LEDIndex >= sizeof(COLTAB))LEDIndex = 0;
        }
        if(++sCnt >= 100000)
        {
            sCnt = 0;
            if(++Cnt >= 10)Cnt = 0;
            for(i=0;i<sizeof(LEDBuffer);i++)
                LEDBuffer[i] = NUMBER8X8[Cnt * sizeof(LEDBuffer) + i];
        }
    }
}
```

4. 实例总结

本实例展示了如何利用 STM32F103R6 的 GPIO 引脚直接驱动 8×8 点阵 LED 的行和列,并实现字符的显示。如图 4-28 所示,有行阳列阴和行阴列阳类型的 8×8 点阵 LED 模块。但 8×8 点阵 LED 的驱动必须采用按行或者按列进行动态扫描刷新才能正常显示出 8×8 点阵 LED 上对应的点所呈现的像素点。

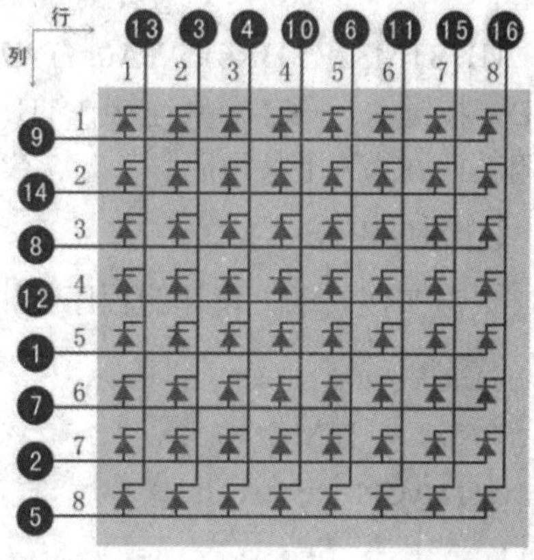

例如要显示字符"5",一般要用字模提取软件,将显示字符"5"对应的 8×8 点阵像素点的 0和 1 的二进制数取出来。按列取来字符,显示一个 8×8 点阵的字符"5",要占用 8 个字节。

图 4-28　8×8 点阵 LED 内部原理图

程序中 NUMBER8×8 数组定义的就是要显示字符"0"到"9"的 8×8 大小的像素点数据。每一列对应一个字节的数据(该列上的 8 个像素点),通过 GPIO 端口每次只能显示一列的像素点。8 列的数字,轮流送 8 次,每次选通该列后,将该列的一个字节数据通过 GPIO 端口送出。隔 1 ms 左右再送下一列,如此循环直到 8 列全部送完后,重新从第一列开始。

4.19　基于 8×8 点阵 LED 的"贪吃蛇"实例

1. 实例要求

利用 STM32F103R6 和 8×8 点阵 LED 显示模块实现一个简易的"贪吃蛇"游戏,按键

K1～K4 实现上、下、左、右方向的控制。

2. 硬件电路

本实例的硬件仿真电路如图 4-29 所示。

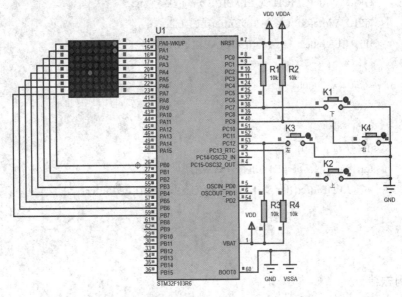

图 4-29　基于 8×8 点阵 LED 的"贪吃蛇"实例电路仿真原理图

　　U1(STM32F103R6)的 PA0～PA7 和 PB0～PB7 引脚分别驱动 8×8 行阳列阴的 8×8 点阵 LED，按键 K1～K4 分别连接在 U1(STM32F103R6)的 PC7、PC13、PC12 和 PC9 引脚上，电阻 R1～R4 为上拉电阻。

3. 程序设计

根据实例要求，设计的程序如下：

```
#include "stm32f10x.h"

void MyGPIO_Init(void)
{
    GPIO_InitTypeDef MyGPIO;                           //定义 GPIO 结构体初始化变量
    RCC_APB2PeriphClockCmd(RCC_APB2Periph_GPIOA,ENABLE);      //打开 GPIOA 外设时钟
    MyGPIO.GPIO_Pin = GPIO_Pin_0 | GPIO_Pin_1 | GPIO_Pin_2 | GPIO_Pin_3 |
                GPIO_Pin_4 | GPIO_Pin_5 | GPIO_Pin_6 | GPIO_Pin_7;    //配置 GPIO 引脚
    MyGPIO.GPIO_Speed = GPIO_Speed_50MHz;              //配置输出响应速度
    MyGPIO.GPIO_Mode = GPIO_Mode_Out_PP;        //配置为通用推挽输出模式
    GPIO_Init(GPIOA,&MyGPIO);                          //调用 GPIO_Init()函数完成 PA0～PA7 的配置
    RCC_APB2PeriphClockCmd(RCC_APB2Periph_GPIOB,ENABLE);      //打开 GPIOB 外设时钟
    GPIO_Init(GPIOB,&MyGPIO);                          //调用 GPIO_Init()函数完成 PB2～PB9 的配置
    RCC_APB2PeriphClockCmd(RCC_APB2Periph_GPIOC,ENABLE);      //打开 GPIOC 外设时钟
    MyGPIO.GPIO_Pin = GPIO_Pin_7 | GPIO_Pin_9 | GPIO_Pin_12 | GPIO_Pin_13;
```

```
    MyGPIO.GPIO_Mode = GPIO_Mode_IN_FLOATING;          //配置为浮空输入模式
    GPIO_Init(GPIOC,&MyGPIO);              //调用 GPIO_Init()函数完成 PC7,PC9,PC12,PC13 的配置
}


#define SNAKE    20                    //--- 最大长度 ---
#define TIME     50                    //--- 显示延时时间 ---
#define SPEED    71                    //--- 速度控制 ---
unsigned char x[SNAKE + 1];
unsigned char y[SNAKE + 1];
unsigned char time,n,i,e;              //--- 延时时间，当前蛇长，通用循环变量，当前速度 ---
long addx,addy;                        //--- 位移偏移量 ---


#define K1    GPIO_ReadInputDataBit(GPIOC,GPIO_Pin_7)
#define K2    GPIO_ReadInputDataBit(GPIOC,GPIO_Pin_9)
#define K3    GPIO_ReadInputDataBit(GPIOC,GPIO_Pin_12)
#define K4    GPIO_ReadInputDataBit(GPIOC,GPIO_Pin_13)
long K1_Cnt,K2_Cnt,K3_Cnt,K4_Cnt;
//--- 上下左右键位处理 ---
void turnkey(void)
{
    if((0 == K1) && (999999 != K1_Cnt) && (++K1_Cnt > 10))    //--- UP Key ---
      {
        if(0 == K1)
          {
            K1_Cnt = 999999;
            addy = 0;
            if(-1 != addx)addx = 1;else addx = -1;
          }
      }
    else if(0 != K1)K1_Cnt = 0;
    if((0 == K2) && (999999 != K2_Cnt) && (++K2_Cnt > 10))    //--- DOWN Key ---
      {
        if(0 == K2)
          {
            K2_Cnt = 999999;
            addy = 0;
            if(1 != addx)addx = -1;else addx = 1;
          }
      }
```

```c
    else if(0 != K2)K2_Cnt = 0;
    if((0 == K3) && (999999 != K3_Cnt) && (++K3_Cnt > 10))   //--- 左键---
        {
            if(0 == K3)
              {
                  K3_Cnt = 999999;
                  addx = 0;
                  if(-1 != addy)addy = 1;else addy = -1;
              }
        }
    else if(0 != K3)K3_Cnt = 0;
    if((0 == K4) && (999999 != K4_Cnt) && (++K4_Cnt > 10))   //--- 右键 ---
        {
            if(999999 != K4_Cnt)
              {
                  if(++K4_Cnt > 10)
                    {
                        if(0 == K4)
                          {
                              K4_Cnt = 999999;
                              addx = 0;
                              if(1 != addy)addy = -1;else addy = 1;
                          }
                    }
              }
        }
    else if(0 != K4)K4_Cnt = 0;
}
//--- 判断碰撞 ---
char knock(void)
{
    char k = 0;
    if((x[1] > 7) || (y[1] > 7))k = 1;                    //--- 撞墙 ---
    for(i=2;i<n;i++)
        {
            if((x[1] == x[i])&(y[1] == y[i]))k = 1;       //--- 撞自己 ---
        }
return(k);
}
```

```
//--- 乘方程序 ---
unsigned char mux(unsigned char temp)
{
    if(7 == temp)return(128);
    if(6 == temp)return(64);
    if(5 == temp)return(32);
    if(4 == temp)return(16);
    if(3 == temp)return(8);
    if(2 == temp)return(4);
    if(1 == temp)return(2);
    if(0 == temp)return(1);
    return(0);
}
//--- 显示时钟 显示程序 ---
void timer0(unsigned char k)
{
    int j;
    while(k--)
      {
        for(i = 0;i < SNAKE + 1;i ++)
          {
            GPIO_Write(GPIOB,mux(x[i]));
            GPIO_Write(GPIOA,255 - mux(y[i]));
            turnkey();                          //--- 上下左右键位处理 ---
            for(j=0;j<500;j++);                 //--- 显示延迟 ---
            GPIO_Write(GPIOB,0x00);
            GPIO_Write(GPIOA,0xff);
          }
      }
}
//--- main 主程序 ---
int main(void)
{
    MyGPIO_Init();                              //GPIO 端口引脚初始化

    while(1)
      {
        for(i = 3;i < SNAKE + 1;i ++)x[i] = 100;
        for(i = 3;i < SNAKE + 1;i ++)y[i] = 100;   //--- 初始化 ---
```

```
    x[0] = 4;y[0] = 4;                                  //--- 果子 ---
    n = 3;                                              //--- 蛇长  n=-1 ---
    x[1] = 1;y[1] = 0;                                  //--- 蛇头 ---
    x[2] = 0;y[2] = 0;                                  //--- 蛇尾 1 ---
    addx = 0;addy = 0;                                  //--- 位移偏移 ---
    e = 20;
    while(1)
    {
        if(!K1||!K2||!K3||!K4)break;
        timer0(1);
    }
    while(1)
    {
        timer0(e);
        if(knock())                                     //--- 判断碰撞 ---
        {
          e = SPEED;
          break;
        }
        if((x[0] == x[1] + addx) & (y[0] == y[1] + addy))    //--- 是否吃东西 ---
        {
            n++;
            if(n == SNAKE + 1)
            {
              n = 3;
              e = e - 10;
              for(i = 3;i < SNAKE + 1;i ++)x[i] = 100;
              for(i = 3;i < SNAKE + 1;i ++)y[i] = 100;
            }
            x[0] = x[n - 2];
            y[0] = y[n - 2];
        }
        for(i = n - 1;i > 1;i --)
        {
            x[i] = x[i - 1];
            y[i] = y[i - 1];
        }
        x[1] = x[2] + addx;
        y[1] = y[2] + addy;                             //--- 移动 ---
```

```
        }
    }
}
```

4. 实例总结

本实例演示了如何在 8×8 点阵 LED 上完成一个动画操作的方法，涉及的内容包括：方向键的按键识别和处理；8×8 平面坐标位置的处理，例如是否为平面的边缘；果子、蛇头、蛇尾等不同对象的表示方法；画面的显示处理等。

4.20 定时器 TIM3 实现 RGB LED 灯珠颜色渐变实例

1. 实例要求

STM32F103R6 的 PB10/TIM2_CH3、PC8/TIM3_CH2、PC9/TIM3_CH3 引脚连接 RGB LED 灯珠，利用定时器 TIM3 的 PWM 功能产生频率为 10 kHz、占空比为 0～255 之间可调的三路 PWM 信号，三路 PWM 信号输出分别驱动 RGB LED 灯珠的 R、G、B 引脚，实现 TFT 真彩的颜色渐变显示效果。

2. 硬件电路

本实例的硬件仿真电路如图 4-30 所示。

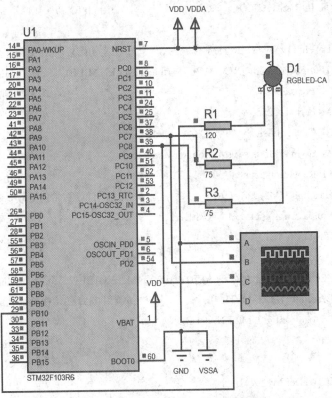

图 4-30 定时器 TIM3 实现 RGB LED 灯珠颜色渐变的实例电路仿真原理图

3. 程序设计

根据实例要求，设计的程序如下：

```c
#include "stm32f10x.h"

void MyGPIO_Init(void)
{
    GPIO_InitTypeDef MyGPIO;                              //定义 GPIO 结构体初始化变量
    RCC_APB2PeriphClockCmd(RCC_APB2Periph_GPIOC,ENABLE); //打开 GPIOC 外设时钟
    RCC_APB2PeriphClockCmd(RCC_APB2Periph_AFIO, ENABLE); //打开复用外设时钟
    GPIO_PinRemapConfig(GPIO_FullRemap_TIM3,ENABLE);      //TIM3 引脚复用映射打开
    MyGPIO.GPIO_Pin = GPIO_Pin_7 | GPIO_Pin_8;   //TIM3_CH2/CH3 复用在 PC7、PC8 引脚上
    MyGPIO.GPIO_Speed = GPIO_Speed_50MHz;        //设置响应速度
    MyGPIO.GPIO_Mode = GPIO_Mode_AF_PP;          //设置 PC7、PC8 为复用功能推挽输出
    GPIO_Init(GPIOC,&MyGPIO);                    //调用 GPIO 初始化函数完成 PC7、PC8 引脚配置

    RCC_APB2PeriphClockCmd(RCC_APB2Periph_GPIOB,ENABLE); //打开 GPIOB 外设时钟
    GPIO_PinRemapConfig(GPIO_FullRemap_TIM2,ENABLE);      //TIM2 引脚复用映射打开
    MyGPIO.GPIO_Pin = GPIO_Pin_10;
    GPIO_Init(GPIOB,&MyGPIO);                    //调用 GPIO 初始化函数完成 PB10 引脚配置

    TIM_TimeBaseInitTypeDef   MyTIM;             //定义初始化 TIM 结构体变量
    RCC_APB1PeriphClockCmd(RCC_APB1Periph_TIM3,ENABLE);  //打开 TIM3 外设时钟
    MyTIM.TIM_Prescaler = 4 – 1;                 //设置定时器的预分频系数
    MyTIM.TIM_Period = 255;                      //设置定时的设定值
    MyTIM.TIM_ClockDivision = TIM_CKD_DIV1;
    MyTIM.TIM_CounterMode = TIM_CounterMode_Up;  //设置定时器的计数方式
    MyTIM.TIM_RepetitionCounter = 0;
    TIM_TimeBaseInit(TIM3,&MyTIM);               //调用 TIM 初始化函数完成 TIM3 的配置
    TIM_ARRPreloadConfig(TIM3,ENABLE);
    TIM_Cmd(TIM3,ENABLE);                        //使能 TIM3 工作

    RCC_APB1PeriphClockCmd(RCC_APB1Periph_TIM2,ENABLE);  //打开 TIM2 外设时钟
    TIM_TimeBaseInit(TIM2,&MyTIM);               //调用 TIM 初始化函数完成 TIM2 的配置
    TIM_ARRPreloadConfig(TIM2,ENABLE);
    TIM_Cmd(TIM2,ENABLE);                        //使能 TIM2 工作

    TIM_OCInitTypeDef MyPWM;                     //定义 PWM 结构体变量
    MyPWM.TIM_OCMode = TIM_OCMode_PWM1;          //选择 PWM1 模式
```

```
    MyPWM.TIM_OutputState = TIM_OutputState_Enable;        //正常输出使能
    MyPWM.TIM_OutputNState = TIM_OutputNState_Disable;     //反向输出禁止
    MyPWM.TIM_Pulse = 128;                                 //设置占空比
    MyPWM.TIM_OCPolarity = TIM_OCPolarity_Low;             //正常输出低电平
    MyPWM.TIM_OCNPolarity = TIM_OCNPolarity_Low;           //反向输出低电平
    MyPWM.TIM_OCIdleState = TIM_OCIdleState_Reset;
    MyPWM.TIM_OCNIdleState = TIM_OCNIdleState_Reset;
    TIM_OC2Init(TIM3,&MyPWM);                              //初始化 TIM3_CH2 通道输出 PWM 配置
    TIM_OC3Init(TIM3,&MyPWM);                              //初始化 TIM3_CH3 通道输出 PWM 配置
    TIM_OC2PreloadConfig(TIM3,TIM_OCPreload_Enable); //自动装载使能
    TIM_OC3PreloadConfig(TIM3,TIM_OCPreload_Enable); //自动装载使能

    TIM_OC3Init(TIM2,&MyPWM);                              //初始化 TIM2_CH3 通道输出 PWM 配置
    TIM_OC3PreloadConfig(TIM2,TIM_OCPreload_Enable); //自动装载使能
}


int main(void)
{
    int RedIndex = 0,GreenIndex = 0,BlueIndex = 0,Cnt;
    MyGPIO_Init();                                         //GPIO 端口引脚初始化

    while(1)
    {
        if(++Cnt >= 100)                                   //延时计数变量加 1
        {
            Cnt = 0;
            RedIndex += 8;                                 //红色占空比增加
            if(RedIndex >= 256)
            {
                RedIndex = 0;
                GreenIndex += 8;                           //绿色占空比增加
                if(GreenIndex >= 256)
                {
                    GreenIndex = 0;
                    BlueIndex += 8;                        //蓝色占空比增加
                    if(BlueIndex >= 256)BlueIndex = 0;
                }
            }
            TIM_SetCompare3(TIM2,RedIndex);                //送 TIM2 的 CC2
```

```
            TIM_SetCompare2(TIM3,GreenIndex);        //送 TIM3 的 CC2
            TIM_SetCompare3(TIM3,BlueIndex);         //送 TIM3 的 CC3
        }
    }
}
```

4. 实例总结

本实例展示了如何利用三路 PWM 信号来控制 RGB LED 的颜色的变化，程序中，只需要改变 PWM 的占空比，即可控制对应的 LED 显示的等级，将每路 PWM 的占空比调节为 0～255，就可以实现全色彩的颜色的变化。三路 PWM 的输出在虚拟示波器上的显示如图 4-31 所示。

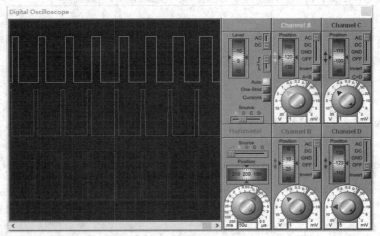

图 4-31　虚拟示波器观察到定时器 TIM2 和 TIM3 产生的三路 PWM 信号波形

第 5 章　综合设计实例

5.1　基于 A/D 转换的直流电机调速实例

1. 实例要求

STM32F103R6 的 PA0/AIN0 引脚外接一个可调电位器。通过改变电位器上的输出电压值来控制电机的正反转和调速功能。

2. 硬件电路

本实例的硬件仿真电路如图 5-1 所示。

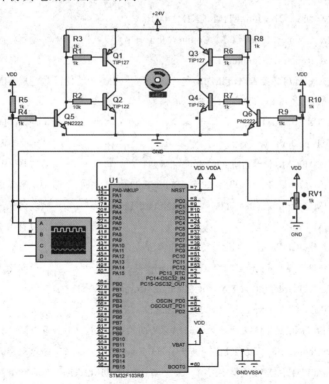

图 5-1　基于 A/D 转换的直流电机调速实例电路仿真原理图

U1(STM32F103R6) 的 PA0/AIN0 引脚外接一个 RV1(1k) 可调电位器，通过 STM32F103R6 内置的 A/D 转换器采样 RV1 的可变电压值。U1 的 PA2 和 PA3 引脚驱动由 Q1～Q6 和 R1～R10 构成的 H 桥的直流电机电路。

3. 程序设计

根据实例要求，设计的程序如下：

```c
#include "stm32f10x.h"
void MyTIM2_PWM_Init(void)
{
    GPIO_InitTypeDef MyGPIO;                          //定义 GPIO 结构体初始化变量
    RCC_APB2PeriphClockCmd(RCC_APB2Periph_AFIO, ENABLE);   //打开复用外设时钟
    RCC_APB2PeriphClockCmd(RCC_APB2Periph_GPIOA,ENABLE);   //打开 GPIOA 外设时钟
    MyGPIO.GPIO_Pin = GPIO_Pin_2 | GPIO_Pin_3;
    MyGPIO.GPIO_Speed = GPIO_Speed_50MHz;                  //设置响应速度
    MyGPIO.GPIO_Mode = GPIO_Mode_AF_PP; //设置 PA2、PA3 为复用功能推挽输出
    GPIO_Init(GPIOA,&MyGPIO);              //调用 GPIO 初始化函数完成 PA2、PA3 引脚配置
    TIM_TimeBaseInitTypeDef  MyTIM;        //定义初始化 TIM 结构体变量
    RCC_APB1PeriphClockCmd(RCC_APB1Periph_TIM2,ENABLE);    //打开 TIM2 外设时钟
    MyTIM.TIM_Prescaler = 4 - 1;                           //设置定时器的预分频系数
    MyTIM.TIM_Period = 100;                                //设置定时的初值
    MyTIM.TIM_ClockDivision = TIM_CKD_DIV1;
    MyTIM.TIM_CounterMode = TIM_CounterMode_Up;            //设置定时器的计数方式
    MyTIM.TIM_RepetitionCounter = 0;
    TIM_TimeBaseInit(TIM2,&MyTIM);         //调用 TIM 初始化函数完成 TIM2 的配置
    TIM_ARRPreloadConfig(TIM2,ENABLE);
    TIM_Cmd(TIM2,ENABLE);                                  //使能 TIM2 工作
    TIM_OCInitTypeDef MyPWM;                               //定义 PWM 结构体变量
    MyPWM.TIM_OCMode = TIM_OCMode_PWM1;                    //选择 PWM1 模式
    MyPWM.TIM_OutputState = TIM_OutputState_Enable;        //正常输出使能
    MyPWM.TIM_OutputNState = TIM_OutputNState_Enable;      //反向输出禁止
    MyPWM.TIM_Pulse = 50;                                  //设置占空比
    MyPWM.TIM_OCPolarity = TIM_OCPolarity_Low;             //正常输出低电平
    MyPWM.TIM_OCNPolarity = TIM_OCNPolarity_Low;           //反向输出低电平
    MyPWM.TIM_OCIdleState = TIM_OCIdleState_Reset;
    MyPWM.TIM_OCNIdleState = TIM_OCNIdleState_Reset;
    TIM_OC3Init(TIM2,&MyPWM);              //初始化 TIM2_CH3 通道输出 PWM 配置
    TIM_OC3PreloadConfig(TIM2,TIM_OCPreload_Enable);       //自动装载使能
    TIM_OC4Init(TIM2,&MyPWM);              //初始化 TIM2_CH4 通道输出 PWM 配置
    TIM_OC4PreloadConfig(TIM2,TIM_OCPreload_Enable);       //自动装载使能
}

void MyADC_Init(void)
```

```
{
    GPIO_InitTypeDef MyGPIO;                                    //定义 GPIO 结构体初始化变量
    RCC_APB2PeriphClockCmd(RCC_APB2Periph_GPIOA,ENABLE);        //打开 GPIOA 外设时钟
    MyGPIO.GPIO_Pin = GPIO_Pin_0;                               //配置 GPIO 引脚
    MyGPIO.GPIO_Mode = GPIO_Mode_AIN;                           //配置为模拟输入模式
    GPIO_Init(GPIOA,&MyGPIO);                                   //调用 GPIO_Init()函数完成 PA0 的配置
    ADC_InitTypeDef   MyADC;                                    //定义 ADC 结构体初始化变量
    RCC_APB2PeriphClockCmd(RCC_APB2Periph_AFIO,ENABLE);        //打开 AFIO 外设时钟
    RCC_APB2PeriphClockCmd(RCC_APB2Periph_ADC1,ENABLE);        //打开 ADC1 外设时钟
    RCC_ADCCLKConfig(RCC_PCLK2_Div6);                          //6 分频
    MyADC.ADC_Mode = ADC_Mode_Independent;                     //配置为独立模式
    MyADC.ADC_ScanConvMode = DISABLE;                         //禁止扫描方式
    MyADC.ADC_ContinuousConvMode = DISABLE;                    //连接转换禁止
    MyADC.ADC_ExternalTrigConv = ADC_ExternalTrigConv_None;    //外部触发转换禁止
    MyADC.ADC_DataAlign = ADC_DataAlign_Right;                //数据右对齐
    MyADC.ADC_NbrOfChannel = 1;                                //1 个通道
    ADC_Init(ADC1,&MyADC);                                     //调用 ADC_Init()完成 ADC1 的配置
    ADC_Cmd(ADC1,ENABLE);                                      //使能 ADC1
    ADC_RegularChannelConfig(ADC1,0,1,ADC_SampleTime_239Cycles5);  //重新配置 ADC1 转换
    ADC_SoftwareStartConvCmd(ADC1,ENABLE);                    //软件启动 ADC1 转换开始
}
int main(void)
{
    MyTIM2_PWM_Init();
    MyADC_Init();
    while(1)
    {
        if(RESET != ADC_GetFlagStatus(ADC1,ADC_FLAG_EOC))        //ADC1 转换是否结束
        {
            static int ADCValue;
            ADC_ClearFlag(ADC1,ADC_FLAG_EOC);                    //清 ADC 转换结束标志
            ADCValue = ADC_GetConversionValue(ADC1);             //读取 ADC1 转换的结果
            ADC_RegularChannelConfig(ADC1,0,1,ADC_SampleTime_239Cycles5); //重新配置 ADC1 转换
            ADC_SoftwareStartConvCmd(ADC1,ENABLE);              //软件启动 ADC1 转换开始
            if(ADCValue < 2047)
            {
                TIM_SetCompare3(TIM2,(2047 - ADCValue) * 100 / 2048);
                TIM_SetCompare4(TIM2,100);
            }
```

```
        else if(ADCValue > 2047)
        {
            TIM_SetCompare3(TIM2,100);
            TIM_SetCompare4(TIM2,(ADCValue - 2047) * 100 / 2048);
        }
        else
        {
            TIM_SetCompare3(TIM2,100);
            TIM_SetCompare4(TIM2,100);
        }
    }
  }
}
```

4. 实例总结

本实例展示了如何利用 STM32F103R6 的内置外设定时器 TIM2 的 PWM 功能和外设 A/D 转换器实现模拟量的变化来调节 PWM 占空比，并展示了如何通过 H 桥实现直流电机的驱动。

程序设计主要包括如下内容：

(1) 外设定时器 TIM2 的 PWM 功能初始化，主要包括：PA2/TIM2_CH3 和 PA3/TIM2_CH4 复用引脚的配置，定时器 TIM2 的 PWM 功能的 PWM 周期配置，定时器 TIM2 的 PWM 功能的 PWM 功能配置。

(2) 外设 ADC1 的初始化，主要包括：PA0/AIN0 引脚配置，ADC1 的时钟、ADC 的模式、触发方式等配置。

(3) 主程序通过 ADC_GetFlagStatus()函数检测 ADC1 转换的结果，并对转换的结果进行分析处理，使之变换为对应的 PWM 占空比数值，然后分别通过 TIM_SetCompare3 和 TIM_SetCompare4 函数来改变 CH3 和 CH4 通道的 PWM 占空比。

调节 RV1 在中点下方和上方时对应的 PWM 输出波形，如图 5-2 和图 5-3 所示。

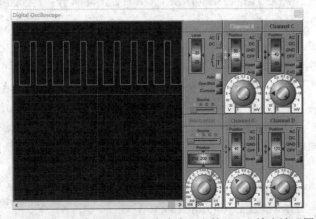

图 5-2　电机正转，调节 RV1 在中点下方的 PWM 输出波形图

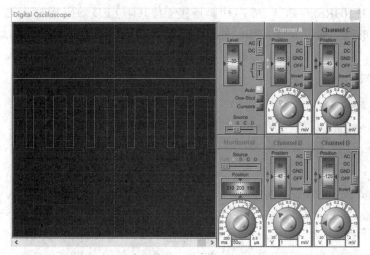

图 5-3　电机反转，调节 RV1 在中点上方的 PWM 输出波形图

5.2　基于 DS18B20 的温度测量实例

1. 实例要求

STM32F103R6 的 PB0 引脚外接一个数字温度传感器 DS18B20 的 DQ 引脚，将测量到的温度值在 4 位共阴 LED 数码管上显示。

2. 硬件电路

本实例的硬件仿真电路如图 5-4 所示。

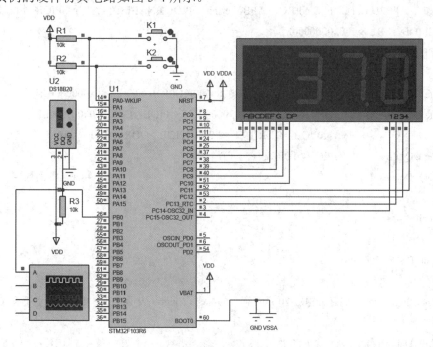

图 5-4　基于 DS18B20 的温度测量实例电路仿真原理图

U1(STM32F103R6)的 PC3~PC14 引脚连接 4 位共阴 LED 数码管的 A~G 及 DP 笔段引脚和"1234"的位选通段引脚，PB0 引脚连接到 U2(DS18B20)的 DQ 引脚上，R3 为外接上拉电阻。

3. 程序设计

根据实例要求，设计的程序如下：

```c
#include "stm32f10x.h"
void MyGPIO_Init(void)
{
    GPIO_InitTypeDef MyGPIO;                         //定义 GPIO 结构体初始化变量
    RCC_APB2PeriphClockCmd(RCC_APB2Periph_AFIO, ENABLE);   //打开复用外设时钟
    RCC_APB2PeriphClockCmd(RCC_APB2Periph_GPIOC,ENABLE);   //打开 GPIOC 外设时钟
    MyGPIO.GPIO_Pin = GPIO_Pin_3 | GPIO_Pin_4 | GPIO_Pin_5 | GPIO_Pin_6 |
                      GPIO_Pin_7 | GPIO_Pin_8 | GPIO_Pin_9 | GPIO_Pin_10 |
                      GPIO_Pin_11 | GPIO_Pin_12 | GPIO_Pin_13 | GPIO_Pin_14;
    MyGPIO.GPIO_Speed = GPIO_Speed_50MHz;                        //设置响应速度
    MyGPIO.GPIO_Mode = GPIO_Mode_Out_PP; //设置 PC3～PC14 为通用推挽输出
    GPIO_Init(GPIOC,&MyGPIO);                   //调用 GPIO 初始化函数完成 PC3～PC14 引脚配置
    RCC_APB2PeriphClockCmd(RCC_APB2Periph_GPIOA,ENABLE); //打开 GPIOA 外设时钟
    MyGPIO.GPIO_Pin = GPIO_Pin_0 | GPIO_Pin_1;
    MyGPIO.GPIO_Mode = GPIO_Mode_IN_FLOATING;                //设置 PA0、PA1 为浮空输入
    GPIO_Init(GPIOA,&MyGPIO);                   //调用 GPIO 初始化函数完成 PA0、PA1 引脚配置
    RCC_APB2PeriphClockCmd(RCC_APB2Periph_GPIOB,ENABLE); //打开 GPIOB 外设时钟
    GPIOB->CRL &=~0x0000000F;
    GPIOB->CRL |= 0x00000004;
}
#define DQ_DIR_IN      {GPIOB->CRL &=~0x0000000F;GPIOB->CRL |= 0x00000004;}
#define DQ_DIR_OUT     {GPIOB->CRL &=~0x0000000F;GPIOB->CRL |= 0x00000001;}
#define DQ(x)          (x)?(GPIOB->ODR |= (1 << 0)):(GPIOB->ODR &=~(1 << 0))
#define DQ_PIN         (GPIOB->IDR & (1 << 0))
void DQ_Delay(int t)                                            //---μs 延时函数---
{
    while(t--);
}
char Init_DS18B20(void)
{
    char flag;     //--- 储存 DS18B20 是否存在的标志，flag=0 表示存在，flag=1 表示不存在 ---
    DQ_DIR_IN;
    DQ_Delay(10);                                              //--- 略微延时约 5 μs ---
```

```
        DQ_DIR_OUT;
        DQ(0);                  //--- 再将数据线从高拉低，要求保持 480～960 µs ---
        DQ_Delay(1000);         //--- 延时约 500 µs ---
        DQ_DIR_IN;
        DQ_Delay(60);           //延时约 30 µs(释放总线后需等待 15～60 µs，让 DS18B20 输出存在脉冲)
        flag = DQ_PIN;          //--- 让单片机检测是否输出了存在脉冲(DQ=0 表示存在) ---
        DQ_Delay(600);          //--- 延时 300 µs，等待存在脉冲输出完毕 ---
        return(flag);           //--- 返回检测成功标志 ---
}


unsigned char ReadOneChar(void)
{
        unsigned char dat = 0;
        for(int i=0;i<8;i++)
        {
                DQ_DIR_OUT;             //--- DQ 置输出 ---
                DQ(0);                  //--- DQ 拉低 ---
                DQ_Delay(10);           //--- 延时 5 µs 左右 ---
                DQ_DIR_IN;              //--- DQ 置输入 ---
                DQ_Delay(50);           //--- 延时 25 µs 左右 ---
                dat >>= 1;
                if(DQ_PIN)dat |= 0x80;  //--- 读取 DQ 的状态 ---
                else dat |= 0x00;
                DQ_Delay(60);           //--- 延时 30 µs 左右 ---
        }
    return(dat);
}
void WriteOneChar(unsigned char dat)
{
        for(int i=0;i<8;i++)
        {
                DQ_DIR_OUT;             //--- DQ 置输出 ---
                DQ(0);                  //--- DQ 拉低 ---
                DQ_Delay(10);           //--- 延时 5 µs 左右 ---
                if(dat & 0x01)DQ(1);    //--- 位状态写到 DQ 线上 ---
                else DQ(0);
                DQ_Delay(110);          //--- 延时 55 µs 左右 ---
                DQ_DIR_IN;              //--- DQ 置输入 ---
                dat >>= 1;
```

```c
        }
    }
const unsigned char LEDSEG[] =
{
    0x3F,0x06,0x5B,0x4F,0x66,0x6D,0x7D,0x07,0x7F,0x6F,        //--- 数字 0~9 的笔段码 ---
    0x77,0x7C,0x39,0x5E,0x79,0x71,0x00,0x40                   //--- 字母 AbCdEF ---
};
const unsigned char LEDDIG[] = {0xFE,0xFD,0xFB,0xF7,};
unsigned char LEDBuffer[4] = {0,0,0,16};
unsigned char LEDPointer;
int msCnt,sCnt;
int main(void)
{
    static unsigned short temp;
    unsigned char nFlag;
    static unsigned char TL;                                  //--- 储存暂存器的温度低位 ---
    static unsigned char TH;                                  //--- 储存暂存器的温度高位 ---
    float f;
    int i,m;
    MyGPIO_Init();
    DQ_DIR_OUT;
    DQ(1);
    while(1)
    {
        if(++msCnt >= 200)
        {
            msCnt = 0;
          GPIOC->ODR = (LEDDIG[LEDPointer] << 11) | (LEDSEG[LEDBuffer[LEDPointer]] << 3);
            if(1 == LEDPointer)GPIOC->ODR |= (0x80 << 3);
            if(++LEDPointer >= sizeof(LEDBuffer))LEDPointer = 0;
        }
        sCnt ++;
        if(10000 == sCnt)
        {
            while(0 != Init_DS18B20());                       //--- 将 DS18B20 初始化 ---
            WriteOneChar(0xCC);                              //--- 跳过读序号列号的操作 ---
            WriteOneChar(0x44);                              //--- 启动温度转换 ---
        }
        if(100000 == sCnt)
```

```
    {
        sCnt = 0;
        while(0 != Init_DS18B20());        //--- 将 DS18B20 初始化 ---
        WriteOneChar(0xCC);                //--- 跳过读序号列号的操作 ---
        WriteOneChar(0xBE);                //读取温度寄存器，前两个分别是温度的低位和高位
        TL = ReadOneChar();                //--- 先读的是温度值低位 ---
        TH = ReadOneChar();                //--- 接着读的是温度值高位 ---
        temp = (TH << 8) | TL;
        nFlag = 0;
        if(temp & 0x8000)
        {
            temp = ~temp;
            temp ++;
            nFlag = 1;
        }
        f = (float)temp;                   //--- 整数值转换为小数值 ---
        //--- 计算整数部分，并将整数部分数值送显示缓冲区 ---
        f /= 16;
        m = (int)f;
        for(i=0;i<sizeof(LEDBuffer);i++)LEDBuffer[i] = 16;
        i = 1;
        while(m)
        {
            LEDBuffer[i] = m % 10;
            m /= 10;
            i++;
        }
        if(0 != nFlag)LEDBuffer[i] = 17;   //--- 显示负号 ---
        //--- 计算小数部分，并将小数部分数值送显示缓冲区 ---
        f -= m;
        f *= 10;
        m = (int)f;
        LEDBuffer[0] = m % 10;
    }
  }
}
```

4. 实例总结

本实例展示了如何利用 STM32F103R6 读取 DS18B20 的数字温度传感器的温度数值。

根据 DS18B20 的数据手册要求，读取 DS18B20 的温度数值时要按以下步骤实现：

(1) 向 DS18B20 发送复位时序，该时序由 Init_DS18B20()函数实现；

(2) 向 DS18B20 发送 0xCC 和 0x44 命令启动 DS18B20 测温开始；

(3) 经过 0.1～1 s 之后，向 DS18B20 发送 0xCC 和 0xBE 命令读取 DS18B20 温度数值。

向 DS18B20 写操作和读操作时序必须满足 DS18B20 的时序操作要求，程序中通过 WriteOneChar()函数和 ReadOneChar()函数来实现对 DS18B20 的写操作和读操作。

图 5-5～图 5-7 为示波器观察到的 DS18B20 的数据传输时序。

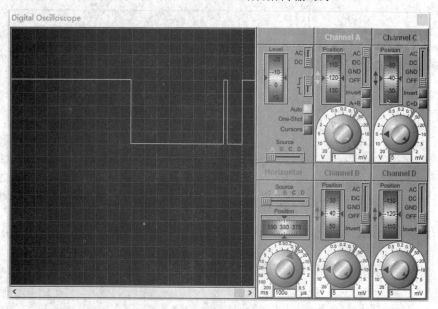

图 5-5　虚拟示波器观察到的 DS18B20 的复位时序

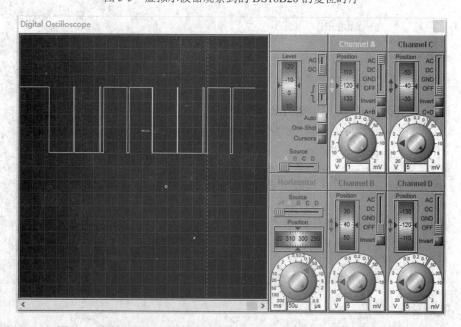

图 5-6　虚拟示波器观察到的向 DS18B20 写字节 0xCC 的写操作时序

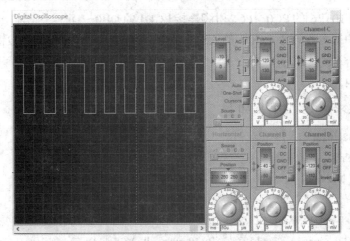

图 5-7　虚拟示波器观察到的读 DS18B20 操作时序

由于 DS18B20 对时间要求比较高,因此程序中采用 GPIO 的寄存器方式模拟 DS18B20 的时序,以提高对 DS18B20 时序的要求。

5.3　基于 128×64 点阵 LCD 模块的指针式时钟显示实例

1. 实例要求

利用 STM32F103R6 和 128×64 图形点阵 LCD 模块实现指针式模拟时钟的显示。

2. 硬件电路

本实例的硬件仿真电路如图 5-8 所示。

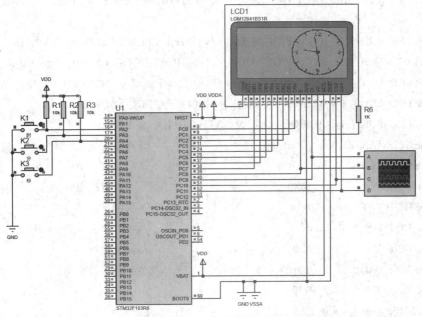

图 5-8　基于 128 × 64 的点阵 LCD 模块的指针式时钟显示实例电路仿真原理图

U1(STM32F103R6)的 PC0～PC7 引脚连接 LCD1 的 DB0～DB7 引脚，U1(STM32F103R6) 的 PC8～PC11 引脚分别连接 LCD1 的 CS1、CS2、DI、R/W 和 E 引脚。按键 K1～K3 分别 连接 PA2～PA4 引脚。

3. 程序设计

根据实例要求，设计的程序如下：

```c
#include "stm32f10x.h"
#include "math.h"
void MyGPIO_Init(void)
{
    GPIO_InitTypeDef MyGPIO;                          //定义 GPIO 结构体初始化变量
    RCC_APB2PeriphClockCmd(RCC_APB2Periph_GPIOC,ENABLE); //打开 GPIOC 外设时钟
    MyGPIO.GPIO_Pin = GPIO_Pin_0 | GPIO_Pin_1 | GPIO_Pin_2 | GPIO_Pin_3 |
                      GPIO_Pin_4 | GPIO_Pin_5 | GPIO_Pin_6 | GPIO_Pin_7 |
                      GPIO_Pin_8 | GPIO_Pin_9 | GPIO_Pin_10 | GPIO_Pin_11;
    MyGPIO.GPIO_Speed = GPIO_Speed_50MHz;             //设置响应速度
    MyGPIO.GPIO_Mode = GPIO_Mode_Out_PP;              //设置 PC0～PC11 为通用推挽输出
    GPIO_Init(GPIOC,&MyGPIO);      //调用 GPIO 初始化函数完成 PC0～PC11 引脚配置

    RCC_APB2PeriphClockCmd(RCC_APB2Periph_GPIOA,ENABLE); //打开 GPIOA 外设时钟
    MyGPIO.GPIO_Pin = GPIO_Pin_2 | GPIO_Pin_3 | GPIO_Pin_4;
    MyGPIO.GPIO_Mode = GPIO_Mode_IN_FLOATING;         //设置 PC0～PC11 为通用推挽输出
    GPIO_Init(GPIOA,&MyGPIO);      //调用 GPIO 初始化函数完成 PC0～PC11 引脚配置
}
#define LCD_CS1(x)    ((x)?(GPIOC->ODR |= (1 << 11)):(GPIOC->ODR &=~(1 << 11)))
#define LCD_CS2(x)    ((x)?(GPIOC->ODR |= (1 << 10)):(GPIOC->ODR &=~(1 << 10)))
#define LCD_DI(x)     ((x)?(GPIOC->ODR |= (1 << 9)):(GPIOC->ODR &=~(1 << 9)))
#define LCD_EN(x)     ((x)?(GPIOC->ODR |= (1 << 8)):(GPIOC->ODR &=~(1 << 8)))
#define LCD_PORT(x)   {GPIOC->ODR &= 0xFF00;GPIOC->ODR |= x;}
#define LCDSTARTROW    0xC0                //--- 设置起始行指令 ---
#define LCDPAGE        0xB8                //--- 设置页指令 ---
#define LCDLINE        0x40                //--- 设置列指令 ---
#define DISP_OFF       0x3e                //--- 关显示 ---
#define DISP_ON        0x3f                //--- 开显示 ---
#define DISP_Y         0xc0                //--- 起始行 ---
#define DISP_PAGE      0xb8                //--- 起始页 ---
#define DISP_X         0x40                //--- 起始列 ---
void LCDBusyCheck(void)
{
```

```
    int i;
    for(i=0;i<10;i++);
}
void LCDWriteComd(char ucCMD)
{
    LCDBusyCheck();
    LCD_DI(0);
    LCD_PORT(ucCMD);
    LCD_EN(1);
    LCD_EN(0);
}
void LCDWriteData(char ucData)
{
    LCDBusyCheck();
    LCD_DI(1);
    LCD_PORT(ucData);
    LCD_EN(1);
    LCD_EN(0);
}
void DisplayXY(char x,char y,char xydata)
{
    if(y < 64){LCD_CS1(1);LCD_CS2(0);}              //--- 选择左半屏 ---
    else{LCD_CS1(0);LCD_CS2(1);}                    //--- 选择右半屏 ---
    LCDWriteComd(0xB8 | x);
    LCDWriteComd(0x40 | y);
    LCDWriteData(xydata);
}
void LCDInit(void)
{
    LCD_CS1(1);
    LCD_CS2(1);
    LCDWriteComd(0x38);                             //--- 8 位形式，两行字符 ---
    LCDWriteComd(0x0F);                             //--- 开显示 ---
    LCDWriteComd(0x01);                             //--- 清屏 ---
    LCDWriteComd(0x06);                             //--- 画面不动，光标右移 ---
    LCDWriteComd(LCDSTARTROW);                      //--- 设置起始行 ---
    LCD_CS1(0);
    LCD_CS2(0);
}
```

```c
#define N_X 95                                //--- 时钟中心点坐标 ---
#define N_Y 31
//=========================================================
//--- 秒针结束点坐标，起点坐标(x0,y0)=(31，31); ---
const unsigned char secondpointerx[]=              //x1
{
N_X+ 0,N_X+ 2,N_X+ 4,N_X+ 7,N_X+ 9,N_X+11,N_X+13,N_X+14,N_X+16,N_X+18,
N_X+19,N_X+20,N_X+21,N_X+21,N_X+21,N_X+22,    //0~15 秒
N_X+22,N_X+21,N_X+21,N_X+20,N_X+19,N_X+18,N_X+16,N_X+14,N_X+13,N_X+11,
N_X+ 9,N_X+ 7,N_X+ 4,N_X+ 2,N_X+ 0,          //16~30 秒
N_X- 2,N_X- 4,N_X- 7,N_X- 9,N_X-11,N_X-13,N_X-14,N_X-16,N_X-18,N_X-19,
N_X-20,N_X-21,N_X-21,N_X-21,N_X-22,          //31~45 秒
N_X-22,N_X-21,N_X-21,N_X-20,N_X-19,N_X-18,N_X-16,N_X-14,N_X-13,N_X-11,
N_X- 9,N_X- 7,N_X- 4,N_X- 2,                 //46~59 秒
};

const unsigned char secondpointery[]=              //y1
{
N_Y-22,N_Y-22,N_Y-21,N_Y-21,N_Y-20,N_Y-19,N_Y-18,N_Y-16,N_Y-14,N_Y-13,
N_Y-11,N_Y-9,N_Y- 7,N_Y-4,N_Y-2,N_Y-0,      //0~15 秒
N_Y+2,N_Y+4,N_Y+7,N_Y+9,N_Y+11,N_Y+13,N_Y+14,N_Y+16,N_Y+18,N_Y+19,
N_Y+20,N_Y+21,N_Y+21,N_Y+22,N_Y+22,         //16~30 秒
N_Y+22,N_Y+21,N_Y+21,N_Y+20,N_Y+19,N_Y+18,N_Y+16,N_Y+14,N_Y+13,N_Y+11,
N_Y+9,N_Y+7,N_Y+4,N_Y+2,N_Y+0,              //31~45 秒
N_Y-2,N_Y-4,N_Y-7,N_Y-9,N_Y-11,N_Y-13,N_Y-14,N_Y-16,N_Y-18,N_Y-19,
N_Y-20,N_Y-21,N_Y-21,N_Y-22,                //46~59 秒
};
//=========================================================
//分针结束点坐标，起点坐标(x0,y0)=(31，31);
const unsigned char minpointerx[]=                 //x1
{
N_X+0,N_X+2,N_X+4,N_X+6,N_X+8,N_X+9,N_X+11,N_X+12,N_X+14,N_X+15,
N_X+16,N_X+17,N_X+18,N_X+19,N_X+20,N_X+20,   //0~15 分
N_X+20,N_X+19,N_X+18,N_X+17,N_X+16,N_X+15,N_X+14,N_X+12,N_X+11,N_X+9,
N_X+8,N_X+6,N_X+4,N_X+2,N_X+0,               //16~30 分
N_X-2,N_X-4,N_X-6,N_X-8,N_X-9,N_X-11,N_X-12,N_X-14,N_X-15,N_X-16,
N_X-17,N_X-18,N_X-19,N_X-20,N_X-20,          //31~45 分
N_X-20,N_X-19,N_X-18,N_X-17,N_X-16,N_X-15,N_X-14,N_X-12,N_X-11,N_X-9,
N_X-8,N_X-6,N_X-4,N_X-2,                     //46~59 分
};
```

```
const unsigned char minpointery[]=                          //y1
{
N_Y-20,N_Y-20,N_Y-19,N_Y-18,N_Y-17,N_Y-16,N_Y-15,N_Y-14,N_Y-12,N_Y-11,
N_Y-9,N_Y-8,N_Y-6,N_Y-4,N_Y-2,N_Y-0,           //0～15 分
N_Y+2,N_Y+4,N_Y+6,N_Y+8,N_Y+9,N_Y+11,N_Y+12,N_Y+14,N_Y+15,N_Y+16,
N_Y+17,N_Y+18,N_Y+19,N_Y+20,N_Y+20,           //16～30 分
N_Y+20,N_Y+19,N_Y+18,N_Y+17,N_Y+16,N_Y+15,N_Y+14,N_Y+12,N_Y+11,N_Y+9,
N_Y+8,N_Y+6,N_Y+4,N_Y+2,N_Y+0,           //31～45 分
N_Y-2,N_Y-4,N_Y-6,N_Y-8,N_Y-9,N_Y-11,N_Y-12,N_Y-14,N_Y-15,N_Y-16,
N_Y-17,N_Y-18,N_Y-19,N_Y-20,           //46～59 分
};
//==================================================================
//时针结束点坐标，起点坐标(x0,y0)=(31，31);
const unsigned char hourpointerx[]=                          //x1
{
N_X+0,N_X+1,N_X+3,N_X+5,N_X+6,N_X+8,N_X+9,N_X+11,N_X+12,N_X+13,
N_X+14,N_X+14,N_X+15,N_X+16,N_X+16,N_X+16,   //0～15 分
N_X+16,N_X+16,N_X+15,N_X+14,N_X+14,N_X+13,N_X+12,N_X+11,N_X+9,N_X+8,
N_X+6,N_X+5,N_X+3,N_X+1,N_X+0,           //16～30 分
N_X-1,N_X-3,N_X-5,N_X-6,N_X-8,N_X-9,N_X-11,N_X-12,N_X-13,N_X-14,
N_X-14,N_X-15,N_X-16,N_X-16,N_X-16,           //31～45 分
N_X-16,N_X-16,N_X-15,N_X-14,N_X-14,N_X-13,N_X-12,N_X-11,N_X-9,N_X-8,
N_X-6,N_X-5,N_X-3,N_X-1,           //46～59 分
};
const unsigned char hourpointery[]=                          //y1
{
N_Y-16,N_Y-16,N_Y-16,N_Y-15,N_Y-14,N_Y-14,N_Y-13,N_Y-12,N_Y-11,N_Y-9,
N_Y-8,N_Y-6,N_Y-5,N_Y-3,N_Y-1,N_Y-0,           //0～15 分
N_Y+1,N_Y+3,N_Y+5,N_Y+6,N_Y+8,N_Y+9,N_Y+11,N_Y+12,N_Y+13,N_Y+14,
N_Y+14,N_Y+15,N_Y+16,N_Y+16,N_Y+16,           //16～30 分
N_Y+16,N_Y+16,N_Y+15,N_Y+14,N_Y+14,N_Y+13,N_Y+12,N_Y+11,N_Y+9,
N_Y+8,N_Y+6,N_Y+5,N_Y+3,N_Y+1,N_Y+0,           //31～45 分
N_Y-1,N_Y-3,N_Y-5,N_Y-6,N_Y-8,N_Y-9,N_Y-11,N_Y-12,N_Y-13,N_Y-14,
N_Y-14,N_Y-15,N_Y-16,N_Y-16,           //46～59 分
};
unsigned char Hour = 9;
unsigned char Min = 9;
unsigned char Sec = 30;
int refreshflag = 1;                          //--- 显示刷新标志，每一秒送一次显示数据---
```

```c
unsigned char dispbuf[8][128];      //--- 1024 Byte 用于存放显示数据 ---
void Show(void)                     //--- 函数功能：将显示缓冲区所有数据送到 12864 显示 ---
{
    int i,j;
    LCDInit();
    for(j=0;j<8;j++)
      {
        LCD_CS1(1);
        LCD_CS2(0);
        LCDWriteComd(DISP_PAGE | j);
        LCDWriteComd(DISP_X);
        for(i=0;i<64;i++)LCDWriteData(dispbuf[j][i]);
        LCD_CS1(0);
        LCD_CS2(1);
        LCDWriteComd(DISP_PAGE | j);
        LCDWriteComd(DISP_X);
        for(i=64;i<128;i++)LCDWriteData(dispbuf[j][i]);
      }
}
void ClearBuff(void)                //--- 清空显存，0x00 ---
{
    long i,j;
    for(j=0;j<8;j++)
      for(i=0;i<128;i++)dispbuf[j][i] = 0x00;
}
void ClearScreen(void)              //--- 清屏 ---
{
    ClearBuff();
    Show();
}
//=====================================================================
//--- 函数功能：drawflag = 1 表示在 12864 任意位置画点 ---
//--- drawflag = 0 表示在 12864 任意位置清除点 ---
void DrawPixel(long x,long y,long drawflag)
{
    long a,b;
    a = y / 0x08;
    b = y & 0x07;
    if(drawflag)dispbuf[a][x] |= (1 << b);else dispbuf[a][x] &= ~(1 << b);
```

```
}
//==================================================================
//--- 画线函数 ---
void Line(char x0,char y0,char x1,char y1)
{//--- 使用 Bresenham 算法画直线 ---
   long dx,dy,x_increase,y_increase,error;
   long x,y,i;
   dx = x1 - x0;
   dy = y1 - y0;
   if(dx >= 0)x_increase = 1;              //--- 判断 x 增长方向 ---
   else x_increase = -1;
   if(dy >= 0)y_increase = 1;              //--- 判断 y 增长方向 ---
   else y_increase = -1;
   x = x0;
   y = y0;
   dx = abs(dx);
   dy = abs(dy);
   if(dx > dy)
     {
       error = -dx;
       for(i=0;i<(dx + 1);i++)
         {
           DrawPixel(x,y,1);
           x += x_increase;
           error += 2 * dy;
           if(error >= 0){y += y_increase;error -= 2 * dx;}
         }
     }
   else
     {
       error = -dy;
       for(i=0;i<(dy + 1);i++)
         {
           DrawPixel(x,y,1);
           y += y_increase;
           error += 2 * dx;
           if(error >= 0){x += x_increase;error -= 2 * dy;}
         }
     }
```

```
}
//==================================================================
//--- 函数功能: 指定的位置按传入的数据画一条长度为 len(len=<8)点的竖线 ---
void DrawVerticalLine(long x,long y,long len,long d)
{
  int i;
  for(i=0;i<len;i++)
    {
      if(d & 0x01)DrawPixel(x,y + i,1);
      d >>= 1;
    }
}
//==================================================================
const unsigned char clkbmp[] =                    //--- 时钟图 ---
{
0x00,0x00,0x00,0x00,0x00,0x00,0x00,0x00,0x00,0x00,0x80,0x80,0xC0,0x60,0x20,0x30,
0x38,0xC8,0x0C,0x04,0x04,0x06,0x02,0x02,0x02,0x03,0x01,0x01,0x21,0xF1,0x01,0x07,
0x21,0x91,0x51,0x21,0x01,0x03,0x02,0x02,0x02,0x06,0x04,0x04,0x0C,0xC8,0x38,0x30,
0x20,0x60,0xC0,0x80,0x80,0x00,0x00,0x00,0x00,0x00,0x00,0x00,0x00,0x00,0x00,0x00,
0x00,0x00,0x00,0x00,0x80,0xE0,0x30,0x1C,0x06,0x03,0x01,0x00,0x00,0x00,0x00,0x00,
0x00,0x00,0x01,0x00,0x00,0x00,0x00,0x00,0x00,0x00,0x00,0x00,0x01,0x01,0x01,0x00,
0x01,0x01,0x01,0x01,0x00,0x00,0x00,0x00,0x00,0x00,0x00,0x00,0x01,0x00,0x00,0x00,
0x00,0x00,0x00,0x00,0x01,0x03,0x06,0x1C,0x30,0xE0,0x80,0x00,0x00,0x00,0x00,0x00,
0x00,0xE0,0x3C,0x07,0x01,0x01,0x02,0x02,0x04,0x00,0x00,0x00,0x00,0x00,0x00,0x00,
0x00,0x00,0x00,0x00,0x00,0x00,0x00,0x00,0x00,0x00,0x00,0x00,0x00,0x00,0x00,0x00,
0x00,0x00,0x00,0x00,0x00,0x00,0x00,0x00,0x00,0x00,0x00,0x00,0x00,0x00,0x00,0x00,
0x00,0x00,0x00,0x00,0x00,0x00,0x04,0x02,0x02,0x01,0x01,0x07,0x3C,0xE0,0x00,0x00,
0xFE,0x83,0x80,0x00,0x40,0xA0,0xA0,0xC0,0x00,0x00,0x00,0x00,0x00,0x00,0x00,0x00,
0x00,0x00,0x00,0x00,0x00,0x00,0x00,0x00,0x00,0x00,0x00,0x00,0x00,0xC0,0xE0,0xE0,
0xE0,0xC0,0x00,0x00,0x00,0x00,0x00,0x00,0x00,0x00,0x00,0x00,0x00,0x00,0x00,0x00,
0x00,0x00,0x00,0x00,0x00,0x00,0x00,0x00,0xA0,0xA0,0x40,0x00,0x80,0x83,0xFE,0x00,
0x3F,0xE0,0x00,0x00,0x00,0x02,0x02,0x01,0x00,0x00,0x00,0x00,0x00,0x00,0x00,0x00,
0x00,0x00,0x00,0x00,0x00,0x00,0x00,0x00,0x00,0x00,0x00,0x00,0x00,0x01,0x03,0x03,
0x03,0x01,0x00,0x00,0x00,0x00,0x00,0x00,0x00,0x00,0x00,0x00,0x00,0x00,0x00,0x00,
0x00,0x00,0x00,0x00,0x00,0x00,0x00,0x00,0x02,0x02,0x01,0x00,0x00,0x00,0xE0,0x3F,0x00,
0x00,0x03,0x1E,0x70,0xC0,0xC0,0x20,0x20,0x10,0x00,0x00,0x00,0x00,0x00,0x00,0x00,
0x00,0x00,0x00,0x00,0x00,0x00,0x00,0x00,0x00,0x00,0x00,0x00,0x00,0x00,0x00,0x00,
0x00,0x00,0x00,0x00,0x00,0x00,0x00,0x00,0x00,0x00,0x00,0x00,0x00,0x00,0x00,0x00,
0x00,0x00,0x00,0x00,0x00,0x00,0x10,0x20,0x20,0xC0,0xC0,0x70,0x1E,0x03,0x00,0x00,
```

```
0x00,0x00,0x00,0x00,0x00,0x03,0x06,0x1C,0x30,0x60,0xC0,0x80,0x80,0x00,0x00,0x00,
0x00,0x80,0x40,0x00,0x00,0x00,0x00,0x00,0x00,0x00,0x00,0x00,0x00,0x00,0x80,0x40,
0x40,0x00,0x00,0x00,0x00,0x00,0x00,0x00,0x00,0x00,0x00,0x40,0x80,0x00,0x00,
0x00,0x00,0x80,0x80,0xC0,0x60,0x30,0x1C,0x06,0x03,0x00,0x00,0x00,0x00,0x00,0x00,
0x00,0x00,0x00,0x00,0x00,0x00,0x00,0x00,0x00,0x00,0x00,0x00,0x01,0x03,0x02,0x06,
0x0E,0x09,0x18,0x10,0x10,0x30,0x20,0x20,0x20,0x60,0x40,0x40,0x40,0x40,0x43,0x75,
0x45,0x42,0x40,0x40,0x40,0x60,0x20,0x20,0x20,0x30,0x10,0x10,0x18,0x09,0x0E,0x06,
0x02,0x03,0x01,0x00,0x00,0x00,0x00,0x00,0x00,0x00,0x00,0x00,0x00,0x00,0x00,0x00,
};
void WriteClkBmp(const unsigned char *image)            //--- 送一幅 64×64 点阵图像到显存 ---
{
   int i,j;
   for(j=0;j<8;j++)
     for(i=64;i<128;i++)
       dispbuf[j][i] = image[j * 64 + i – 64];
}
void TimeDisp(unsigned char Hour,unsigned char Min,unsigned char Sec)
{
   unsigned char hp;
   hp = Hour * 5 + Min / 12;
   WriteClkBmp(clkbmp);
   Line(N_X,31,secondpointerx[Sec],secondpointery[Sec]);        //--- 秒针 ---
   Line(N_X,31,minpointerx[Min],minpointery[Min]);              //--- 分针 ---
   Line(N_X,31,hourpointerx[hp],hourpointery[hp]);              //--- 时针 ---
}
#define    K1   (GPIO_ReadInputDataBit(GPIOA,GPIO_Pin_2))
#define    K2   (GPIO_ReadInputDataBit(GPIOA,GPIO_Pin_3))
#define    K3   (GPIO_ReadInputDataBit(GPIOA,GPIO_Pin_4))
int K1_Cnt,K2_Cnt,K3_Cnt;
int main(void)
{
    int i;

    MyGPIO_Init();
    LCDInit();

    while(1)
    {
        TimeDisp(Hour,Min,Sec);
```

```
    if(++refreshflag >= 25)
    {
        refreshflag = 0;
        if(++Sec >= 60)
        {
            Sec = 0;
            if(++Min >= 60)
            {
                Min = 0;
                if(++Hour >= 12)Hour = 0;
            }
        }
        Show();
    }
    if((0 == K1) && (999999 != K1_Cnt) && (++K1_Cnt > 10))      //--- K1 键 ---
    {
        if(0 == K1){
            K1_Cnt = 999999;
            if(++Hour >= 12)Hour = 0;
            Show();
        }
    }
    else K1_Cnt = 0;
    if((0 == K2) && (999999 != K2_Cnt) && (++K2_Cnt > 10))      //--- K2 按键 ---
    {
        if(0 == K2){
            K2_Cnt = 999999;
            if(++Min >= 60)Min = 0;
            Show();
        }
    }
    else K2_Cnt = 0;
    if((0 == K3) && (999999 != K3_Cnt) && (++K3_Cnt > 10))      //--- K3 按键 ---
    {
        if(0 == K3){
            K3_Cnt = 999999;
            if(++Sec >= 60)Sec = 0;
            Show();
        }
```

```
        }
        else if(0 != K3)K3_Cnt = 0;
    }
}
```

4. 实例总结

本实例程序涉及的关键内容如下：

(1) 时、分、秒的从中心坐标到结束点坐标的定义；

(2) 使用 Bresenham 算法的直线函数的实现；

(3) 需要定义一个显示模拟时钟的背景图片；

(4) 在 TimeDisp 函数中实现了如何调用画直线函数来显示模拟时钟的时针、分针和秒针。

5.4 基于 SHT11 的远程环境温湿度测量实例

1. 实例要求

利用 STM32F103R6 和 SHT11 温湿度传感器测量环境温度和湿度，并通过串口实现远程监测。

2. 硬件电路

本实例的硬件仿真电路如图 5-9 所示。

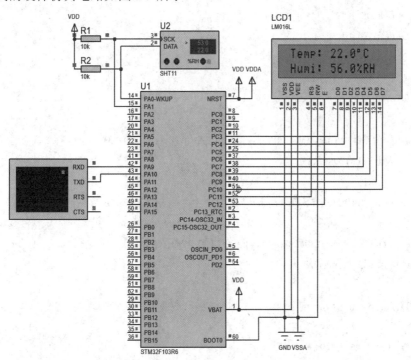

图 5-9   基于 SHT11 的远程环境温湿度测量实例电路仿真原理图

U1(STM32F103R6)的 PC3～PC12 引脚连接 LCD1 的 D0～D7、RS、E 引脚。U2(SHT11) 的 SCK 和 DATA 引脚连接 PA1 和 PA0 引脚，电阻 R1 和 R2 为上拉电阻，PA9 和 PA10 用于连接到串口的虚拟终端。

3. 程序设计

根据实例要求，设计的程序如下：

```c
#include "stm32f10x.h"
#include "math.h"
//================================================================
=
//--- 1602 LCD 驱动程序段 ---
#define    LCD_RS(x)    (x)?(GPIOC->ODR |= (1 << 11)):(GPIOC->ODR &=~(1 << 11))
#define    LCD_EN(x)    (x)?(GPIOC->ODR |= (1 << 12)):(GPIOC->ODR &=~(1 << 12))
#define    LCD_PORT(x)  GPIO_Write(GPIOC,(GPIO_ReadOutputData(GPIOC) & (~(0xFF << 3)))) |
(x << 3))
#define    COM 0
#define    DAT 1
void LCD_Write(char rs,char dat)
{
    for(int i=0;i<50;i++);
    if(0 == rs)LCD_RS(0);else LCD_RS(1);
    LCD_EN(1);
    LCD_PORT(dat);
    LCD_EN(0);
}
void LCD_Write_Char(char x,char y,char Data)
{
    if (0 == x)LCD_Write(COM,0x80 + y);else LCD_Write(COM,0xC0 + y);
    LCD_Write(DAT,Data);
}
void LCD_Write_String(char x,char y,char *s)
{
    if(0 == x)LCD_Write(COM,0x80 + y);else LCD_Write(COM,0xC0 + y);
    while(*s)LCD_Write(DAT,*s++);
}
void LCD_Clear(void)
{
    LCD_Write(COM,0x01);
    for(int i=0;i<60000;i++);
```

```
}
void LCD_Init(void)
{
    LCD_Write(COM,0x38);                    //--- 显示模式设置 ---
    LCD_Write(COM,0x08);                    //--- 显示关闭 ---
    LCD_Write(COM,0x06);                    //--- 显示光标移动设置 ---
    LCD_Write(COM,0x0C);                    //--- 打开显示并设置光标---
    LCD_Clear();
}
//=======================================================================
//--- SHT11 驱动程序段 ---
#define SCL(x)          (x)?(GPIOA->ODR |= (1 << 1)):(GPIOA->ODR &=~(1 << 1))
#define SDA(x)          (x)?(GPIOA->ODR |= (1 << 0)):(GPIOA->ODR &=~(1 << 0))
#define SDA_PIN         (GPIOA->IDR & (1 << 0))
#define SDA_DIR_O       {GPIOA->CRL &=~0xF;GPIOA->CRL |= 0x1;}
#define SDA_DIR_I       {GPIOA->CRL &=~0xF;GPIOA->CRL |= 0x4;}

#define noACK 0                             //继续传输数据，用于判断是否结束通信
#define ACK     1                           //结束数据传输
#define STATUS_REG_W 0x06                   //000      0011      0
#define STATUS_REG_R 0x07                   //000      0011      1
#define MEASURE_TEMP 0x03                   //000      0001      1
#define MEASURE_HUMI 0x05                   //000      0010      1
#define RESET           0x1e                //000      1111      0
void IIC_Delay(void)
{
    for(int i=0;i<10;i++);

}
unsigned char s_write_byte(unsigned char value)      //--- 字节写函数 ---
{
    unsigned char i,error = 0;
    SDA_DIR_O;
    for(i=0;i<8;i++)
    {
        if(value & 0x80)SDA(1);else SDA(0);
        value <<= 1;
        SCL(1);IIC_Delay();SCL(0);IIC_Delay();
    }
```

```
    SDA_DIR_I;
    SCL(1);IIC_Delay();error = SDA_PIN;SCL(0);IIC_Delay();
    SDA_DIR_I;
    return error;
}
unsigned char s_read_byte(unsigned char ack)          //--- 字节读函数 ---
{
    int i,val = 0;
    SDA_DIR_I;
    for(i=0;i<8;i++)
    {
        val <<= 1;
        SCL(1);IIC_Delay();
        if(SDA_PIN)val |= 0x01;else val &= 0xFE;
        SCL(0);IIC_Delay();
    }
    SDA_DIR_O;
    if(0 == ack)SDA(1);else SDA(0);
    SCL(1);IIC_Delay();SCL(0);IIC_Delay();
    SDA_DIR_I;
    return val;
}
void s_transstart(void)                               //--- 启动传输 ---
{
    SDA_DIR_O;
    SDA(1);SCL(0);SCL(1);IIC_Delay();
    SDA(0);
    SCL(0);IIC_Delay();SCL(1);IIC_Delay();
    SDA(1);
    SCL(0);IIC_Delay();
    SDA_DIR_I;
}
void s_connectionreset(void)                          //--- 连接复位 ---
{
    SDA_DIR_O;
    SDA(1);SCL(0);
    for(int i=0;i<9;i++)            //DATA 保持高，SCK 时钟触发 9 次，发送启动传输，通信即复位
    {
        SCL(1);IIC_Delay();SCL(0);IIC_Delay();
```

```
    }
    s_transstart();                          //--- 启动传输 ---
    SDA_DIR_I;
}
unsigned char s_softreset(void)              //--- 软复位程序 ---
{
    unsigned char error = 0;
    s_connectionreset();                     //--- 启动连接复位 ---
    error += s_write_byte(RESET);            //--- 发送复位命令 ---
    return error;
}
enum {TEMP,HUMI};

unsigned char s_measure(unsigned char *p_value,
                        unsigned char *p_checksum,
                        unsigned char mode)  //--- mode 决定转换内容 ---
{
    unsigned char error = 0;
    long i;

    s_transstart();                          //--- 启动传输 ---
    switch(mode)                             //--- 选择发送命令 ---
    {
        case TEMP:                           //--- 测量温度 ---
            error += s_write_byte(MEASURE_TEMP);
            break;
        case HUMI:                           //--- 测量湿度 ---
            error += s_write_byte(MEASURE_HUMI);
            break;
        default:
            break;
    }
    SDA_DIR_I;                               //--- SDA 引脚置为输入 ---
    for(i=0;i<600000;i++)
    {
        if(0 == SDA_PIN)break;               //--- 等待测量结束 ---
    }
    if(SDA_PIN)error += 1;                    //如果长时间数据线没有拉低，则说明测量错误
    *(p_value + 1) = s_read_byte(ACK);       //--- 读第一个字节，高字节 (MSB) ---
```

```
        *(p_value + 0) = s_read_byte(ACK);              //--- 读第二个字节，低字节 (LSB) ---
        *p_checksum = s_read_byte(noACK);               //--- read CRC 校验码 ---

        return error;
}
void calc_sth10(float *p_humidity ,
                    float *p_temperature)               //--- 温湿度值标度变换及温度补偿 ---
{
        const float C1 = -4.0;                          //--- 12 位湿度精度 修正公式 ---
        const float C2 = +0.0405;                       //--- 12 位湿度精度 修正公式 ---
        const float C3 = -0.0000028;                    //--- 12 位湿度精度 修正公式 ---
        const float T1 = +0.01;                         //--- 14 位温度精度 5V 条件 修正公式 ---
        const float T2 = +0.00008;                      //--- 14 位温度精度 5V 条件 修正公式 ---
        float rh = *p_humidity;                         //--- rh: 12 位 湿度 ---
        float t = *p_temperature;                       //--- t: 14 位 温度 ---
        float rh_lin;                                   //--- rh_lin: 湿度 linear 值 ---
        float rh_true;                                  //--- rh_true: 湿度 ture 值 ---
        float t_C;                                      //--- t_C: 温度 ℃ ---
        t_C = t * 0.01 - 40;                            //--- 补偿温度 ---
        rh_lin = C3 * rh * rh + C2 * rh + C1;           //---相对湿度非线性补偿 ---
        rh_true = (t_C - 25) * (T1 + T2 * rh) + rh_lin; //--- 相对湿度对于温度依赖性补偿 ---
        if(rh_true > 100)rh_true = 100;                 //--- 湿度最大修正 ---
        if(rh_true < 0.1)rh_true = 0.1;                 //--- 湿度最小修正 ---
        *p_temperature=t_C;                             //--- 返回温度结果 ---
        *p_humidity=rh_true;                            //--- 返回湿度结果 ---
}
void MyGPIO_Init(void)
{
        GPIO_InitTypeDef MyGPIO;                                 //定义 GPIO 结构体初始化变量
        RCC_APB2PeriphClockCmd(RCC_APB2Periph_GPIOC,ENABLE);       //打开 GPIOC 外设时钟
        MyGPIO.GPIO_Pin = GPIO_Pin_3 | GPIO_Pin_4 | GPIO_Pin_5 | GPIO_Pin_6 |
                        GPIO_Pin_7 | GPIO_Pin_8 | GPIO_Pin_9 | GPIO_Pin_10 |
                        GPIO_Pin_11 | GPIO_Pin_12;
        MyGPIO.GPIO_Speed = GPIO_Speed_50MHz;           //设置响应速度
        MyGPIO.GPIO_Mode = GPIO_Mode_Out_PP;            //设置 PC3～PC12 为通用推挽输出
        GPIO_Init(GPIOC,&MyGPIO);               //调用 GPIO 初始化函数完成 PC3～PC12 引脚配置

        RCC_APB2PeriphClockCmd(RCC_APB2Periph_GPIOA,ENABLE);       //打开 GPIOA 外设时钟
        MyGPIO.GPIO_Pin = GPIO_Pin_1;
```

```
    GPIO_Init(GPIOA,&MyGPIO);                           //调用 GPIO 初始化函数完成 PA1 引脚配置

    MyGPIO.GPIO_Pin = GPIO_Pin_0;
    MyGPIO.GPIO_Mode = GPIO_Mode_IN_FLOATING;                //设置 PA1 为通用推挽输出
    GPIO_Init(GPIOA,&MyGPIO);                         //调用 GPIO 初始化函数完成 PA0 引脚配置
}
void MyUSART_Init(void)
{
    GPIO_InitTypeDef MyGPIO;                          //定义 GPIO 结构体变量
    USART_InitTypeDef MyUSART;                        //定义 USART 结构体变量

    RCC_APB2PeriphClockCmd(RCC_APB2Periph_AFIO,ENABLE);     //打开 AFIO 外设时钟
    RCC_APB2PeriphClockCmd(RCC_APB2Periph_GPIOA,ENABLE);    //打开 GPIOA 外设时钟
    MyGPIO.GPIO_Pin =    GPIO_Pin_9;                        //设置 GPIO 引脚
    MyGPIO.GPIO_Speed = GPIO_Speed_50MHz;                   //设置输出响应速度
    MyGPIO.GPIO_Mode =   GPIO_Mode_AF_PP;                   //设置复用功能推挽输出
    GPIO_Init(GPIOA,&MyGPIO);                         //调用 GPIO_Init()函数完成 PA9 的配置

    RCC_APB2PeriphClockCmd(RCC_APB2Periph_USART1,ENABLE);//打开 USART1 外设时钟
    MyUSART.USART_BaudRate = 9600;                          //设置波特率
    MyUSART.USART_WordLength = USART_WordLength_8b;         //设置数据位长度
    MyUSART.USART_StopBits = USART_StopBits_1;              //设置停止位
    MyUSART.USART_Parity = USART_Parity_No;                 //设置奇偶校验位
    MyUSART.USART_HardwareFlowControl = USART_HardwareFlowControl_None;//设置握手协议
    MyUSART.USART_Mode = USART_Mode_Tx;                     //设置为发送模式
    USART_Init(USART1, &MyUSART);                     //调用 USART_Init()函数完成 USART1 的配置
    USART1->BRR = 0x1D4C / 9;                         //由于仿真时钟为 8 MHz，因此重新设置波特率
    //USART_ITConfig(USART1, USART_IT_RXNE, ENABLE);
    USART_Cmd(USART1, ENABLE);                             //使能 USART1 工作
}
void Uart_SendChar(char ch)                              //字符发送函数
{
    USART_SendData(USART1,ch);                             //通过串口发送字符
    while(0 == USART_GetFlagStatus(USART1,USART_FLAG_TC));  //等待发送完毕
    USART_ClearFlag(USART1,USART_FLAG_TC);                 //清发送完成标志
}
void Uart_SendString(char *s)                            //字符串发送函数
{
```

```
        while(*s)Uart_SendChar(*s ++);
}
char TestStr[] = {"SHT11 Monitor!\r\n"};        //定义的字符串
typedef union                                    //--- 定义共同类型 ---
{
    unsigned short i;               //--- i 表示测量得到的温湿度数据(int 形式保存的数据) ---
    float f;                        //--- f 表示测量得到的温湿度数据(float 形式保存的数据) ---
}VALUE;
VALUE humi_val,temp_val;
char TEMP1[7];                      //--- 用于记录温度 ---
char HUMI1[6];                      //--- 用于记录湿度 ---
int temp,humi;
char str1[] = {"Temp:          C"};
char str2[] = {"Humi:         %RH"};
int main(void)
{
    int i;
    unsigned char error,checksum;
    MyGPIO_Init();
    MyUSART_Init();
    Uart_SendString(TestStr);       //发送字符串
    LCD_Init();
    LCD_Write_String(0,1,str1);
    LCD_Write_String(1,1,str2);
    s_connectionreset();            //--- 启动连接复位 ---
    while(1)
    {
        error = 0;
        error += s_measure((unsigned char*)&temp_val.i,&checksum,TEMP);  //温度测量
        error += s_measure((unsigned char*)&humi_val.i,&checksum,HUMI);  //湿度测量
        if(0 != error) s_connectionreset();    //如果发生错误，则系统复位
        else
        {
            humi_val.f = (float)humi_val.i;                         //转换为浮点数
            temp_val.f = (float)temp_val.i;                         //转换为浮点数
            calc_sth10(&humi_val.f,&temp_val.f);                    //修正相对湿度及温度
            temp = temp_val.f * 10;
            humi = humi_val.f * 10;
```

```
            TEMP1[0] = (temp / 1000) + '0';
            if(TEMP1[0] == 0x30)TEMP1[0] = 0x20;
            TEMP1[1] = (temp % 1000) / 100 + '0';
            if((TEMP1[1] == 0x30) && (TEMP1[0] != 0x30))TEMP1[1] = 0x20;
            TEMP1[2] = (temp % 100) / 10 + '0';
            TEMP1[3] = 0x2E;
            TEMP1[4] = (temp % 10) + '0';
            TEMP1[5] = 0xDF;
            for(i=0;i<6;i++)str1[i + 5] = TEMP1[i];
            HUMI1[0] = (humi / 1000) + '0';
            if(HUMI1[0] == 0x30)HUMI1[0] = 0x20;
            HUMI1[1] = (humi % 1000) / 100 + '0';
            if((HUMI1[1]==0x30) && (HUMI1[0]!=0x30))HUMI1[1] = 0X20;
            HUMI1[2] = (humi % 100) / 10 + '0';
            HUMI1[3] = 0x2E;
            HUMI1[4] = (humi % 10) + '0';
            for(i=0;i<5;i++)str2[i + 5] = HUMI1[i];
            LCD_Write_String(0,1,str1);
            LCD_Write_String(1,1,str2);
            Uart_SendString(str1);
            Uart_SendChar(',');
            Uart_SendString(str2);
            Uart_SendString("\r\n");
        }
    }
}
```

4. 实例总结

本实例展示了 STM32F103R6 如何通过 GPIO 引脚读取 SHT11 温湿度传感器的数字量,然后将数字量转换为对应的温度和湿度数据,并在 LCD 显示屏上显示。程序中涉及的主要内容如下:

(1) LCD 液晶模块的写命令、写数据操作的时序模拟和 LCD 初始化功能。

(2) GPIO 引脚模拟 IIC 时序。

(3) 通过 s_measure 函数实现的功能是:向 SHT11 写入不同的命令来启动 SHT11 的测量工作,等待 1 s 后,读取 SHT11 的数字量;再通过 calc_sth10 函数对测量的数字量进行修正并返回修正后的结果。

(4) 配置 USART1 串口外设用于将测量的数据通过串口发送到虚拟终端。虚拟终端显示的结果如图 5-10 所示。

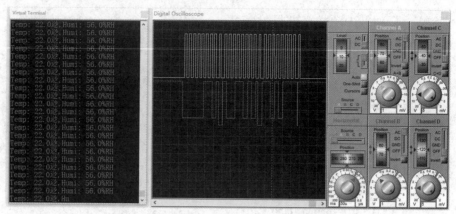

图 5-10　虚拟终端显示的温湿度结果和 SHT11 的 IIC 通信协议波形图

5.5　RLC 测量仪设计实例

1. 实例要求

利用 STM32F103R6 微控制器、NE555 和 LC 振荡器设计一个可以测量电阻、电容和电感的仪表。

2. 硬件电路

硬件仿真电路用 LC 振荡电路测量电感 LX，555 构成的振荡电路用于测量电阻 RX 和电容 CX，如图 5-11、图 5-12 所示。

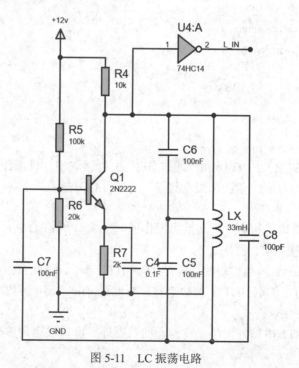

图 5-11　LC 振荡电路

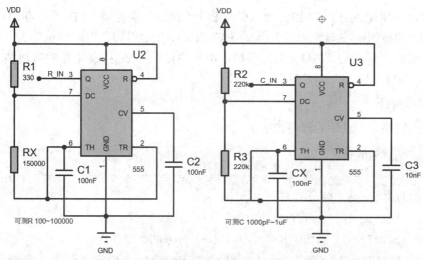

图 5-12　555 振荡电路

三极管 Q1(2N2222)、电容 C5 和 C6、被测电感 LX、电容 C7 等阻容元件构成一个电容反馈式振荡电路。通过改变电感 LX 的数组来改变 LC 振荡电路的输出频率。

U2(555)、电阻 R1、被测电阻 RX 和电容 C1 构成振荡电路，产生的矩形波从 U2 的 3 脚输出。U3(555)、电阻 R2、电阻 R3 和被测电容 CX 构成振荡电路，产生的矩形波从 U3 的 3 脚输出。

本实例的主控制电路如图 5-13 所示。

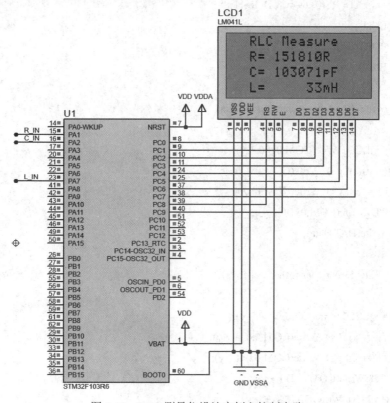

图 5-13　RLC 测量仪设计实例主控制电路

　　U1(STM32F103R6)的 GPIOC 端口引脚 PC0～PC9 分别连接 LCD1 的 D0～D7、RS 和 E 引脚，LC 振荡电路的输出波形输入到 PA7/TIM3_CH2 引脚，电阻测量的 555 振荡电路的输出波形输入到 PA1/TIM2_CH2 引脚，电容测量的 555 振荡电路的输出波形输入到 PA2/TIM2_CH3 引脚。

3. 程序设计

根据实例要求，设计的程序如下：

```c
#include "stm32f10x.h"
//==========================================================
//--- 1604 LCD 驱动程序段 ---
#define    LCD_RS(x)    (x)?(GPIOC->ODR |= (1 << 8)):(GPIOC->ODR &=~(1 << 8))
#define    LCD_EN(x)    (x)?(GPIOC->ODR |= (1 << 9)):(GPIOC->ODR &=~(1 << 9))
#define    LCD_PORT(x) GPIO_Write(GPIOC,(GPIO_ReadOutputData(GPIOC) & (~(0xFF << 0))) | (x << 0))
#define    COM 0
#define    DAT 1
void LCD_Write(char rs,char dat)
{
    for(int i=0;i<200;i++);
    if(0 == rs)LCD_RS(0);else LCD_RS(1);
    LCD_EN(1);
    LCD_PORT(dat);
    LCD_EN(0);
}
void LCD_Write_Char(char x,char y,char Data)
{
    if(0 == x)LCD_Write(COM,0x80 + y);
    else if(1 == x)LCD_Write(COM,0xC0 + y);
    else if(2 == x)LCD_Write(COM,0x90 + y);
    else LCD_Write(COM,0xD0 + y);
    LCD_Write(DAT,Data);
}
void LCD_Write_String(char x,char y,char *s)
{
    if(0 == x)LCD_Write(COM,0x80 + y);
    else if(1 == x)LCD_Write(COM,0xC0 + y);
    else if(2 == x)LCD_Write(COM,0x90 + y);
    else LCD_Write(COM,0xD0 + y);
    while(*s)LCD_Write(DAT,*s++);
```

```
}
void LCD_Clear(void)
{
    LCD_Write(COM,0x01);
    for(int i=0;i<60000;i++);
}
void LCD_Init(void)
{
    LCD_Write(COM,0x38);                        //--- 显示模式设置 ---
    LCD_Write(COM,0x08);                        //--- 显示关闭 ---
    LCD_Write(COM,0x06);                        //--- 显示光标移动设置 ---
    LCD_Write(COM,0x0C);                        //--- 打开显示并设置光标---
    LCD_Clear();
}


void MyGPIO_Init(void)
{
    GPIO_InitTypeDef MyGPIO;                    //定义 GPIO 结构体初始化变量
    RCC_APB2PeriphClockCmd(RCC_APB2Periph_GPIOC,ENABLE); //打开 GPIOC 外设时钟
    MyGPIO.GPIO_Pin = GPIO_Pin_0 | GPIO_Pin_1 | GPIO_Pin_2 | GPIO_Pin_3 |
                    GPIO_Pin_4 | GPIO_Pin_5 | GPIO_Pin_6 | GPIO_Pin_7 |
                    GPIO_Pin_8 | GPIO_Pin_9;
    MyGPIO.GPIO_Speed = GPIO_Speed_50MHz;       //设置响应速度
    MyGPIO.GPIO_Mode = GPIO_Mode_Out_PP;        //设置 PC0～PC9 为通用推挽输出
    GPIO_Init(GPIOC,&MyGPIO);                   //调用 GPIO 初始化函数完成 PC0～PC9 引脚配置

    RCC_APB2PeriphClockCmd(RCC_APB2Periph_GPIOA,ENABLE); //打开 GPIOA 外设时钟
    RCC_APB2PeriphClockCmd(RCC_APB2Periph_AFIO, ENABLE);  //打开复用功能外设时钟

    MyGPIO.GPIO_Pin = GPIO_Pin_1 | GPIO_Pin_2 | GPIO_Pin_7;
    MyGPIO.GPIO_Mode = GPIO_Mode_IN_FLOATING;   //设置 PA1、PA2、PA7 为通用推挽输出
    GPIO_Init(GPIOA,&MyGPIO);                   //调用 GPIO 初始化函数完成 PA1、PA2、PA7 引脚配置
    GPIO_PinRemapConfig(GPIO_Remap_SWJ_Disable,ENABLE);
}


void MyTIM2_CC_Init(void)
{
    TIM_TimeBaseInitTypeDef    MyTIM;                   //定义初始化 TIM 结构体变量
    RCC_APB1PeriphClockCmd(RCC_APB1Periph_TIM2,ENABLE); //打开 TIM2 外设时钟
```

```
        MyTIM.TIM_Prescaler = 8 − 1;                              //设置定时器的预分频系数
        MyTIM.TIM_Period = 0xFFFF;                                //设置定时的初值
        MyTIM.TIM_ClockDivision = TIM_CKD_DIV1;
        MyTIM.TIM_CounterMode = TIM_CounterMode_Up;               //设置定时器的计数方式
        MyTIM.TIM_RepetitionCounter = 0;
        TIM_TimeBaseInit(TIM2,&MyTIM);                            //调用 TIM 初始化函数完成 TIM2 的配置

        TIM_ICInitTypeDef MyTIMIC;
        MyTIMIC.TIM_ICPolarity = TIM_ICPolarity_Rising;
        MyTIMIC.TIM_ICSelection = TIM_ICSelection_DirectTI;
        MyTIMIC.TIM_ICPrescaler = TIM_ICPSC_DIV1;
        MyTIMIC.TIM_ICFilter = 0;
        MyTIMIC.TIM_Channel = TIM_Channel_2;
        TIM_ICInit(TIM2,&MyTIMIC);
        MyTIMIC.TIM_Channel = TIM_Channel_3;
        TIM_ICInit(TIM2,&MyTIMIC);

        TIM_Cmd(TIM2,ENABLE);
        TIM_ITConfig(TIM2,TIM_IT_CC2 | TIM_IT_CC3 | TIM_IT_Update,ENABLE);
}

void MyTIM3_CC_Init(void)
{
        TIM_TimeBaseInitTypeDef    MyTIM;                         //定义初始化 TIM 结构体变量
        RCC_APB1PeriphClockCmd(RCC_APB1Periph_TIM3,ENABLE);      //打开 TIM3 外设时钟
        MyTIM.TIM_Prescaler = 8 − 1;                             //设置定时器的预分频系数
        MyTIM.TIM_Period = 0xFFFF;                               //设置定时的初值
        MyTIM.TIM_ClockDivision = TIM_CKD_DIV1;
        MyTIM.TIM_CounterMode = TIM_CounterMode_Up;              //设置定时器的计数方式
        MyTIM.TIM_RepetitionCounter = 0;
        TIM_TimeBaseInit(TIM3,&MyTIM);                           //调用 TIM 初始化函数完成 TIM3 的配置

        TIM_ICInitTypeDef MyTIMIC;
        MyTIMIC.TIM_ICPolarity = TIM_ICPolarity_Rising;
        MyTIMIC.TIM_ICSelection = TIM_ICSelection_DirectTI;
        MyTIMIC.TIM_ICPrescaler = TIM_ICPSC_DIV1;
        MyTIMIC.TIM_ICFilter = 0;
        MyTIMIC.TIM_Channel = TIM_Channel_2;
        TIM_ICInit(TIM3,&MyTIMIC);
```

```
    TIM_Cmd(TIM3,ENABLE);
    TIM_ITConfig(TIM3,TIM_IT_CC2 | TIM_IT_Update,ENABLE);
}


void MyNVIC_Init(void)
{
    NVIC_InitTypeDef MyNVIC;                              //定义初始化 NVIC 结构体变量
    NVIC_PriorityGroupConfig(NVIC_PriorityGroup_2);      //设置优先级分组
    MyNVIC.NVIC_IRQChannel = TIM2_IRQn;                  //设置向量通道
    MyNVIC.NVIC_IRQChannelPreemptionPriority = 2;        //设置抢占优先级
    MyNVIC.NVIC_IRQChannelSubPriority = 2;               //设置响应优先级
    NVIC_Init(&MyNVIC);                 //调用 NVIC 初始化函数完成设置的向量通道配置

    MyNVIC.NVIC_IRQChannel = TIM3_IRQn;                  //设置向量通道
    MyNVIC.NVIC_IRQChannelSubPriority = 3;               //设置响应优先级
    NVIC_Init(&MyNVIC);                 //调用 NVIC 初始化函数完成设置的向量通道配置
}


typedef struct
{
    char v;
    char OK;
    int s;
    int h;
    int a;
    int b;
    int f;
}MYCC;
MYCC MyCC2,MyCC3,MyCC4;


void MyCC_Treat(char ch,MYCC *MyCC)
{
    if(0 == MyCC->v)                                     //第一次执行，初始化变量 a、b 的值
    {
        if(2 == ch)
            MyCC->b = MyCC->a = TIM_GetCapture2(TIM2);     //读取 TIM2_CH2 通道的时刻
        else if(3 == ch)
            MyCC->b = MyCC->a = TIM_GetCapture3(TIM2);     //读取 TIM2_CH3 通道的时刻
        else if(4 == ch)
```

```
            MyCC->b = MyCC->a = TIM_GetCapture2(TIM3);          //读取 TIM3_CH2 通道的时刻
        MyCC->h = 0;
        MyCC->s = 0;
        MyCC->v = 1;                                            //置标志
    }
    else if(1 == MyCC->v)
    {
        if(0 == MyCC->s)
        {
            if(2 == ch)
                MyCC->b = TIM_GetCapture2(TIM2);                //读取 TIM2_CH2 通道的时刻
            else if(3 == ch)
                MyCC->b = TIM_GetCapture3(TIM2);                //读取 TIM2_CH3 通道的时刻
            else if(4 == ch)
                MyCC->b = TIM_GetCapture2(TIM3);                //读取 TIM3_CH2 通道的时刻
            if(0 == MyCC->OK)
            {//计算两个上升沿时刻差值
                MyCC->f = MyCC->h * 65536 + MyCC->b − MyCC->a;
            }
            MyCC->a = MyCC->b;
            MyCC->h = 0;
            MyCC->s++;
            MyCC->OK = 1;
        }
        else MyCC->v = 0;
    }
}


void TIM2_IRQHandler(void)                                      //TIM2 中断服务程序
{
    if(RESET != TIM_GetITStatus(TIM2,TIM_IT_Update))            //更新事件来到
    {
        TIM_ClearITPendingBit(TIM2,TIM_IT_Update);
        MyCC2.h++;
        MyCC3.h++;
    }
    if(RESET != TIM_GetITStatus(TIM2,TIM_IT_CC2))               //捕获事件来到
    {
        TIM_ClearITPendingBit(TIM2,TIM_IT_CC2);
```

```
        MyCC_Treat(2,&MyCC2);
    }
    if(RESET != TIM_GetITStatus(TIM2,TIM_IT_CC3))      //捕获事件来到
    {
        TIM_ClearITPendingBit(TIM2,TIM_IT_CC3);
        MyCC_Treat(3,&MyCC3);
    }
}
void TIM3_IRQHandler(void)                             //TIM3 中断服务程序
{
    if(RESET != TIM_GetITStatus(TIM3,TIM_IT_Update))   //更新事件来到
    {
        TIM_ClearITPendingBit(TIM3,TIM_IT_Update);
        MyCC4.h++;
    }
    if(RESET != TIM_GetITStatus(TIM3,TIM_IT_CC2))      //捕获事件来到
    {
        TIM_ClearITPendingBit(TIM3,TIM_IT_CC2);
        MyCC_Treat(4,&MyCC4);
    }
}
void Data_Display(char x,int dat,char *str)
{
    int i;
    for(i=0;i<7;i++)str[i + 2] = ' ';
    str[8] = '0';
    i = 0;
    while((dat) && (i < 7))
    {
        str[8 − i] = (dat % 10) + '0';
        dat /= 10;
        i ++;
    }
    LCD_Write_String(x − 1,2,str);
}


char LCDStr1[] =    {"RLC Measure"};
char LCDStr_R[] = {"R=0000000R"};
char LCDStr_C[] = {"C=0000000pF"};
```

```c
char LCDStr_L[] = {"L=0000000mH"};

int main(void)
{
    int temp;
    MyGPIO_Init();
    LCD_Init();
    MyNVIC_Init();
    MyTIM2_CC_Init();
    MyTIM3_CC_Init();
    LCD_Write_String(0,2,LCDStr1);
    while(1)
    {
        if(0 != MyCC2.OK)
        {
            MyCC2.OK = 0;
            temp = MyCC2.f;
            temp = 1000000 / temp;              //将测量的时刻差值换算为频率值
            temp = 7142857 / temp – 165;        //根据 555 振荡公式计算被测电阻 RX 的数值
            Data_Display(2,temp,LCDStr_R);      //送 LCD 显示
        }
        if(0 != MyCC3.OK)
        {
            MyCC3.OK = 0;
            temp = MyCC3.f;
            temp = 1000000 / temp;              //将测量的时刻差值换算为频率值
            temp = 2164502 / temp;              //根据 555 振荡公式计算被测电容 CX 的数值
            Data_Display(3,temp,LCDStr_C);      //送 LCD 显示
        }
        if(0 != MyCC4.OK)
        {
            MyCC4.OK = 0;
            temp = MyCC4.f;
            temp = 1000000 / temp;              //将测量的时刻差值换算为频率值
            temp = 506605879 / temp / temp;     //根据 LC 振荡公式计算被测电感 LX 的数值
            Data_Display(4,temp,LCDStr_L);      //送 LCD 显示
        }
    }
}
```

4. 实例总结

本实例展示了如何充分利用 STM32F103R6 定时器捕获功能实现对外部多路输入信号频率的测量。实例中利用定时器 TIM2 的 TIM2_CH2 和 TIM2_CH3 通道同时测量外部由 555 振荡电路产生的振荡频率，利用定时器 TIM3 的 TIM3_CH2 通道测量外部 LC 振荡电路产生的振荡频率。

5.6　基于 NOKIA5510 的 LCD 模块时钟显示实例

1. 实例要求

利用 STM32F103R6 和 NOKIA5510 图形 LCD 模块实现数字时钟，并通过按键实现手动调整时间功能。

2. 硬件电路

本实例的硬件仿真电路如图 5-14 所示。

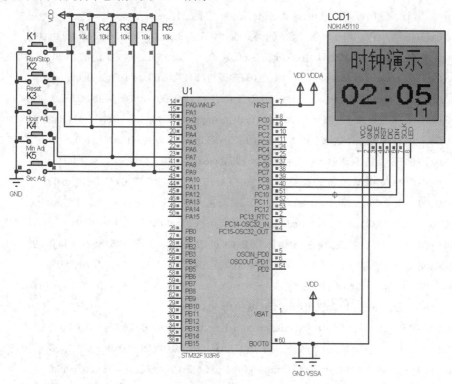

图 5-14　基于 NOKIA5510 的 LCD 模块的时钟显示实例硬件仿真电路图

U1(STM32F103R6)的 PC7～PC11 分别连接 LCD1(NOKIA5110)的 SCE、RST、D/C、DIN 和 SCLK 引脚，PA2、PA3 和 PA7～PA9 分别连接按键 K1~K5，电阻 R1～R5 为上拉电阻。

3. 程序设计

根据实例要求，设计的程序如下：

```c
#include "stm32f10x.h"
const unsigned char HZ_SHIZHONG[][32] =
{//16×16 列行、逆向、阴码 宋体      宽 16    高 16
// 时(0) 钟(1) 演(2) 示(3)
0x00,0xFC,0x84,0x84,0x84,0xFC,0x00,0x10,0x10,0x10,0x10,0x10,0xFF,0x10,0x10,0x00,
0x00,0x3F,0x10,0x10,0x10,0x3F,0x00,0x00,0x01,0x06,0x40,0x80,0x7F,0x00,0x00,0x00,    //"时",0
0x20,0x10,0x2C,0xE7,0x24,0x24,0x00,0xF0,0x10,0x10,0xFF,0x10,0x10,0xF0,0x00,0x00,
0x01,0x01,0x01,0x7F,0x21,0x11,0x00,0x07,0x02,0x02,0xFF,0x02,0x02,0x07,0x00,0x00,    //"钟",1
0x10,0x60,0x02,0x8C,0x00,0x0C,0xA4,0xA4,0xA5,0xE6,0xA4,0xA4,0xA4,0x0C,0x00,0x00,
0x04,0x04,0x7E,0x01,0x00,0x80,0x4F,0x2A,0x0A,0x0F,0x0A,0x2A,0x4F,0x80,0x00,0x00,    //"演",2
0x40,0x40,0x42,0x42,0x42,0x42,0x42,0xC2,0x42,0x42,0x42,0x42,0x42,0x40,0x40,0x00,
0x20,0x10,0x08,0x06,0x00,0x40,0x80,0x7F,0x00,0x00,0x00,0x02,0x04,0x08,0x30,0x00    ,//"示",3
};
const unsigned char NUMBER_16X16[][32] =
{//16×16 列行、逆向、阴码 Microsoft Sans Serif      宽 31    高 24
0x00,0xE0,0xF8,0xFC,0x1C,0x0E,0x06,0x06,0x06,0x06,0x0E,0x1C,0xFC,0xF8,0xE0,0x00,
0x00,0x07,0x1F,0x3F,0x38,0x70,0x60,0x60,0x60,0x60,0x70,0x38,0x3F,0x1F,0x07,0x00,    //"0",0
0x00,0x00,0x00,0x18,0x18,0x18,0x18,0x0C,0xFE,0xFE,0xFE,0x00,0x00,0x00,0x00,0x00,
0x00,0x00,0x00,0x00,0x00,0x00,0x00,0x7F,0x7F,0x7F,0x00,0x00,0x00,0x00,0x00,0x00,    //"1",1
0x00,0x10,0x18,0x1C,0x0E,0x06,0x06,0x06,0x06,0x06,0x06,0x8E,0xFC,0x7C,0x38,0x00,
0x40,0x60,0x70,0x78,0x78,0x6C,0x64,0x66,0x62,0x63,0x61,0x61,0x60,0x60,0x60,0x00,    //"2",2
0x00,0x10,0x1C,0x1C,0x0E,0x06,0x86,0x86,0x86,0x86,0xCE,0xFC,0x7C,0x38,0x00,0x00,
0x00,0x18,0x38,0x38,0x70,0x60,0x61,0x61,0x61,0x61,0x61,0x73,0x3F,0x3E,0x1C,0x00,    //"3",3
0x00,0x00,0x00,0x80,0xC0,0x60,0x60,0x30,0x18,0x0C,0xFE,0xFE,0xFE,0x00,0x00,0x00,
0x0C,0x0E,0x0F,0x0D,0x0C,0x0C,0x0C,0x0C,0x0C,0x0C,0x7F,0x7F,0x7F,0x0C,0x0C,0x0C,//"4",4
0x00,0x00,0xE0,0xFE,0xFE,0x9E,0xC6,0xC6,0xC6,0xC6,0xC6,0xC6,0x86,0x86,0x00,0x00,
0x00,0x08,0x39,0x39,0x71,0x60,0x60,0x60,0x60,0x60,0x70,0x31,0x3F,0x1F,0x0F,0x00,    //"5",5
0x00,0xE0,0xF8,0xFC,0xBC,0x8E,0xC6,0xC6,0xC6,0xC6,0xC6,0xC6,0x8C,0x8C,0x08,0x00,
0x00,0x07,0x1F,0x3F,0x39,0x70,0x60,0x60,0x60,0x60,0x60,0x71,0x3F,0x1F,0x0E,0x00,    //"6",6
0x00,0x06,0x06,0x06,0x06,0x06,0x06,0x06,0x06,0xC6,0xE6,0xFE,0x7E,0x1E,0x06,0x00,
0x00,0x00,0x00,0x00,0x40,0x60,0x78,0x7E,0x1F,0x07,0x03,0x00,0x00,0x00,0x00,0x00,    //"7",7
0x00,0x00,0x38,0x7C,0xFC,0xCE,0xC6,0x86,0x86,0xC6,0xCE,0xFC,0x7C,0x38,0x00,0x00,
0x00,0x1C,0x3E,0x3E,0x73,0x63,0x61,0x61,0x61,0x61,0x63,0x73,0x3E,0x3E,0x1C,0x00,    //"8",8
0x00,0x70,0xF8,0xFC,0x8E,0x06,0x06,0x06,0x06,0x06,0x0E,0x9C,0xFC,0xF8,0xE0,0x00,
0x00,0x10,0x31,0x31,0x63,0x63,0x63,0x63,0x63,0x63,0x71,0x3D,0x3F,0x1F,0x07,0x00,    //"9",9
0x00,0x00,0x00,0x00,0x00,0x00,0x00,0x18,0x18,0x18,0x00,0x00,0x00,0x00,0x00,0x00,
0x00,0x00,0x00,0x00,0x00,0x00,0x00,0x18,0x18,0x18,0x00,0x00,0x00,0x00,0x00,0x00,    //":",10
0x00,0x00,0x00,0x00,0x00,0x00,0x00,0x00,0x00,0x00,0x00,0x00,0x00,0x00,0x00,0x00,
0x00,0x00,0x00,0x00,0x00,0x00,0x00,0x00,0x00,0x00,0x00,0x00,0x00,0x00,0x00,0x00,    //" ",11
```

```
};
const unsigned char NUMBER_8X8[][8] =
{// 8×8 逐列、逆向、阴码 Microsoft Sans Serif        字宽 14      字高 12
{0x00,0x7C,0x82,0x82,0x82,0x82,0x7C,0x00,},      //"0",0
{0x00,0x00,0x04,0x04,0xFE,0x00,0x00,0x00,}       ,//"1",1
{0x00,0x84,0xC2,0xA2,0xA2,0x92,0x8C,0x00,},      //"2",2
{0x00,0x44,0x82,0x92,0x92,0x92,0x6C,0x00,},      //"3",3
{0x00,0x20,0x30,0x28,0x24,0xFE,0x20,0x00,},      //"4",4
{0x00,0x4E,0x8A,0x8A,0x8A,0xCA,0x72,0x00,},      //"5",5
{0x00,0x7C,0xD6,0x92,0x92,0x92,0x64,0x00,},      //"6",6
{0x00,0x02,0x82,0x42,0x32,0x0A,0x06,0x00,},      //"7",7
{0x00,0x6C,0x92,0x92,0x92,0x92,0x6C,0x00,},      //"8",8
{0x00,0x4C,0x92,0x92,0x92,0xD2,0x7C,0x00,},      //"9",9
};


#define SCE(x)   (x)?(GPIOC->ODR |= (1 << 7)):(GPIOC->ODR &=~(1 << 7))
#define RST(x)   (x)?(GPIOC->ODR |= (1 << 8)):(GPIOC->ODR &=~(1 << 8))
#define D_C(x)   (x)?(GPIOC->ODR |= (1 << 9)):(GPIOC->ODR &=~(1 << 9))
#define DIN(x)   (x)?(GPIOC->ODR |= (1 << 10)):(GPIOC->ODR &=~(1 << 10))
#define SCK(x)   (x)?(GPIOC->ODR |= (1 << 11)):(GPIOC->ODR &=~(1 << 11))
#define COM 0
#define DAT 1
void NOKIA5510_Write(char d_c,char dat)
{
  if(0 == d_c)D_C(0);else D_C(1);
  SCE(0);
  for(int i=0;i<8;i++){
      if(0 == (dat & 0x80))DIN(0);else DIN(1);
      SCK(0);SCK(1);
      dat <<= 1;
    }
  SCE(1);
}
void NOKIA5510_SetAddress(char x,char y)
{
  NOKIA5510_Write(COM,y | 0x80);           //--- 设置 RAM 的 y 地址 列 ---
  NOKIA5510_Write(COM,x | 0x40);           //--- 设置 RAM 的 x 地址 行 ---
}
void NOKIA5510_ClearScreen(void)
```

```
{
    for(int i=0;i<6;i++)                              //--- 6 行、84 列 ---
        for(int j=0;j<84;j++)NOKIA5510_Write(DAT,0x00);
}
void NOKIA5510_Init(void)
{
    NOKIA5510_Write(COM,0x21);                        //--- 功能设定，使用扩充命令 ---
    NOKIA5510_Write(COM,0x99);                        //--- 设定液晶电压 ---
    NOKIA5510_Write(COM,0x20);                        //--- 使用基本命令 ---
    NOKIA5510_Write(COM,0x0C);                        //--- 设定显示模式，反白显示 ---
    NOKIA5510_ClearScreen();
}
void LCDDisplay_16X16Dot(long x,long y,const unsigned char *p)
{
    int i;
    NOKIA5510_SetAddress(x,y);
    for(i=0;i<16;i++)NOKIA5510_Write(DAT,*p++);
    NOKIA5510_SetAddress(x + 1,y);
    for(i=0;i<16;i++)NOKIA5510_Write(DAT,*p++);
}
void LCDDisplay_8X8Dot(long x,long y,const unsigned char *p)
{
    int i;
    NOKIA5510_SetAddress(x,y);
    for(i=0;i<8;i++)NOKIA5510_Write(DAT,*p++);
}

void MyGPIO_Init(void)
{
    GPIO_InitTypeDef MyGPIO;                          //定义 GPIO 结构体初始化变量
    RCC_APB2PeriphClockCmd(RCC_APB2Periph_GPIOC,ENABLE); //打开 GPIOC 外设时钟
    MyGPIO.GPIO_Pin = GPIO_Pin_7 | GPIO_Pin_8 | GPIO_Pin_9 |
                      GPIO_Pin_10 | GPIO_Pin_11;
    MyGPIO.GPIO_Speed = GPIO_Speed_50MHz;             //设置响应速度
    MyGPIO.GPIO_Mode = GPIO_Mode_Out_PP;             //设置 PC7～PC11 为通用推挽输出
    GPIO_Init(GPIOC,&MyGPIO);                         //调用 GPIO 初始化函数完成 PC7～PC11 引脚配置
    RCC_APB2PeriphClockCmd(RCC_APB2Periph_GPIOA,ENABLE); //打开 GPIOA 外设时钟
    MyGPIO.GPIO_Pin = GPIO_Pin_2 | GPIO_Pin_3 | GPIO_Pin_7 |
                      GPIO_Pin_8 | GPIO_Pin_9;
```

```
        MyGPIO.GPIO_Mode = GPIO_Mode_IN_FLOATING;                //设置 PA5～PA9 为浮空输入
        GPIO_Init(GPIOA,&MyGPIO);                    //调用 GPIO 初始化函数完成 PA5～PA9 引脚配置
}


void MyTIM1_Init(void)
{
        TIM_TimeBaseInitTypeDef    MyTIM;                        //定义初始化 TIM 结构体变量
        RCC_APB2PeriphClockCmd(RCC_APB2Periph_TIM1,ENABLE);     //打开 TIM1 外设时钟
        MyTIM.TIM_Prescaler = 8 − 1;                             //设置定时器的预分频系数
        MyTIM.TIM_Period = 1000;                                 //设置定时的初值
        MyTIM.TIM_ClockDivision = TIM_CKD_DIV1;
        MyTIM.TIM_CounterMode = TIM_CounterMode_Up;             //设置定时器的计数方式
        MyTIM.TIM_RepetitionCounter = 0;
        TIM_TimeBaseInit(TIM1,&MyTIM);              //调用 TIM 初始化函数完成 TIM1 的配置
        TIM_ITConfig(TIM1,TIM_IT_Update,ENABLE);
        TIM_ClearITPendingBit(TIM1,TIM_IT_Update);
        TIM_Cmd(TIM1,ENABLE);
}


void MyNVIC_Init(void)
{
        NVIC_InitTypeDef MyNVIC;                            //定义初始化 NVIC 结构体变量
        NVIC_PriorityGroupConfig(NVIC_PriorityGroup_2);    //设置优先级分组
        MyNVIC.NVIC_IRQChannel = TIM1_UP_IRQn;             //设置向量通道
        MyNVIC.NVIC_IRQChannelPreemptionPriority = 2;      //设置抢占优先级
        MyNVIC.NVIC_IRQChannelSubPriority = 2;             //设置响应优先级
        NVIC_Init(&MyNVIC);                       //调用 NVIC 初始化函数完成设置的向量通道配置
}

int Hour,Minute,Second,sFlag,hsFlag,RunStatus = 1;
int msCnt;


void TIM1_UP_IRQHandler(void)                            //TIM1 中断服务程序
{
        if(RESET != TIM_GetITStatus(TIM1,TIM_IT_Update))    //更新事件来到
        {
                TIM_ClearITPendingBit(TIM1,TIM_IT_Update);
                if(0 == (msCnt % 500))sFlag = 1;
                if(++msCnt >= 1000)
```

```
        {
            msCnt = 0;
            if(0 != RunStatus)
            {
                if(++Second >= 60)
                {
                    Second = 0;
                    if(++Minute >= 60)
                    {
                        Minute = 0;
                        if(++Hour >= 24)Hour = 0;
                    }
                }
            }
        }
    }
}
#define    K1    GPIO_ReadInputDataBit(GPIOA,GPIO_Pin_2)
#define    K2    GPIO_ReadInputDataBit(GPIOA,GPIO_Pin_3)
#define    K3    GPIO_ReadInputDataBit(GPIOA,GPIO_Pin_7)
#define    K4    GPIO_ReadInputDataBit(GPIOA,GPIO_Pin_8)
#define    K5    GPIO_ReadInputDataBit(GPIOA,GPIO_Pin_9)
int K1_Cnt,K2_Cnt,K3_Cnt,K4_Cnt,K5_Cnt;

int main(void)
{
    int i;

    MyNVIC_Init();
    MyTIM1_Init();

    MyGPIO_Init();
    RST(0);
    for(i=0;i<600;i++);
    RST(1);
    NOKIA5510_Init();

    LCDDisplay_16X16Dot(0,10 + 16 * 0,&HZ_SHIZHONG[0][0]);
    LCDDisplay_16X16Dot(0,10 + 16 * 1,&HZ_SHIZHONG[1][0]);
```

```
LCDDisplay_16X16Dot(0,10 + 16 * 2,&HZ_SHIZHONG[2][0]);
LCDDisplay_16X16Dot(0,10 + 16 * 3,&HZ_SHIZHONG[3][0]);
LCDDisplay_16X16Dot(3,2 + 16 * 0,&NUMBER_16X16[0][0]);
LCDDisplay_16X16Dot(3,2 + 16 * 1,&NUMBER_16X16[0][0]);
LCDDisplay_16X16Dot(3,2 + 16 * 2,&NUMBER_16X16[11][0]);
LCDDisplay_16X16Dot(3,2 + 16 * 3,&NUMBER_16X16[0][0]);
LCDDisplay_16X16Dot(3,2 + 16 * 4,&NUMBER_16X16[0][0]);
LCDDisplay_8X8Dot(0x05,0x40,&NUMBER_8X8[0][0]);
LCDDisplay_8X8Dot(0x05,0x48,&NUMBER_8X8[0][0]);


while(1)
{
    if(0 != sFlag)
    {
        sFlag = 0;
        LCDDisplay_16X16Dot(3,2 + 16 * 0,&NUMBER_16X16[Hour / 10][0]);
        LCDDisplay_16X16Dot(3,2 + 16 * 1,&NUMBER_16X16[Hour % 10][0]);
        if(hsFlag)LCDDisplay_16X16Dot(3,2 + 16 * 2,&NUMBER_16X16[10][0]);
        else LCDDisplay_16X16Dot(3,2 + 16 * 2,&NUMBER_16X16[11][0]);
        if(hsFlag)hsFlag = 0;else hsFlag = 1;
        LCDDisplay_16X16Dot(3,2 + 16 * 3,&NUMBER_16X16[Minute / 10][0]);
        LCDDisplay_16X16Dot(3,2 + 16 * 4,&NUMBER_16X16[Minute % 10][0]);
        LCDDisplay_8X8Dot(5,64,&NUMBER_8X8[Second / 10][0]);
        LCDDisplay_8X8Dot(5,72,&NUMBER_8X8[Second % 10][0]);
    }
    if((0 == K1) && (99999999 != K1_Cnt) && (++K1_Cnt > 10))      //K1 运行/暂停按键
    {
        if(0 == K1)
        {
            K1_Cnt = 99999999;
            if(0 == RunStatus)RunStatus = 1;else RunStatus = 0;
        }
    }
    else if(0 != K1)K1_Cnt = 0;
    if((0 == K2) && (99999999 != K2_Cnt) && (++K2_Cnt > 10))      //K2 复位键
    {
        if(0 == K2)
        {
            K2_Cnt = 99999999;
```

```
            Hour = Minute = Second = sFlag = hsFlag = 0;
            LCDDisplay_16X16Dot(3,2 + 16 * 0,&NUMBER_16X16[0][0]);
            LCDDisplay_16X16Dot(3,2 + 16 * 1,&NUMBER_16X16[0][0]);
            LCDDisplay_16X16Dot(3,2 + 16 * 2,&NUMBER_16X16[11][0]);
            LCDDisplay_16X16Dot(3,2 + 16 * 3,&NUMBER_16X16[0][0]);
            LCDDisplay_16X16Dot(3,2 + 16 * 4,&NUMBER_16X16[0][0]);
            LCDDisplay_8X8Dot(0x05,0x40,&NUMBER_8X8[0][0]);
            LCDDisplay_8X8Dot(0x05,0x48,&NUMBER_8X8[0][0]);
        }
    }
    else if(0 != K2)K2_Cnt = 0;
    if((0 == K3) && (99999999 != K3_Cnt) && (++K3_Cnt > 10))          //K3 时调整按键
    {
        if(0 == K3)
        {
            K3_Cnt = 99999999;
            if(++Hour >= 24)Hour = 0;
            LCDDisplay_16X16Dot(3,2 + 16 * 0,&NUMBER_16X16[Hour / 10][0]);
            LCDDisplay_16X16Dot(3,2 + 16 * 1,&NUMBER_16X16[Hour % 10][0]);
        }
    }
    else if(0 != K3)K3_Cnt = 0;
    if((0 == K4) && (99999999 != K4_Cnt) && (++K4_Cnt > 10))          //K4 分调整按键
    {
        if(0 == K4)
        {
            K4_Cnt = 99999999;
            if(++Minute >= 60)Minute = 0;
            LCDDisplay_16X16Dot(3,2 + 16 * 3,&NUMBER_16X16[Minute / 10][0]);
            LCDDisplay_16X16Dot(3,2 + 16 * 4,&NUMBER_16X16[Minute % 10][0]);
        }
    }
    else if(0 != K4)K4_Cnt = 0;
    if((0 == K5) && (99999999 != K5_Cnt) && (++K5_Cnt > 10))          //K5 秒调整按键
    {
        if(0 == K5)
        {
            K5_Cnt = 99999999;
            if(++Second >= 60)Second = 0;
```

```
            LCDDisplay_8X8Dot(5,64,&NUMBER_8X8[Second / 10][0]);
            LCDDisplay_8X8Dot(5,72,&NUMBER_8X8[Second % 10][0]);
        }
    }
    else if(0 != K5)K5_Cnt = 0;
    }
}
```

4. 实例总结

本实例展示了如何利用 STM32F103R6 的 GPIO 引脚驱动 NOKIA5110 的图形点阵 LCD 模块显示。程序涉及的主要内容如下：

(1) NOKIA5110 的驱动，包括串行通信时序模拟、LCD 的初始化。

(2) 定时器 TIM1 产生 1ms 的基本定时中断，并产生秒时基用于时钟的秒计数加 1。

(3) 在图形 LCD 模块上显示不同字体大小的数字等。

(4) 主程序的按键识别。

5.7　简易计算器应用实例

1. 实例要求

利用 STM32F103R6 和 4×4 矩阵键盘实现加、减、乘、除基本运算的计算器功能。

2. 硬件电路

本实例的硬件仿真电路如图 5-15 所示。

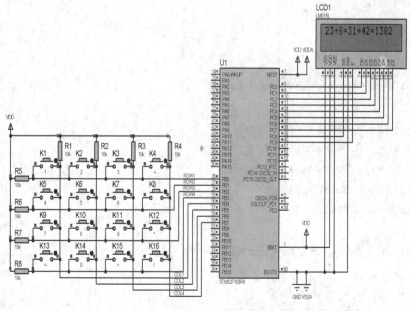

图 5-15　简易计算器应用实例硬件仿真电路图

K1～K16 组成的 4×4 矩阵键盘的行线和列线分别连接到 U1 的 PB0～PB7 引脚上，LCD1 的引脚分别连接 U1 的 PC0～PC9 引脚。

3. 程序设计

根据实例要求，设计的程序如下：

```c
#include "stm32f10x.h"
#include <string.h>
#include <stdio.h>
#include <stdlib.h>


//===================================================================
//--- 1604 LCD 驱动程序段 ---


#define    LCD_RS(x)     (x)?(GPIOC->ODR |= (1 << 8)):(GPIOC->ODR &=~(1 << 8))
#define    LCD_EN(x)     (x)?(GPIOC->ODR |= (1 << 9)):(GPIOC->ODR &=~(1 << 9))
#define    LCD_PORT(x) GPIOC->ODR = (GPIOC->ODR & 0xFF00) | x
#define    COM 0
#define    DAT 1
void LCD_Write(char rs,char dat)
{
    for(int i=0;i<600;i++);
    if(0 == rs)LCD_RS(0);else LCD_RS(1);
    LCD_EN(1);
    LCD_PORT(dat);
    LCD_EN(0);
}
void LCD_Write_Char(char x,char y,char Data)
{
    if(0 == x)LCD_Write(COM,0x80 + y);
    else if(1 == x)LCD_Write(COM,0xC0 + y);
    else if(2 == x)LCD_Write(COM,0x90 + y);
    else LCD_Write(COM,0xD0 + y);
    LCD_Write(DAT,Data);
}
void LCD_Write_String(char x,char y,char *s)
{
    if(0 == x)LCD_Write(COM,0x80 + y);
    else if(1 == x)LCD_Write(COM,0xC0 + y);
```

```
    else if(2 == x)LCD_Write(COM,0x90 + y);
    else LCD_Write(COM,0xD0 + y);
    while(*s)LCD_Write(DAT,*s++);
}
void LCD_Clear(void)
{
    LCD_Write(COM,0x01);
    for(int i=0;i<60000;i++);
}
void LCD_Init(void)
{
    LCD_Write(COM,0x38);                          //--- 显示模式设置 ---
    LCD_Write(COM,0x08);                          //--- 显示关闭 ---
    LCD_Write(COM,0x06);                          //--- 显示光标移动设置 ---
    LCD_Write(COM,0x0C);                          //--- 打开显示并设置光标---
    LCD_Clear();
}


void MyGPIO_Init(void)
{
    GPIO_InitTypeDef MyGPIO;                      //定义 GPIO 结构体初始化变量
    RCC_APB2PeriphClockCmd(RCC_APB2Periph_GPIOC,ENABLE); //打开 GPIOC 外设时钟
    MyGPIO.GPIO_Pin = GPIO_Pin_0 | GPIO_Pin_1 | GPIO_Pin_2 | GPIO_Pin_3 |
                      GPIO_Pin_4 | GPIO_Pin_5 | GPIO_Pin_6 | GPIO_Pin_7 |
                      GPIO_Pin_8 | GPIO_Pin_9;
    MyGPIO.GPIO_Speed = GPIO_Speed_50MHz;         //设置响应速度
    MyGPIO.GPIO_Mode = GPIO_Mode_Out_PP;          //设置 PC0~PC9 为通用推挽输出
    GPIO_Init(GPIOC,&MyGPIO);                     //调用 GPIO 初始化函数完成 PC0~PC9 引脚配置
}


unsigned char KEYTAB[] =
{
    0xD7,                                         //0
    0xEE,0xDE,0xBE,                              //1,2,3
    0xED,0xDD,0xBD,                              //4,5,6
    0xEB,0xDB,0xBB,                              //7,8,9
    0x7E,0x7D,0x7B,0x77,                         //A,b,C,d
    0xE7,0xB7,                                   //E,F
};
```

```c
#define ROWOUT_COLIN()    {\
                          GPIOB->CRL = 0x44443333;\
                          GPIOB->ODR = 0xF0;\
                          }
#define ROWIN_COLOUT()    {\
                          GPIOB->CRL = 0x33334444;\
                          GPIOB->ODR = 0x0F;\
                          }
#define KEY_PORT()        GPIOB->IDR
#define KEY_ROW           (KEY_PORT() & 0xF0)
#define KEY_COL           (KEY_PORT() & 0x0F)
int KeydlyCnt ;
int KeyBoard4X4_Scan(void)
{
    int i,Key = 0xFF;
    //读取列线引脚电平状态是否有键按下
    if((0xF0 != KEY_ROW) && (999999 != KeydlyCnt ) && (++KeydlyCnt   > 100))
    {
        if(0xF0 != KEY_ROW)                    //判断是否真的有键按下
        {
            KeydlyCnt   = 999999;
            Key = KEY_ROW;                     //获取列线的状态数值
            ROWIN_COLOUT();                    //配置 PB0～PB7 为行线输入列线输出
            Key |= KEY_COL;                    //获取行线状态并与列线状态数值合并
            for(i=0;i<sizeof(KEYTAB);i++)      //查看 KEYTAB 表中是否存储了该按键编码
            {
                if(KEYTAB[i] == Key)break;
            }
            //将编码值转换为数字代码存储到 Key 变量中
            if(i >= sizeof(KEYTAB))i = 0xFF;else Key = i;
            if(Key < sizeof(KEYTAB))
            {
                if(Key < 10)Key += '0';
                else if(10 == Key)Key = '+';
                else if(11 == Key)Key = '-';
                else if(12 == Key)Key = '*';
                else if(13 == Key)Key = '/';
                else if(14 == Key)Key = 'C';
                else if(15 == Key)Key = '=';
```

```
            }
            ROWOUT_COLIN();                 //配置 PB0～PB7 为行线输出列线输入引脚
        }
    else if(0xF0 == KEY_ROW)
        {
            if(999999 == KeydlyCnt )KeydlyCnt   = 0;
        }
    return Key;
}


//--- LCD 模块上显示数字函数 ---
char LCD_DisplayNum(int x,int y,int val)
{
    int i;
    int m,nflag;
    char buff[10 + 1];

    nflag = 0;
    if(val < 0)nflag = 1;
    val = abs(val);
    for(i=0;i<sizeof(buff);i++)buff[i] = ' ';
    buff[sizeof(buff) − 1] = '\0';
    i = sizeof(buff) − 2;
    while(val)
        {
            buff[i−−] = val % 10 + '0';
            val /= 10;
            if(0 == i)break;
        }
    if(nflag)buff[i−−] = '-';
    for(m=0;m<=i;m++)
        {
            for(nflag=1;nflag<sizeof(buff);nflag++)buff[nflag−1] = buff[nflag];
        }
    LCD_Write_String(x,y,buff);
    return strlen(buff) ;
}
```

```
int ch,act,i,m;
float num1,num2,result;
char str1[11],str2[2];

int main(void)
{
    MyGPIO_Init();
    LCD_Init();
    RCC_APB2PeriphClockCmd(RCC_APB2Periph_GPIOB,ENABLE);    //打开 GPIOB 外设时钟

    ROWOUT_COLIN();                                         //配置 PB0～PB7 为行线输出列线输入引脚
    while(1)
    {
        ch = KeyBoard4X4_Scan();
        if(0xFF != ch)
        {
            if((ch == '+') || (ch == '-') || (ch == '*') || (ch == '/'))
            {
                LCD_Write_Char(0,i++,ch);                  //--- 显示字符 ---
                act = ch;
                num1 = atof(str1);                         //--- 将字符串转为数字 ---
                memset(str1,0,11);
                result += num1;
            }
            else if(ch == 'C')
            {
                i = act = 0;
                num1 = num2 = result = 0;
                memset(str1,0,11);
                LCD_Write(COM,0x01);                       //--- 1602 液晶的清屏指令 ---
            }
            else if(ch == '=')
            {
                LCD_Write_Char(0,i++,ch);                  //--- 显示字符 ---
                num2 = atof(str1);                         //--- 将字符串转为数字 ---
                switch(act)
                {
                    case'+':result += num2;break;
                    case'-':result -= num2;break;
```

```
                case'*':result *= num2;break;
                case'/':result /= num2;break;
        }
        memset(str1,0,11);
        memset(str2,0,2);
        //--------------------------------------------------------------
        //--- 处理显示的结果 ---
        if(result < 1)LCD_Write_Char(0,i++,'0');
        else
        {
            m = (int)result;
            i += LCD_DisplayNum(0,i,m);
            result -= m;
        }
        if(act != '/')result += m;
        else
        {
            result *= 1000;
            m = (int)(result);
            if(m != 0)
            {
                LCD_Write_Char(0,i++,'.');
                if(m < 100)
                {
                    LCD_Write_Char(0,i++,'0');
                }
                else if(m < 10)
                {
                    LCD_Write_Char(0,i++,'0');
                    LCD_Write_Char(0,i++,'0');
                }
                i += LCD_DisplayNum(0,i,m);
            }
            result /= 1000;
        }
    }
    else
    {
        LCD_Write_Char(0,i++,ch);
```

```
        sprintf(str2,"%c",ch);
        strcat(str1,str2);
            }
        }
    }
}
```

4. 实例总结

本实例利用 STM32F103R6 的 GPIO 端口构成的 4×4 矩阵键盘，通过编程对 4×4 矩阵键盘进行识别，并实现了简易计算器的基本功能。程序中涉及的主要内容如下：

(1) 1602 液晶模块的显示驱动程序。

(2) 4×4 矩阵键盘的按键识别程序。

(3) 计算器基本的加、减、乘、除运算和加算功能的程序实现方法。

(4) 除数的结果为小数部分的显示处理方法的实现。

5.8 简易电子琴设计实例

1. 实例要求

利用 STM32F103R6 和 4×4 矩阵键盘实现简易电子琴功能。

2. 硬件电路

本实例的硬件仿真电路如图 5-16 所示。

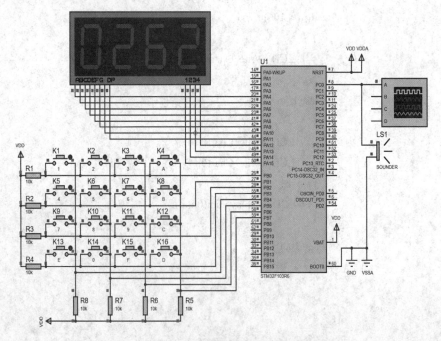

图 5-16 简易电子琴设计实例硬件仿真电路图

按键 K1～K16 组成的 4×4 矩阵键盘的行线和列线分别连接 U1 的 PB0～PB7 引脚，U1 的 PA4～PA11 引脚驱动 4 位共阴 LED 动态数码管的笔段 A～G 及 DP 引脚，U1 的 PA12～PA15 分别驱动 4 位共阴 LED 动态数码管的位选段 1～4 引脚。U1 的 PC0 引脚输出方波并驱动 SOUNDER 发出声音。

3. 程序设计

根据实例要求，设计的程序如下：

```
#include "stm32f10x.h"

//LED 数码管笔段编码数组变量声明
unsigned char LEDSEG[] =
{
    0x3F,0x06,0x5B,0x4F,0x66,0x6D,0x7D,0x07,0x7F,0x6F,       //0,1,2,3,4,5,6,7,8,9
    0x77,0x7C,0x39,0x5E,0x79,0x71,                           //A,b,C,d,E,F

    0x40,0x00,                                               //-
};
unsigned char LEDDIG[] = {0xE,0xD,0xB,0x7};                 //位选段码

#define LEDSEG_DISPLAY(x)    GPIO_Write(GPIOA,x)
int LEDCnt;
int LEDIndex;
unsigned char LEDBuffer[4] = {16,16,16,16};                //显示缓冲区
int KeyCnt;

void MySEGLED_GPIO_Init(void)
{
    GPIO_InitTypeDef MyGPIO;                                //定义初始化 GPIO 结构体变量

    RCC_APB2PeriphClockCmd(RCC_APB2Periph_GPIOA,ENABLE);   //打开 GPIOA 外设时钟
    MyGPIO.GPIO_Pin = GPIO_Pin_All & 0xFFF0;               //指定要配置的 GPIO 引脚
    MyGPIO.GPIO_Speed = GPIO_Speed_10MHz;                  //指定 GPIO 引脚输出响应速度
    MyGPIO.GPIO_Mode = GPIO_Mode_Out_PP; //指定 GPIO 引脚为通用推挽输出模式
    GPIO_Init(GPIOA,&MyGPIO);                              //调用 GPIO 初始化函数完成 PA4～PA15 引脚配置
}

//4×4 矩阵键盘的每个按键编码数组变量声明
```

```c
unsigned char KEYTAB[] =
{
    0x7D,                       //0
    0xEE,0xDE,0xBE,             //1,2,3
    0xED,0xDD,0xBD,             //4,5,6
    0xEB,0xDB,0xBB,             //7,8,9
    0x7E,0x7D,0x7B,0x77,        //A,b,C,d
    0xE7,0xB7,                  //E,F
};

void ROWOUT_COLIN(void)
{
    GPIO_InitTypeDef MyGPIO;
    MyGPIO.GPIO_Pin = GPIO_Pin_0 | GPIO_Pin_1 | GPIO_Pin_2 | GPIO_Pin_3;
    MyGPIO.GPIO_Speed = GPIO_Speed_10MHz;
    MyGPIO.GPIO_Mode = GPIO_Mode_Out_PP;
    GPIO_Init(GPIOB,&MyGPIO);
    MyGPIO.GPIO_Pin = GPIO_Pin_4 | GPIO_Pin_5 | GPIO_Pin_6 | GPIO_Pin_7;
    MyGPIO.GPIO_Mode = GPIO_Mode_IN_FLOATING;
    GPIO_Init(GPIOB,&MyGPIO);
    GPIO_Write(GPIOB,0xF0);
}
void ROWIN_COLOUT(void)
{
    GPIO_InitTypeDef MyGPIO;
    MyGPIO.GPIO_Pin = GPIO_Pin_4 | GPIO_Pin_5 | GPIO_Pin_6 | GPIO_Pin_7;
    MyGPIO.GPIO_Speed = GPIO_Speed_10MHz;
    MyGPIO.GPIO_Mode = GPIO_Mode_Out_PP;
    GPIO_Init(GPIOB,&MyGPIO);
    MyGPIO.GPIO_Pin = GPIO_Pin_0 | GPIO_Pin_1 | GPIO_Pin_2 | GPIO_Pin_3;
    MyGPIO.GPIO_Mode = GPIO_Mode_IN_FLOATING;
    GPIO_Init(GPIOB,&MyGPIO);
    GPIO_Write(GPIOB,0x0F);
}


void MySpeaker_GPIO_Init(void)
{
```

```
    GPIO_InitTypeDef MyGPIO;           //定义 GPIO 结构体初始化变量
    RCC_APB2PeriphClockCmd(RCC_APB2Periph_GPIOC,ENABLE); //打开 GPIOC 外设时钟
    MyGPIO.GPIO_Pin = GPIO_Pin_0;
    MyGPIO.GPIO_Speed = GPIO_Speed_50MHz;      //设置响应速度
    MyGPIO.GPIO_Mode = GPIO_Mode_Out_PP;       //设置 PC0 为推挽输出
    GPIO_Init(GPIOC,&MyGPIO);                  //调用 GPIO 初始化函数完成 PC0 引脚配置
}

void MyTIM2_Timer_Init(void)
{
    TIM_TimeBaseInitTypeDef   MyTIM;            //定义初始化 TIM 结构体变量
    RCC_APB1PeriphClockCmd(RCC_APB1Periph_TIM2,ENABLE);   //打开 TIM2 外设时钟
    MyTIM.TIM_Prescaler = 8 − 1;                //设置定时器的预分频系数
    MyTIM.TIM_Period = 1000;                    //设置定时的初值
    MyTIM.TIM_ClockDivision = TIM_CKD_DIV1;
    MyTIM.TIM_CounterMode = TIM_CounterMode_Up;        //设置定时器的计数方式
    MyTIM.TIM_RepetitionCounter = 0;
    TIM_TimeBaseInit(TIM2,&MyTIM);              //调用 TIM 初始化函数完成 TIM2 的配置
    TIM_ARRPreloadConfig(TIM2,ENABLE);
    TIM_Cmd(TIM2,ENABLE);                       //使能 TIM2 工作
    TIM_ITConfig(TIM2,TIM_IT_Update,ENABLE);    //使能 TIM2 的更新中断
}

void MyTIM3_Timer_Init(void)
{
    TIM_TimeBaseInitTypeDef   MyTIM;            //定义初始化 TIM 结构体变量
    RCC_APB1PeriphClockCmd(RCC_APB1Periph_TIM3,ENABLE);   //打开 TIM3 外设时钟
    MyTIM.TIM_Prescaler = 8 − 1;                //设置定时器的预分频系数
    MyTIM.TIM_Period = 50;                      //设置定时的初值
    MyTIM.TIM_ClockDivision = TIM_CKD_DIV1;
    MyTIM.TIM_CounterMode = TIM_CounterMode_Up;        //设置定时器的计数方式
    MyTIM.TIM_RepetitionCounter = 0;
    TIM_TimeBaseInit(TIM3,&MyTIM);              //调用 TIM 初始化函数完成 TIM3 的配置
    TIM_ARRPreloadConfig(TIM3,ENABLE);
    TIM_Cmd(TIM3,DISABLE);                      //使能 TIM3 工作
    TIM_ITConfig(TIM3,TIM_IT_Update,ENABLE);    //使能 TIM3 的更新中断
}
```

```
void MyNVIC_Init(void)
{
    NVIC_InitTypeDef MyNVIC;                                //定义初始化 NVIC 结构体变量
    NVIC_PriorityGroupConfig(NVIC_PriorityGroup_2);         //设置优先级分组
    MyNVIC.NVIC_IRQChannel = TIM2_IRQn;                     //设置向量通道
    MyNVIC.NVIC_IRQChannelPreemptionPriority = 2;           //设置抢占优先级
    MyNVIC.NVIC_IRQChannelSubPriority = 2;                  //设置响应优先级
    MyNVIC.NVIC_IRQChannelCmd = ENABLE;                     //使能设置的向量通道中断
    NVIC_Init(&MyNVIC);             //调用 NVIC 初始化函数完成设置的向量通道配置
    MyNVIC.NVIC_IRQChannel = TIM3_IRQn;                     //设置向量通道
    MyNVIC.NVIC_IRQChannelPreemptionPriority = 3;           //设置抢占优先级
    MyNVIC.NVIC_IRQChannelSubPriority = 2;                  //设置响应优先级
    NVIC_Init(&MyNVIC);             //调用 NVIC 初始化函数完成设置的向量通道配置
}


int32_t freq[] =
{
    262,294,330,349,392,440,494,
    523,784,880,988,
    1046,1175,
};


void TIM2_IRQHandler(void)                  //TIM2 的中断函数
{
    if(RESET != TIM_GetITStatus(TIM2,TIM_IT_Update))
    {
        TIM_ClearITPendingBit(TIM2,TIM_IT_Update);
        if(++LEDCnt >= 1)
        {
            LEDCnt = 0;
            LEDSEG_DISPLAY((LEDDIG[LEDIndex]<<12)|(LEDSEG[LEDBuffer[LEDIndex]]<<4));
            if(++LEDIndex >= sizeof(LEDBuffer))LEDIndex = 0;
        }
    }
}


void TIM3_IRQHandler(void)                  //TIM2 的中断函数
{
```

```
        if(RESET != TIM_GetITStatus(TIM3,TIM_IT_Update))
    {
            TIM_ClearITPendingBit(TIM3,TIM_IT_Update);
            if(RESET == GPIO_ReadInputDataBit(GPIOC,GPIO_Pin_0))
                GPIO_WriteBit(GPIOC,GPIO_Pin_0,Bit_SET);
            else GPIO_WriteBit(GPIOC,GPIO_Pin_0,Bit_RESET);
    }
}


int main(void)
{
    int i,Key;

    MySEGLED_GPIO_Init();
    RCC_APB2PeriphClockCmd(RCC_APB2Periph_GPIOB,ENABLE);        //打开 GPIOB 外设时钟

    MySpeaker_GPIO_Init();
    MyTIM2_Timer_Init();
    MyTIM3_Timer_Init();
    MyNVIC_Init();

    while(1)
    {
        ROWOUT_COLIN();                    //配置 PB0～PB7 为行线输出列线输入引脚
        //读取列线引脚电平状态是否有键按下
        if(0xF0 != (GPIO_ReadInputData(GPIOB) & 0xF0))
        {
            for(i=0;i<1000;i++);               //延时去抖
            //再读取列线引脚电平状态是否真的有键按下
            if(0xF0 != (GPIO_ReadInputData(GPIOB) & 0xF0))
            {
                Key = GPIO_ReadInputData(GPIOB) & 0xF0;    //获取列线的状态数值
                ROWIN_COLOUT();            //配置 PB0～PB7 为行线输入列线输出
                //获取行线状态并与列线状态数值合并
                Key |= GPIO_ReadInputData(GPIOB) & 0x0F;
                for(i=0;i<sizeof(KEYTAB);i++) //查看 KEYTAB 表中是否存储了该按键编码
                {
                    if(KEYTAB[i] == Key)break;
```

```
        }
        //将编码值转换为数字代码存储到 Key 变量中
        if(i >= sizeof(KEYTAB))i = 16;else Key = i;
        LEDBuffer[0] = Key;              //显示出该键的数字代码值
        LEDBuffer[1] = 16;
        LEDBuffer[2] = KEYTAB[Key] & 0xF;
        LEDBuffer[3] = (KEYTAB[Key] >> 4) & 0xF;


        //--- 计算频率的计数初值 ---
        TIM3->CNT = 0;
        if((i>=1) && (i <= 7))
        {
            TIM3->ARR = 10000 / freq[i – 1];
            TIM3->CR1 |= TIM_CR1_CEN;
            i = freq[i – 1];
            LEDBuffer[3] = (i / 1000) % 10;
            LEDBuffer[2] = (i / 100) % 10;
            LEDBuffer[1] = (i / 10) % 10;
            LEDBuffer[0] = (i / 1) % 10;
        }
        else if((i>=10) && (i<=15))
        {
            TIM3->ARR = 10000 / freq[i – 3];
            TIM3->CR1 |= TIM_CR1_CEN;
            i = freq[i – 3];
            LEDBuffer[3] = (i / 1000) % 10;
            LEDBuffer[2] = (i / 100) % 10;
            LEDBuffer[1] = (i / 10) % 10;
            LEDBuffer[0] = (i / 1) % 10;
        }
        else{;}
        while(0x0F != (GPIO_ReadInputData(GPIOB) & 0x0F));          //等待键释放
        TIM3->CR1 &=~TIM_CR1_CEN;
        }
    }
  }
}
```

4. 实例总结

本实例利用 TIM2 和 TIM3 两个定时器同时实现定时功能。TIM2 的定时功能用于实现对 4 位共阳 LED 数码管显示的动态刷新操作，TIM3 的定时功能用于产生不同音阶频率下的方波信号，该信号由 PC0 引脚输出，以上两个功能分别在相应定时中断函数中实现，4×4 矩阵键盘的识别在 main() 主程序中完成。本实例主要涉及的编程内容如下：

(1) 驱动 LED 数码管的 GPIOA 端口的 PA4~PA15 引脚初始化。

(2) 驱动 SOUNDER 发生声音的方波信号输出的 PC0 引脚初始化。

(3) 驱动 4×4 矩阵键盘的引脚配置。

(4) TIM2 工作于定时功能，并产生 1 ms 定时的初始化。

(5) TIM3 工作于定时功能的初始化。

(6) TIM2 和 TIM3 的中断功能的中断向量初始化。

(7) TIM2 的中断函数 "TIM2_IRQHandler" 实现的 4 位共 LED 数码管的动态显示刷新程序。

(8) TIM3 的中断函数 "TIM3_IRQHandler" 实现的 PC0 引脚输出方波信号的程序。

本实例的仿真程序中，TIM3 的计数时钟频率被设置为 20 kHz，由于 TIM3 是从 0 开始的向上加 1 计数方式，根据不同音阶的频率对应不同的方波，因此 TIM3 的定时时间是一个音阶周期的一半，即 TIM3 的计数上限的初值为 TIM3 的计数时钟频率除以 2 倍的音阶频率值即可。其计算公式为

$$N = \frac{f_{CLK}}{2f}$$

其中：f_{CLK} 是 TIM3 的计数时钟频率，f 是音阶频率。

程序中通过 "TIM3->ARR" 直接寄存器赋值方式，实现计数初值的动态改变。使能和禁止 TIM3 也是直接通过 "TIM3->CR1 |= TIM_CR1_CEN" 和 "TIM3->CR1 &=~TIM_CR1_CEN" 两条直接寄存器操作方式实现的。

5.9　LCD 显示的电子密码锁设计实例

1. 实例要求

利用 STM32F103R6 设计并制作一个电子密码锁。要求具有如下功能：

(1) 密码的输入；

(2) 密码的修改；

(3) 密码的比较，若输入密码超过三次不正确，则锁密输入键盘，并给出提示报警信息；

(4) 采用 LCD 显示。

2. 硬件电路

本实例的硬件仿真电路如图 5-17 所示。

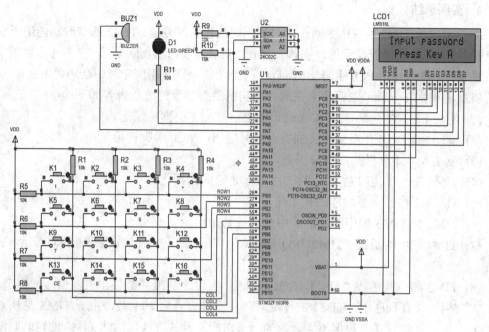

图 5-17　LCD 显示的电子密码锁设计实例硬件仿真电路图

3. 程序设计

根据实例要求，设计的程序如下：

1) LCD.H 头文件和 LCD.C 源文件

(1) LCD.H 头文件。

LCD.H 头文件中实现驱动 1602 液晶引脚的宏定义和相关函数声明。

```
#ifndef          _LCD_H_
#define          _LCD_H_

#define   LCD_RS(x)    (x)?(GPIOC->ODR |= (1 << 8)):(GPIOC->ODR &=~(1 << 8))
#define   LCD_EN(x)    (x)?(GPIOC->ODR |= (1 << 9)):(GPIOC->ODR &=~(1 << 9))
#define   LCD_PORT(x) GPIOC->ODR = (GPIOC->ODR & 0xFF00) | x
#define   COM 0
#define   DAT 1

void MyLCDGPIO_Init(void);
void LCD_Init(void);
void LCD_Write(char rs,char dat);
void LCD_Write_Char(char x,char y,char Data);
void LCD_Write_String(char x,char y,char *s);

#endif
```

(2) LCD.C 源文件。

LCD.C 源文件主要实现驱动 LCD 的时序模拟、字符/字符串显示和 LCD 初始化功能。

① LCD_Write 函数实现 LCD 的写命令和写数据操作时序模拟；

② LCD_Write_Char 函数实现在 LCD 显示屏的指定位置处显示字符；

③ LCD_Write_String 函数实现在 LCD 显示屏的指定位置处开始显示一串字符；

④ LCD_Init 函数实现 LCD 的模式和显示方式的配置等。

```c
#include "stm32f10x.h"
#include "LCD.h"

void MyLCDGPIO_Init(void)
{
    GPIO_InitTypeDef MyGPIO;                        //定义 GPIO 结构体初始化变量
    RCC_APB2PeriphClockCmd(RCC_APB2Periph_GPIOC,ENABLE);        //打开 GPIOC 外设时钟
    MyGPIO.GPIO_Pin = GPIO_Pin_0 | GPIO_Pin_1 | GPIO_Pin_2 | GPIO_Pin_3 |
                      GPIO_Pin_4 | GPIO_Pin_5 | GPIO_Pin_6 | GPIO_Pin_7 |
                      GPIO_Pin_8 | GPIO_Pin_9;
    MyGPIO.GPIO_Speed = GPIO_Speed_50MHz;        //设置响应速度
    MyGPIO.GPIO_Mode = GPIO_Mode_Out_PP;        //设置 PC0~PC9 为通用推挽输出
    GPIO_Init(GPIOC,&MyGPIO);                //调用 GPIO 初始化函数完成 PC0~PC9 引脚配置
}

void LCD_Write(char rs,char dat)
{
    for(int i=0;i<600;i++);
    if(0 == rs)LCD_RS(0);else LCD_RS(1);
    LCD_EN(1);
    LCD_PORT(dat);
    LCD_EN(0);
}
void LCD_Write_Char(char x,char y,char Data)
{
    if(0 == x)LCD_Write(COM,0x80 + y);
    else if(1 == x)LCD_Write(COM,0xC0 + y);
    else if(2 == x)LCD_Write(COM,0x90 + y);
    else LCD_Write(COM,0xD0 + y);
    LCD_Write(DAT,Data);
}
void LCD_Write_String(char x,char y,char *s)
```

```
{
    if(0 == x)LCD_Write(COM,0x80 + y);
    else if(1 == x)LCD_Write(COM,0xC0 + y);
    else if(2 == x)LCD_Write(COM,0x90 + y);
    else LCD_Write(COM,0xD0 + y);
    while(*s)LCD_Write(DAT,*s++);
}
void LCD_Clear(void)
{
    LCD_Write(COM,0x01);
    for(int i=0;i<60000;i++);
}
void LCD_Init(void)
{
    LCD_Write(COM,0x38);                    //--- 显示模式设置 ---
    LCD_Write(COM,0x08);                    //--- 显示关闭 ---
    LCD_Write(COM,0x06);                    //--- 显示光标移动设置 ---
    LCD_Write(COM,0x0C);                    //--- 打开显示并设置光标---
    LCD_Clear();
}
```

2) KeyBoard4×4.H 头文件和 KeyBoard4×4.C 源文件

(1) KeyBoard4×4.H 头文件

KeyBoard4×4.H 头文件中包括 4×4 矩阵键盘的行线和列线的 GPIO 引脚动态配置输入输出方向的宏定义以及相关函数声明。

```
#ifndef          _KEYBOARD4X4_H_
#define          _KEYBOARD4X4_H_


#define ROWOUT_COLIN()   {\
                         GPIOB->CRL = 0x44443333;\
                         GPIOB->ODR = 0xF0;\
                     }
#define ROWIN_COLOUT()   {\
                         GPIOB->CRL = 0x33334444;\
                         GPIOB->ODR = 0x0F;\
                     }
#define KEY_PORT()       GPIOB->IDR
#define KEY_ROW          (KEY_PORT() & 0xF0)
#define KEY_COL          (KEY_PORT() & 0x0F)
```

```
void KeyBoard4X4_Init(void);
int KeyBoard4X4_Scan(void);


#endif
```

(2) KeyBoard4×4.C 源文件。

　　KeyBoard4 × 4_Scan 函数实现 4 × 4 矩阵键盘的按键识别功能，识别原理采用行列反转法。

```
#include "stm32f10x.h"
#include "KeyBoard4X4.h"

unsigned char KEYTAB[] =
{
    0xD7,                           //0
    0xEE,0xDE,0xBE,                 //1,2,3
    0xED,0xDD,0xBD,                 //4,5,6
    0xEB,0xDB,0xBB,                 //7,8,9
    0x7E,0x7D,0x7B,0x77,            //A,b,C,d
    0xE7,0xB7,                      //E,F
};

void KeyBoard4X4_Init(void)
{
    RCC_APB2PeriphClockCmd(RCC_APB2Periph_GPIOB,ENABLE);        //打开 GPIOB 外设时钟
    ROWOUT_COLIN();                 //配置 PB0～PB7 为行线输出列线输入引脚
}

int KeydlyCnt ;
int KeyBoard4X4_Scan(void)
{
    int i,Key = 0xFF;
    //读取列线引脚电平状态是否有键按下
    if((0xF0 != KEY_ROW) && (999999 != KeydlyCnt ) && (++KeydlyCnt   > 100))
    {
        if(0xF0 != KEY_ROW)         //判断是否真的有键按下
        {
            KeydlyCnt   = 999999;
            Key = KEY_ROW;          //获取列线的状态数值
            ROWIN_COLOUT();         //配置 PB0～PB7 为行线输入列线输出
```

```
        Key |= KEY_COL;                //获取行线状态并与列线状态数值合并
        for(i=0;i<sizeof(KEYTAB);i++)   //查看 KEYTAB 表中是否存储了该按键编码
        {
            if(KEYTAB[i] == Key)break;
        }
        //将编码值转换为数字代码存储到 Key 变量中
        if(i >= sizeof(KEYTAB))i = 0xFF;else Key = i;
        if(Key < sizeof(KEYTAB))
        {
            if(Key < 10)Key += '0';
            else if(10 == Key)Key = 'A';
            else if(11 == Key)Key = 'B';
            else if(12 == Key)Key = 'C';
            else if(13 == Key)Key = 'D';
            else if(14 == Key)Key = 'E';
            else if(15 == Key)Key = 'F';
        }
        ROWOUT_COLIN();                 //配置 PB0~PB7 为行线输出列线输入引脚
    }
}
    else if(0xF0 == KEY_ROW){if(999999 == KeydlyCnt )KeydlyCnt   =  0;}
    return Key;
}
```

3) M24C02.H 头文件和 M24C02.C 源文件

(1) M24C02.H 头文件。

M24C02.H 头文件实现 SCL 和 SDA 引脚的宏定义以及相关函数的声明。

```
#ifndef          _M24C02_H_
#define          _M24C02_H_

#define SCL_Dir(x)   (x)?(GPIOA->CRL &= 0xFF0FFFFF):(GPIOB->CRL |= 0x00500000)
#define SDA_Dir(x)   (x)?(GPIOA->CRL &= 0xFFF0FFFF):(GPIOB->CRL |= 0x00050000)
#define SCL(x)       (x)?(GPIOA->ODR |= (1 << 5)):(GPIOA->ODR &=~(1 << 5))
#define SDA(x)       (x)?(GPIOA->ODR |= (1 << 4)):(GPIOA->ODR &=~(1 << 4))
#define SDA_PIN      (GPIOA->IDR & (1 << 4))

void IIC_Pin_Init(void);
void M24C02_Write(unsigned char adr,unsigned char dat);
unsigned char M24C02_Read(unsigned char adr);
```

```
void M24C02_MutiWrite(unsigned char adr,unsigned char *p,unsigned char n);
void M24C02_MutiRead(unsigned char adr,unsigned char *p,unsigned char n);


#endif
```

(2) M24C022.C 源文件。

M24C02.C 源文件实现通过 GPIO 引脚模拟 IIC 协议的功能。IIC_Start 函数实现 IIC 协议的启动信号模拟；IIC_Stop 函数实现 IIC 协议的停止信号模拟；IIC_ACK_Write 函数实现向从机写 ACK 信号；IIC_ACK_Read 函数实现读取从机的 ACK 信号；IIC_Wite 函数实现写数据到从机；IIC_Read 函数实现读取从机的数据。

M24C02_Write 函数实现向 M24C02 的指定存储单元写入指定数据；M24C02_Read 函数实现从 M24C02 的指定存储单元读取数据。M24C02_MutiWrite 函数实现向 M24C02 的指定存储单元开始写入指定长度的多字节数据；M24C02_MutiRead 函数实现从 M24C02 的指定存储单元开始读取指定长度的多字节数据。

```
#include "stm32f10x.h"
#include "M24C02.h"


void IIC_Start(void)            //产生开始信号函数
{
    SDA_Dir(0);                 //SDA 输出方向
    SCL(1);                     //SCL=1
    SDA(1);                     //SDA=1
    SDA(0);                     //SDA=0
    SCL(0);                     //SCL=0
}
void IIC_Stop(void)             //产生结束信号函数
{
    SDA_Dir(0);                 //SDA 输出方向
    SDA(0);                     //SDA=0
    SCL(1);                     //SCL=1
    SDA(1);                     //SDA=1
}
void IIC_ACK_Write(char ack)    //向从机写应答信号函数
{
    SDA_Dir(0);                 //SDA 输出方向
    if(ack)SDA(1);else SDA(0);
    SCL(1);                     //SCL=1
    SCL(0);                     //SCL=0
}
```

```c
unsigned char IIC_ACK_Read(void)        //读从机返回应答信号函数
{
    unsigned char ack;
    SDA_Dir(1);                         //SDA 输入方向
    SCL(1);                             //SCL=1
    ack = SDA_PIN;                      //读 SDA 线状态
    SCL(0);                             //SCL=0
    if(ack)return 1;else return 0;
}
void IIC_Write(unsigned char dat)        //字节写函数
{
    int i;
    SDA_Dir(0);
    for(i=0;i<8;i++)
    {
        if(dat & 0x80)SDA(1);else SDA(0);
        dat <<= 1;
        SCL(1);
        SCL(0);
    }
}
unsigned char IIC_Read(void)             //字节读函数
{
    int i;
    unsigned char dat = 0;
    SDA_Dir(1);
    for(i=0;i<8;i++)
    {
        dat <<= 1;
        SCL(1);
        if(SDA_PIN)dat |= 0x01;else dat &= 0xFE;
        SCL(0);
    }
  return dat;
}
void IIC_Pin_Init(void)
{
    RCC_APB2PeriphClockCmd(RCC_APB2Periph_GPIOA,ENABLE);    //打开 GPIOB 外设时钟
    SCL_Dir(0);                                             //SCL 输出方向
```

```
        SDA_Dir(0);                             //SDA 输出方向
        IIC_Stop();
}


void M24C02_Write(unsigned char adr,unsigned char dat)
{
        IIC_Start();
        IIC_Write(0xA0);                        //设备地址写
        if(0 == IIC_ACK_Read())                 //读从机 ACK 信号
        {
                IIC_Write(adr);                 //写 M24C02 存储器地址
                if(0 == IIC_ACK_Read())         //读从机 ACK 信号
                {
                        IIC_Write(dat);         //写 M24C02 数据
                        if(0 == IIC_ACK_Read()) //读从机 ACK 信号
                        {
                                IIC_Stop();     //发送停止信号
                                return;
                        }
                }
        }
        IIC_Stop();                             //发送停止信号
}
unsigned char M24C02_Read(unsigned char adr)
{
        unsigned char ret;
        IIC_Start();
        IIC_Write(0xA0);                        //设备地址写
        if(0 == IIC_ACK_Read())                 //读从机 ACK 信号
        {
                IIC_Write(adr);                 //写 M24C02 存储器地址
                if(0 == IIC_ACK_Read())         //读从机 ACK 信号
                {
                        IIC_Start();
                        IIC_Write(0xA1);        //设备地址读
                        if(0 == IIC_ACK_Read()) //读从机 ACK 信号
                        {
                                ret = IIC_Read();
                                IIC_ACK_Write(1);
```

```
                        return ret;
                }

            }
        }
    IIC_Stop();                    //发送停止信号
    return ret;
}
void delayms(long t)
{
    t *= 6000;
    while(t--);
}
void M24C02_MutiWrite(unsigned char adr,unsigned char *p,unsigned char n)
{
    while(n--)
    {
        M24C02_Write(adr++,*p++);
        delayms(5);
    }
}
void M24C02_MutiRead(unsigned char adr,unsigned char *p,unsigned char n)
{
    while(n--)
    {
        *p ++ = M24C02_Read(adr++);
    }
}
```

4) main.c 源文件

main.c 源文件的主要函数功能介绍如下：

(1) InputMiMa 函数通过调用 KeyBoard4×4_Scan 函数来实现数字键和功能键的输入。当前若是数字键，则将输入的数字存储到 mima 数组中；若是退格键，则从 mima 数组中删除最新输入的数字；若是确认键，则返回输入完成状态信息。

(2) MiMaComp 函数实现将输入的密码与设定的密码进行比较，并给出结果是否一致的状态信息。

(3) 在 while(1)无限循环体中，调用 KeyBoard4×4_Scan 函数来识别当前操作状态。若是密码输入状态，则等待输入密码，并与设定的密码进行比较，给出是否开锁信息；若是修改密码状态，则要给出提示信息，在输入新密码和再次输入新密码两次比较正确之后，才覆盖原密码信息；若是关锁状态，则直接控制上锁操作。

```c
#include "stm32f10x.h"
#include <string.h>
#include <stdio.h>
#include <stdlib.h>
#include "LCD.h"
#include "KeyBoard4X4.h"
#include "M24C02.h"


#define BUZZER(x)     (x)?(GPIOA->ODR |= (1 << 7)):(GPIOA->ODR &=~(1 << 7))
#define BUZZER_PIN    (GPIOA->IDR & (1 << 7))
#define LOCKOPEN(x) (x)?(GPIOA->ODR |= (1 << 6)):(GPIOA->ODR &=~(1 << 6))

unsigned char table2[6]={' ',' ',' ',' ',' ',' '};        //--- 存放密码缓冲区 ---
unsigned char table3[6]={' ',' ',' ',' ',' ',' '};
unsigned char table4[6]={' ',' ',' ',' ',' ',' '};

long InputMiMa(unsigned char *mima)
{
    long i,key;
    for(i=0;i<7;i++)
    {
        if(i < 6)
        {
            do
            {
                key = KeyBoard4X4_Scan();
            }
            while(0xFF == key);
            if(key <= '9')
            {
                LCD_Write_Char(1,5 + i,'*');
                mima[i] = key - 0x30;
            }
            else if('D' == key)                //--- 退格键 ---
            {
                if(i > 0)
                {
                    i --;
```

```
                        LCD_Write_Char(1,5 + i,' ');
                        mima[i] = ' ';
                        i --;
                      }
                   else if(0 == i)i --;
                 }
            else if('E' == key)                //--- 确认键 ---
              {
                 return(0);
              }
          }
       else
          {
            do
              {
                 key = KeyBoard4X4_Scan();
              }
            while((0xFF == key) && ('D' != key) && ('E' != key));
            if('D' == key)                     //--- 退格键 ---
              {
                 if(i > 0)
                   {
                     i --;
                     LCD_Write_Char(1,5 + i,' ');
                     mima[i] = ' ';
                     i --;
                   }
                 else if(0 == i)i --;
              }
            else if('E' == key)                //--- 确认键 ---
              {
                 return(1);
              }
          }
       }
    return(0);
 }


long MiMaComp(unsigned char *str1,unsigned char *str2)
```

```
{
    long i;
    for(i=0;i<6;i++)
      {
          if(str1[i] != str2[i])return 0;
      }
    return 1;
}


int opstatus,mscnt;

int main(void)
{
    int i,j,KeyValue;

    GPIOA->CRL |= 0x55000000;                    //PA6 和 PA7 置为推挽输出
    KeyBoard4X4_Init();
    MyLCDGPIO_Init();
    LCD_Init();

    LCD_Write_String(0,0," Input password ");
    LCD_Write_String(1,0,"   Press Key A     ");

    while(1)
    {
      if(0 == opstatus)
        {
            KeyValue = KeyBoard4X4_Scan();
            if(0xFF != KeyValue)
              {
                if('A' == KeyValue)                //--- 输入密码按键 ---
                  {
                      for(j=0;j<6;j++)table2[j] = table3[j] = ' ';
                      M24C02_MutiRead(0,table2,6);
                      LCD_Write_String(0,0," Press password ");
                      LCD_Write_String(1,0,"                  ");
                      if(0 != InputMiMa(table3))
                        {
                            if(0 != MiMaComp(table3,table2))
```

```
                    {
                        LCD_Write_String(0,0," password right ");
                        LCD_Write_String(1,0,"                ");
                        LOCKOPEN(0);              //--- 开锁 ---
                        BUZZER(0);
                        DelaymS(500);
                        BUZZER(1);
                        i = 0;
                        do
                          {
                              KeyValue = KeyBoard4X4_Scan();
                              i ++;
                              if(0xFF != KeyValue)LCD_Write_Char(1,15,KeyValue);
                          }
                        while(('C' != KeyValue) && (i < 1000000));
                        LOCKOPEN(1);              //--- 关锁 ---
                        opstatus = 1;
                      }
                  else
                      {
                        LCD_Write_String(0,0," password error ");
                        LCD_Write_String(1,0,"                ");
                        opstatus = 2;
                      }
                  }
              else
                  {
                    LCD_Write_String(0,0," password error ");
                    LCD_Write_String(1,0,"                ");
                    opstatus = 2;
                  }
              }
          else if('B' == KeyValue)                    //--- 修改密码按键 ---
              {
              for(j=0;j<6;j++)table2[j] = table3[j] = ' ';
              M24C02_MutiRead(0,table2,6);
              LCD_Write_String(0,0," Press password ");
              LCD_Write_String(1,0,"                ");
              if(0 != InputMiMa(table3))
```

```
                        {
            if(0 != MiMaComp(table3,table2))
              {
                i = 1;
                while(i)
                  {
                    for(j=0;j<6;j++)table3[j] = table4[j] = ' ';
                    LCD_Write_String(0,0,"In new password ");
                    LCD_Write_String(1,0,"                    ");
                    if(0 != InputMiMa(table3))
                      {
                        LCD_Write_String(0,0,"    word again    ");
                        LCD_Write_String(1,0,"                    ");
                        if(0 != InputMiMa(table4))
                          {
                            if(0 != MiMaComp(table3,table4))
                              {
                                LCD_Write_String(0,0,"   password has   ");
                                LCD_Write_String(1,0," change already ");
                                M24C02_MutiWrite(0,table4,6);
                                i = 0;
                                opstatus = 1;
                              }
                            else
                              {
                                LCD_Write_String(0,0," password error ");
                                LCD_Write_String(1,0,"                    ");
                                opstatus = 2;
                              }
                          }
                        else
                          {
                            LCD_Write_String(0,0," password error ");
                            LCD_Write_String(1,0,"                    ");
                            opstatus = 2;
                          }
                      }
                    else
```

```
                                    {
                                        LCD_Write_String(0,0," password error ");
                                        LCD_Write_String(1,0,"                 ");
                                        opstatus = 2;
                                    }
                                }
                            }
                        }
                    else
                        {
                            LCD_Write_String(0,0," password error ");
                            LCD_Write_String(1,0,"                 ");
                            opstatus = 2;
                        }
                    }
                }
            }
        else
            {
                if(++mscnt >= 100000)
                    {
                        mscnt = 0;
                        opstatus = 0;
                        LCD_Write_String(0,0," Input password ");
                        LCD_Write_String(1,0,"   Press Key A     ");
                    }
            }
        }
    }
}
```

4. 实例总结

　　本实例在硬件上应用了 4×4 矩阵键盘、M24C02 串行存储器、蜂鸣器的驱动；在软件上对应着 4×4 矩阵键盘的按键识别、IIC 协议的串行存储器的访问和驱动蜂鸣器发生的编程。

5.10　温控风扇系统设计实例

1. 实例要求

利用 STM32F103R6 微控制器、数字温度传感器 DS18B20、直流电机和按键实现温度控制的风扇系统。要求具有如下功能：

(1) 具有 3 档调速；

(2) 可设置温度的上下限，上限最大值为 60℃，下限最小值为 10℃；

(3) 可自动调速和手动调速。

2. 硬件电路

本实例的硬件仿真电路如图 5-18 所示。

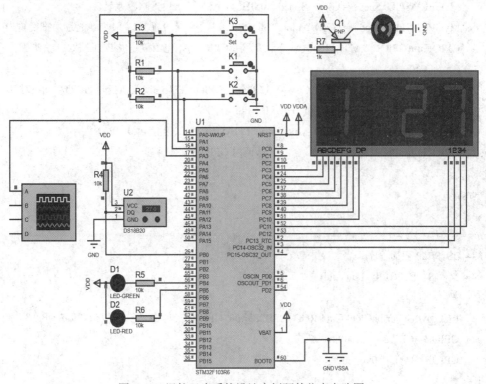

图 5-18　温控风扇系统设计实例硬件仿真电路图

U1(STM32F103R6)的 PC3～PC14 引脚分别连接到 4 位共阴 LED 数码管的笔段 A～G、DP 和位选通段"1234"引脚上，PB0 外接上拉电阻 R4 连接到 U2(DS18B20)的 DQ 引脚上，按键 K1～K3 分别连接在 PA0～PA2 引脚上，K1 为设置键，K2 和 K3 为数字调节键，PB4、PB5 分别连接着红色发光二极管和绿色发光二极管，用于指示当前的操作状态。PA3/TIM2_CH4 引脚输出 PWM 信号，通过 R7 和 Q1 实现对直流电机的控制。

3. 程序设计

根据实例要求，设计的程序如下：

```
#include "stm32f10x.h"

#if 0
void MyGPIO_Init(void)
{
```

```
    GPIO_InitTypeDef MyGPIO;                                 //定义 GPIO 结构体初始化变量
    RCC_APB2PeriphClockCmd(RCC_APB2Periph_AFIO, ENABLE);   //打开复用外设时钟
    RCC_APB2PeriphClockCmd(RCC_APB2Periph_GPIOC,ENABLE);   //打开 GPIOC 外设时钟
    MyGPIO.GPIO_Pin = GPIO_Pin_3 | GPIO_Pin_4 | GPIO_Pin_5 | GPIO_Pin_6 |
                    GPIO_Pin_7 | GPIO_Pin_8 | GPIO_Pin_9 | GPIO_Pin_10 |
                    GPIO_Pin_11 | GPIO_Pin_12 | GPIO_Pin_13 | GPIO_Pin_14;
    MyGPIO.GPIO_Speed = GPIO_Speed_50MHz;                   //设置响应速度
    MyGPIO.GPIO_Mode = GPIO_Mode_Out_PP;                    //设置 PC3～PC14 为通用推挽输出
    GPIO_Init(GPIOC,&MyGPIO);                               //调用 GPIO 初始化函数完成 PC3～PC14 引脚配置

    RCC_APB2PeriphClockCmd(RCC_APB2Periph_GPIOA,ENABLE);   //打开 GPIOA 外设时钟
    MyGPIO.GPIO_Pin = GPIO_Pin_0 | GPIO_Pin_1;
    MyGPIO.GPIO_Mode = GPIO_Mode_IN_FLOATING;              //设置 PA0、PA1 为浮空输入
    GPIO_Init(GPIOA,&MyGPIO);                               //调用 GPIO 初始化函数完成 PA0、PA1 引脚配置
}
#endif


//========================================================================
//--- DS18B20 驱动程序 ---
void MyDS18B20GPIO_Init(void)
{
    RCC_APB2PeriphClockCmd(RCC_APB2Periph_GPIOB,ENABLE);   //打开 GPIOB 外设时钟
    GPIOB->CRL &=~0x0000000F;
    GPIOB->CRL |= 0x00000004;
}

#define DQ_DIR_IN     {GPIOB->CRL &=~0x0000000F;GPIOB->CRL |= 0x00000004;}
#define DQ_DIR_OUT    {GPIOB->CRL &=~0x0000000F;GPIOB->CRL |= 0x00000001;}
//#define DQ_DIR(x)    (x)?(GPIOA->CRH &=~0x00400000):(GPIOA->CRH |= 0x00400000)
#define DQ(x)         (x)?(GPIOB->ODR |= (1 << 0)):(GPIOB->ODR &=~(1 << 0))
#define DQ_PIN        (GPIOB->IDR & (1 << 0))

void DQ_Delay(int t)                                       //---μs 延时函数---
{
    while(t--);
}

char Init_DS18B20(void)
{
```

```
    char flag;            //--- 储存 DS18B20 是否存在的标志，flag=0 表示存在，flag=1 表示不存在 ---
    DQ_DIR_IN;
    DQ_Delay(10);//(10);         //--- 略微延时约 5 μs--
    DQ_DIR_OUT;
    DQ(0);                 //--- 再将数据线从高拉低，要求保持 480～960 μs ---
    DQ_Delay(1000);//(1000);  //--- 延时约 500 μs ---
    DQ_DIR_IN;
    DQ_Delay(60);//(60); //---延时约 30 μs(释放总线后需等待 15～60 μs 让 DS18B20 输出存在脉冲)---
    flag = DQ_PIN;         //--- 让单片机检测是否输出了存在脉冲(DQ=0 表示存在) ---
    DQ_Delay(600);//(600);   //--- 延时 300 μs,等待存在脉冲输出完毕 ---
    return(flag);          //--- 返回检测成功标志 ---
}


unsigned char ReadOneChar(void)
{
    unsigned char dat = 0;
    for(int i=0;i<8;i++)
    {
        DQ_DIR_OUT;        //--- DQ 置输出 ---
        DQ(0);             //--- DQ 拉低 ---
        DQ_Delay(10);      //--- 延时 5 μs 左右 ---
        DQ_DIR_IN;         //--- DQ 置输入 ---
        DQ_Delay(50);      //--- 延时 25 μs 左右 ---
        dat >>= 1;
        if(DQ_PIN)dat |= 0x80;  //--- 读取 DQ 的状态 ---
        else dat |= 0x00;
        DQ_Delay(60);      //--- 延时 30 μs 左右 ---
    }
    return(dat);
}


void WriteOneChar(unsigned char dat)
{
    for(int i=0;i<8;i++)
    {
        DQ_DIR_OUT;        //--- DQ 置输出 ---
        DQ(0);             //--- DQ 拉低 ---
        DQ_Delay(10);      //--- 延时 5 μs 左右 ---
        if(dat & 0x01)DQ(1);   //--- 位状态写到 DQ 线上 ---
```

```
        else DQ(0);
        DQ_Delay(110);                 //--- 延时 55μs 左右 ---
        DQ_DIR_IN;                     //--- DQ 置输入 ---
        dat >>= 1;
    }
}


void DS18B20_StartConvert(void)        //--- DS18B20 开始转换函数 ---
{
    while(0 != Init_DS18B20());         //--- 将 DS18B20 初始化 ---
    WriteOneChar(0xCC);                //--- 跳过读序号列号的操作 ---
    WriteOneChar(0x44);                //--- 启动温度转换 ---
}
float DS18B20_ReadTemperature(void)   //--- DS18B20 读温度函数 ---
{
    static unsigned char th,tl;
    static unsigned short temp;
    float f;
    while(0 != Init_DS18B20());         //--- 将 DS18B20 初始化 ---
    WriteOneChar(0xCC);                //--- 跳过读序号列号的操作 ---
    WriteOneChar(0xBE);                //--- 读取温度寄存器，前两个分别是温度的低位和高位 ---
    tl = ReadOneChar();                //--- 先读的是温度值低位 ---
    th = ReadOneChar();                //--- 接着读的是温度值高位 ---
    temp = (th << 8) | tl;
    if(temp & 0x8000)
    {
      temp = ~temp;
      temp ++;
      f = (float)temp;
      f *= -1;
    }
    else f = (float)temp;
    f /= 16;
    return f;
}


//=================================================================
//--- LED 数码管显示定义 ---
const unsigned char LEDSEG[] =
```

```
{
    0x3F,0x06,0x5B,0x4F,0x66,0x6D,0x7D,0x07,0x7F,0x6F,        //--- 数字 0~9 的笔段码 ---
    0x77,0x7C,0x39,0x5E,0x79,0x71,0x00,0x40                   //--- 字母 AbCdEF ---
};
const unsigned char LEDDIG[] = {0xFE,0xFD,0xFB,0xF7,};
unsigned char LEDBuffer[4] = {0,0,0,16};
unsigned char LEDPointer;

void MyLEDSEGGPIO_Init(void)
{
    GPIO_InitTypeDef MyGPIO;                                      //定义 GPIO 结构体初始化变量
    RCC_APB2PeriphClockCmd(RCC_APB2Periph_GPIOC,ENABLE);  //打开 GPIOC 外设时钟
    MyGPIO.GPIO_Pin = GPIO_Pin_3 | GPIO_Pin_4 | GPIO_Pin_5 | GPIO_Pin_6 |
                      GPIO_Pin_7 | GPIO_Pin_8 | GPIO_Pin_9 | GPIO_Pin_10 |
                      GPIO_Pin_11 | GPIO_Pin_12 | GPIO_Pin_13 | GPIO_Pin_14;
    MyGPIO.GPIO_Speed = GPIO_Speed_50MHz;                    //设置响应速度
    MyGPIO.GPIO_Mode = GPIO_Mode_Out_PP;                    //设置 PC3~PC14 为通用推挽输出
    GPIO_Init(GPIOC,&MyGPIO);                    //调用 GPIO 初始化函数完成 PC3~PC14 引脚配置
}

void MyLEDSGPIO_Init(void)
{
    GPIO_InitTypeDef MyGPIO;                    //定义 GPIO 结构体初始化变量
    RCC_APB2PeriphClockCmd(RCC_APB2Periph_GPIOB,ENABLE);  //打开 GPIOB 外设时钟
    MyGPIO.GPIO_Pin = GPIO_Pin_4 | GPIO_Pin_5;
    MyGPIO.GPIO_Speed = GPIO_Speed_50MHz;//设置响应速度
    MyGPIO.GPIO_Mode = GPIO_Mode_Out_PP;//设置 PB4、PB5 为通用推挽输出
    GPIO_Init(GPIOB,&MyGPIO);                    //调用 GPIO 初始化函数完成 PB4、PB5 引脚配置
}

void MyKeyGPIO_Init(void)
{
    GPIO_InitTypeDef MyGPIO;                    //定义 GPIO 结构体初始化变量
    RCC_APB2PeriphClockCmd(RCC_APB2Periph_GPIOA,ENABLE);  //打开 GPIOA 外设时钟
    MyGPIO.GPIO_Pin = GPIO_Pin_0 | GPIO_Pin_1 | GPIO_Pin_2;
    MyGPIO.GPIO_Mode = GPIO_Mode_IN_FLOATING;                //设置 PA0~PA2 为浮空输入
    GPIO_Init(GPIOA,&MyGPIO);                    //调用 GPIO 初始化函数完成 PA0~PA2 引脚配置
}

void MyTIM2PWM_Init(void)
```

```
{
    GPIO_InitTypeDef MyGPIO;                              //定义 GPIO 结构体初始化变量
    RCC_APB2PeriphClockCmd(RCC_APB2Periph_AFIO, ENABLE);   //打开复用外设时钟
    RCC_APB2PeriphClockCmd(RCC_APB2Periph_GPIOA,ENABLE);   //打开 GPIOA 外设时钟
    MyGPIO.GPIO_Pin = GPIO_Pin_3;
    MyGPIO.GPIO_Speed = GPIO_Speed_50MHz                  //设置响应速度
    MyGPIO.GPIO_Mode = GPIO_Mode_AF_PP;                   //设置 PA3 为复用功能推挽输出
    GPIO_Init(GPIOA,&MyGPIO);                             //调用 GPIO 初始化函数完成 PA3 引脚配置

    TIM_TimeBaseInitTypeDef   MyTIM;                      //定义初始化 TIM 结构体变量
    RCC_APB1PeriphClockCmd(RCC_APB1Periph_TIM2,ENABLE);  //打开 TIM2 外设时钟
    MyTIM.TIM_Prescaler = 8 − 1;                          //设置定时器的预分频系数
    MyTIM.TIM_Period = 1000;                             //设置定时的初值
    MyTIM.TIM_ClockDivision = TIM_CKD_DIV1;
    MyTIM.TIM_CounterMode = TIM_CounterMode_Up;          //设置定时器的计数方式
    MyTIM.TIM_RepetitionCounter = 0;
    TIM_TimeBaseInit(TIM2,&MyTIM);                        //调用 TIM 初始化函数完成 TIM2 的配置
    TIM_ARRPreloadConfig(TIM2,ENABLE);
    TIM_Cmd(TIM2,ENABLE);                                //使能 TIM2 工作

    TIM_OCInitTypeDef MyPWM;                             //定义 PWM 结构体变量
    MyPWM.TIM_OCMode = TIM_OCMode_PWM1;                  //选择 PWM1 模式
    MyPWM.TIM_OutputState = TIM_OutputState_Enable;      //正常输出使能
    MyPWM.TIM_OutputNState = TIM_OutputNState_Enable;    //反向输出禁止
    MyPWM.TIM_Pulse = 500;//设置占空比
    MyPWM.TIM_OCPolarity = TIM_OCPolarity_Low;           //正常输出低电平
    MyPWM.TIM_OCNPolarity = TIM_OCNPolarity_Low;         //反向输出低电平
    MyPWM.TIM_OCIdleState = TIM_OCIdleState_Reset;
    MyPWM.TIM_OCNIdleState = TIM_OCNIdleState_Reset;
    //TIM_OC3Init(TIM2,&MyPWM);                          //初始化 TIM2_CH3 通道输出 PWM 配置
    //TIM_OC3PreloadConfig(TIM2,TIM_OCPreload_Enable);   //自动装载使能
    TIM_OC4Init(TIM2,&MyPWM);                            //初始化 TIM2_CH4 通道输出 PWM 配置
    TIM_OC4PreloadConfig(TIM2,TIM_OCPreload_Enable);     //自动装载使能

    TIM_ITConfig(TIM2,TIM_IT_Update,ENABLE);
}

void MyNVIC_Init(void)
{
```

```
        NVIC_InitTypeDef MyNVIC;                        //定义初始化 NVIC 结构体变量
        NVIC_PriorityGroupConfig(NVIC_PriorityGroup_2);  //设置优先级分组
        MyNVIC.NVIC_IRQChannel = TIM2_IRQn;             //设置向量通道
        MyNVIC.NVIC_IRQChannelPreemptionPriority = 2;    //设置抢占优先级
        MyNVIC.NVIC_IRQChannelSubPriority = 2;           //设置响应优先级
        MyNVIC.NVIC_IRQChannelCmd = ENABLE;              //使能设置的向量通道中断
        NVIC_Init(&MyNVIC);              //调用 NVIC 初始化函数完成设置的向量通道配置
}


int msCnt;
static float f;
void TIM2_IRQHandler(void)                 //TIM2 的中断函数
{
    int i,m;

    if(RESET != TIM_GetITStatus(TIM2,TIM_IT_Update))
    {
        TIM_ClearITPendingBit(TIM2,TIM_IT_Update);

        GPIOC->ODR = (LEDDIG[LEDPointer] << 11) | (LEDSEG[LEDBuffer[LEDPointer]] << 3);
        if(++LEDPointer >= sizeof(LEDBuffer))LEDPointer = 0;

        msCnt++;
        if(50 == msCnt)
        {
        DS18B20_StartConvert();
        }
        else if(500 == msCnt)
        {
            msCnt = 0;

            f = DS18B20_ReadTemperature();
            m = (int)f;
            if(m < 0)m = 0 - m;
            for(i=0;i<sizeof(LEDBuffer)-1;i++)LEDBuffer[i] = 16;
            i = 0;
            while(m)
            {
                LEDBuffer[i] = m % 10;
```

```
                m /= 10;
                i++;
            }
            if(f < 0)LEDBuffer[i] = 17;          //--- 显示负号 ---
        }
    }
}

int msCnt;
int TemperatureH = 30,TemperatureL = 20,status = 0,dangwei = 0;

void FENGSHAN_DANGWEI_CHANGE(void)             //--- 风扇挡位改变函数 ---
{
    if(0 == dangwei)TIM_SetCompare4(TIM2,500);
    else if(1 == dangwei)TIM_SetCompare4(TIM2,750);
    else TIM_SetCompare4(TIM2,950);
    LEDBuffer[3] = dangwei;
}

void DisplaySetValue(int m)
{
    LEDBuffer[0] = (m / 1) % 10;
    LEDBuffer[1] = (m / 10) % 10;
}

#define K1    (GPIOA->IDR & (1 << 1))           //--- 按键 K1 引脚宏定义 ---
#define K2    (GPIOA->IDR & (1 << 0))           //--- 按键 K2 引脚宏定义 ---
#define K3    (GPIOA->IDR & (1 << 2))           //--- 按键 K3 引脚宏定义 ---
int K1_Cnt,K2_Cnt,K3_Cnt;

#define RLED(x) ((x)?(GPIOB->ODR |= (1 << 5)):(GPIOB->ODR &=~(1 << 5)))
#define GLED(x) ((x)?(GPIOB->ODR |= (1 << 4)):(GPIOB->ODR &=~(1 << 4)))

int main(void)
{
    int m;
    MyLEDSEGGPIO_Init();
    MyLEDSGPIO_Init();
    MyKeyGPIO_Init();
```

```
MyDS18B20GPIO_Init();

DQ_DIR_OUT;
DQ(1);

MyTIM2PWM_Init();
MyNVIC_Init();

while(1)
{

    //----------------------------------------------------------------------
    switch(status)
    {
        case 0:                                    //--- 自动模式 ---
            m = (int)f;
            if(m < TemperatureL)dangwei = 0;       //--- 温度低于设定的下限 ---
            else if(m > TemperatureH)dangwei = 2;  //--- 温度高于设定的上限 ---
            else dangwei = 1;                      //--- 温度在设定的范围内 ---
            FENGSHAN_DANGWEI_CHANGE();
            break;
        case 1:break;                              //--- 手动模式 ---
        case 2:break;
        case 3:break;
    }


    //----------------------------------------------------------------------
    if((0 == K1) && (999999 != K1_Cnt) && (++K1_Cnt > 10))
    {
        if(0 == K1)                                //--- 判断 K1 是否真的按下 ---
        {
            K1_Cnt = 999999;                       //--- 置 K1 已按下标志 ---
            if(++status > 3)status = 0;
            if(0 == status){RLED(1);GLED(0);}
            else if(1 == status){RLED(0);GLED(1);}
            else{RLED(0);GLED(0);}
        }
    }
    else if(0 != K1)K1_Cnt = 0;                    //--- K1 释放则置 K1_Cnt 变量为 0 ---
```

```
if((0 == K2) && (999999 != K2_Cnt) && (++K2_Cnt > 10))
{
        if(0 == K2)                              //--- 判断 K2 是否真的按下 ---
        {
            K2_Cnt = 999999;                     //--- 置 K2 已按下标志 ---
            switch(status)
            {
                case 0:break;
                case 1:
                    if(++dangwei > 2)dangwei = 0;
                    FENGSHAN_DANGWEI_CHANGE();
                    break;
                case 2:
                    if(++TemperatureL > 60)TemperatureL = 60;
                    DisplaySetValue(TemperatureL);LEDBuffer[3] = 18;
                    break;
                case 3:
                    if(++TemperatureH > 60)TemperatureH = 60;
                    DisplaySetValue(TemperatureH);LEDBuffer[3] = 19;
                    break;
            }
        }
}
else if(0 != K2)K2_Cnt = 0;                      //--- K2 释放则置 K2_Cnt 变量为 0 ---
if((0 == K3) && (999999 != K3_Cnt) && (++K3_Cnt > 10))
{
    if(0 == K3)                                  //--- 判断 K3 是否真的按下 ---
    {
        K3_Cnt = 999999;                         //--- 置 K3 已按下标志 ---
        switch(status)
        {
            case 0:break;
            case 1:
                if(--dangwei < 0)dangwei = 2;
                FENGSHAN_DANGWEI_CHANGE();
                break;
            case 2:
                if(--TemperatureL < 10)TemperatureL = 10;
                DisplaySetValue(TemperatureL);LEDBuffer[3] = 18;
```

```
                    break;
                case 3:
                    if(――TemperatureH < 10)TemperatureH = 10;
                    DisplaySetValue(TemperatureH);LEDBuffer[3] = 19;
                    break;
                }
            }
        }
        else if(0 != K3)K3_Cnt = 0;              //--- K3 释放则置 K3_Cnt 变量为 0 ---

    }
}
```

4. 实例总结

本实例展示了将 DS18B20 温度测量和直流电机驱动相结合，来实现风扇智能控制系统的方法。程序中涉及的主要内容如下：

(1) DS18B20 驱动程序设计，实现环境温度的测量。

(2) 利用 STM32F103R6 的 16 位定时器 2 实现硬 PWM 信号的产生并通过改变占空比实现电机的速度调节。程序中，MyTIM2PWM_Init()函数实现了将 16 位定时器 2 配置成 PWM 的功能，并将对应的引脚配置成 PWM 输出引脚，FENGSHAN_DANGWEI_CHANGE() 函数了实现根据不同档位数值来改变 PWM 的占空比。

(3) 按键识别。按键 K1 实现了模式切换功能，按键 K2 和 K3 实现了数字的调节功能。程序中设定了 status 变量用于模式切换，dangwei 变量用于挡位的调节。

(4) 在 status 变量为 0 时即为自动模式。程序中通过将实时读取到的环境温度值 m 与设定的温度上下限值 TemperatureH 和 TemperatureL 进行比较，从而实现 dangwei 变量值的自动改变。

第6章　创新设计实例

6.1　智能温室控制系统应用实例

1. 实例要求

利用 STM32F103R6、环境温湿度传感器 SHT11 设计并制作一个温室自动控制系统。
要求具有如下功能：

(1) LCD 显示温湿度和设定的信息；

(2) 具有手动和自动功能；

(3) 加热、降温、加湿和开燥过程中具有 LED 指示。

2. 硬件电路

本实例的硬件仿真电路如图 6-1 和图 6-2 所示。

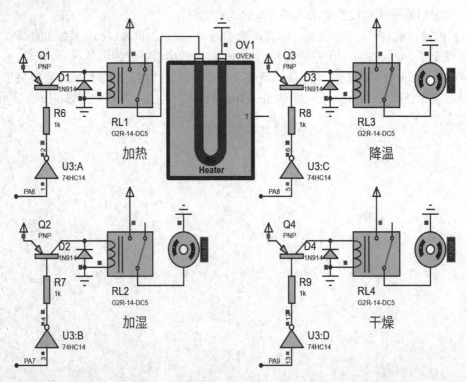

图 6-1　智能温室控制系统应用实例的控制驱动电路仿真原理图

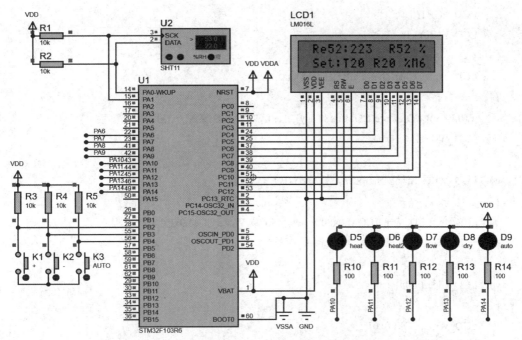

图 6-2　智能温室控制系统应用实例的 MCU 控制电路仿真原理图

U1(STM32F103R6)的 PC3~PC12 引脚连接 LCD1(LM016L)的 D0~D7、RS、RW 和 E 引脚，PA10~PA14 引脚驱动 5 个 LED 发光二极管，SHT11 的 SCK 和 DATA 引脚分别连接 U1(STM32F103R6)的 PA1 和 PA0 引脚，按键 K1~K3 连接 U1 的 PB2~PB4 引脚，U1(STM32F103R6)的 PA6~PA9 引脚分别控制着加热器、降温电机、加湿电机和干燥电机。

3. 程序设计

根据实例要求，设计的程序如下：

```c
#include "stm32f10x.h"
#include "math.h"
//=====================================================================
//--- 1602 LCD 驱动程序段  ---
#define     LCD_RS(x)     (x)?(GPIOC->ODR |= (1 << 11)):(GPIOC->ODR &=~(1 << 11))
#define     LCD_EN(x)     (x)?(GPIOC->ODR |= (1 << 12)):(GPIOC->ODR &=~(1 << 12))
#define     LCD_PORT(x) GPIO_Write(GPIOC,(GPIO_ReadOutputData(GPIOC) & (~(0xFF << 3))) |
(x << 3))
#define     COM 0
#define     DAT 1
void LCD_Write(char rs,char dat)
{
    for(int i=0;i<50;i++);
    if(0 == rs)LCD_RS(0);else LCD_RS(1);
    LCD_EN(1);
```

```
        LCD_PORT(dat);
        LCD_EN(0);
}
void LCD_Write_Char(char x,char y,char Data)
{
        if (0 == x)LCD_Write(COM,0x80 + y);else LCD_Write(COM,0xC0 + y);
        LCD_Write(DAT,Data);
}
void LCD_Write_String(char x,char y,char *s)
{
        if(0 == x)LCD_Write(COM,0x80 + y);else LCD_Write(COM,0xC0 + y);
        while(*s)LCD_Write(DAT,*s++);
}
void LCD_Clear(void)
{
        LCD_Write(COM,0x01);
        for(int i=0;i<60000;i++);
}
void LCD_Init(void)
{
        LCD_Write(COM,0x38);              //--- 显示模式设置 ---
        LCD_Write(COM,0x08);              //--- 显示关闭 ---
        LCD_Write(COM,0x06);              //--- 显示光标移动设置 ---
        LCD_Write(COM,0x0C);              //--- 打开显示并设置光标---
        LCD_Clear();
}
//===============================================================
//--- SHT11 驱动程序段 ---
#define SCL(x)       (x)?(GPIOA->ODR |= (1 << 1)):(GPIOA->ODR &=~(1 << 1))
#define SDA(x)       (x)?(GPIOA->ODR |= (1 << 0)):(GPIOA->ODR &=~(1 << 0))
#define SDA_PIN      (GPIOA->IDR & (1 << 0))
#define SDA_DIR_O    {GPIOA->CRL &=~0xF;GPIOA->CRL |= 0x1;}
#define SDA_DIR_I    {GPIOA->CRL &=~0xF;GPIOA->CRL |= 0x4;}

#define noACK 0                  //继续传输数据，用于判断是否结束通信
#define ACK    1                 //结束数据传输
#define STATUS_REG_W 0x06        //000   0011   0
#define STATUS_REG_R 0x07        //000   0011   1
#define MEASURE_TEMP 0x03        //000   0001   1
```

```c
#define MEASURE_HUMI 0x05            //000    0010    1
#define RESET          0x1e          //000    1111    0


void IIC_Delay(void)
{
    for(int i=0;i<10;i++);

}


unsigned char s_write_byte(unsigned char value)        //--- 字节写函数 ---
{
    unsigned char i,error = 0;
    SDA_DIR_O;
    for(i=0;i<8;i++)
    {
        if(value & 0x80)SDA(1);else SDA(0);
        value <<= 1;
        SCL(1);IIC_Delay();SCL(0);IIC_Delay();
    }
    SDA_DIR_I;
    SCL(1);IIC_Delay();error = SDA_PIN;SCL(0);IIC_Delay();
    SDA_DIR_I;
    return error;
}
unsigned char s_read_byte(unsigned char ack)        //--- 字节读函数 ---
{
    int i,val = 0;
    SDA_DIR_I;
    for(i=0;i<8;i++)
    {
        val <<= 1;
        SCL(1);IIC_Delay();
        if(SDA_PIN)val |= 0x01;else val &= 0xFE;
        SCL(0);IIC_Delay();
    }
    SDA_DIR_O;
    if(0 == ack)SDA(1);else SDA(0);
    SCL(1);IIC_Delay();SCL(0);IIC_Delay();
    SDA_DIR_I;
```

```
        return val;
    }

    void s_transstart(void)                        //--- 启动传输 ---
    {
        SDA_DIR_O;
        SDA(1);SCL(0);SCL(1);IIC_Delay();
        SDA(0);
        SCL(0);IIC_Delay();SCL(1);IIC_Delay();
        SDA(1);
        SCL(0);IIC_Delay();
        SDA_DIR_I;
    }
    void s_connectionreset(void)                   //--- 连接复位 ---
    {
        SDA_DIR_O;
        SDA(1);SCL(0);
        for(int i=0;i<9;i++)     // DATA 保持高，SCK 时钟触发 9 次，发送启动传输，通信即复位
        {
            SCL(1);IIC_Delay();SCL(0);IIC_Delay();
        }
        s_transstart();                            //--- 启动传输 ---
        SDA_DIR_I;
    }
    unsigned char s_softreset(void)                //--- 软复位程序 ---
    {
        unsigned char error = 0;
        s_connectionreset();                       //--- 启动连接复位 ---
        error += s_write_byte(RESET);              //--- 发送复位命令 ---
        return error;
    }


    enum {TEMP,HUMI};


    unsigned char s_measure(unsigned char *p_value,
                            unsigned char *p_checksum,
                            unsigned char mode)      //--- mode 决定转换内容 ---
    {
        unsigned char error = 0;
```

```
    long i;

    s_transstart();                              //--- 启动传输 ---
    switch(mode)                                 //--- 选择发送命令 ---
    {
        case TEMP:                               //--- 测量温度 ---
            error += s_write_byte(MEASURE_TEMP);
            break;
        case HUMI:                               //--- 测量湿度 ---
            error += s_write_byte(MEASURE_HUMI);
            break;
        default:
            break;
    }
    SDA_DIR_I;                                   //--- SDA 引脚置为输入 ---
    for(i=0;i<600000;i++)
    {
        if(0 == SDA_PIN)break;                   //--- 等待测量结束 ---
    }
    if(SDA_PIN)error += 1;                        //如果长时间数据线没有拉低，则说明测量错误
    *(p_value + 1) = s_read_byte(ACK);           //--- 读第一个字节，高字节 (MSB) ---
    *(p_value + 0) = s_read_byte(ACK);           //--- 读第二个字节，低字节 (LSB) ---
    *p_checksum = s_read_byte(noACK);            //--- read CRC 校验码 ---
    return error;
}


void calc_sth10(float *p_humidity ,
                float *p_temperature)            //--- 温湿度值标度变换及温度补偿 ---
{
    const float C1 = -4.0;                       //--- 12 位湿度精度 修正公式 ---
    const float C2 = +0.0405;                    //--- 12 位湿度精度 修正公式 ---
    const float C3 = -0.0000028;                 //--- 12 位湿度精度 修正公式 ---
    const float T1 = +0.01;                      //--- 14 位温度精度 5V 条件 修正公式 ---
    const float T2 = +0.00008;                   //--- 14 位温度精度 5V 条件 修正公式 ---
    float rh = *p_humidity;                      //--- rh: 12 位 湿度 ---
    float t = *p_temperature;                    //--- t: 14 位 温度 ---
    float rh_lin;                                //--- rh_lin: 湿度 linear 值 ---
    float rh_true;                               //--- rh_true: 湿度 true 值 ---
    float t_C;                                   //--- t_C: 温度 ℃ ---
```

```
    t_C = t * 0.01 – 40;                          //--- 补偿温度 ---
    rh_lin = C3 * rh * rh + C2 * rh + C1;         //---相对湿度非线性补偿 ---

    rh_true = (t_C – 25) * (T1 + T2 * rh) + rh_lin;   //--- 相对湿度对于温度依赖性补偿 ---
    if(rh_true > 100)rh_true = 100;               //--- 湿度最大修正 ---
    if(rh_true < 0.1)rh_true = 0.1;               //--- 湿度最小修正 ---
    *p_temperature=t_C;                           //--- 返回温度结果 ---
    *p_humidity=rh_true;                          //--- 返回湿度结果 ---
}


void MyGPIO_Init(void)
{
    GPIO_InitTypeDef MyGPIO;                      //定义 GPIO 结构体初始化变量
    RCC_APB2PeriphClockCmd(RCC_APB2Periph_GPIOC,ENABLE); //打开 GPIOC 外设时钟
    MyGPIO.GPIO_Pin = GPIO_Pin_3 | GPIO_Pin_4 | GPIO_Pin_5 | GPIO_Pin_6 |
                      GPIO_Pin_7 | GPIO_Pin_8 | GPIO_Pin_9 | GPIO_Pin_10 |
                      GPIO_Pin_11 | GPIO_Pin_12;
    MyGPIO.GPIO_Speed = GPIO_Speed_50MHz;         //设置响应速度
    MyGPIO.GPIO_Mode = GPIO_Mode_Out_PP;          //设置 PC3～PC12 为通用推挽输出
    GPIO_Init(GPIOC,&MyGPIO);                     //调用 GPIO 初始化函数完成 PC3～PC12 引脚配置

    RCC_APB2PeriphClockCmd(RCC_APB2Periph_GPIOA,ENABLE); //打开 GPIOA 外设时钟
    MyGPIO.GPIO_Pin = GPIO_Pin_6 | GPIO_Pin_7 | GPIO_Pin_8 | GPIO_Pin_9 |
                      GPIO_Pin_10 | GPIO_Pin_11 | GPIO_Pin_12 | GPIO_Pin_13 |
                      GPIO_Pin_14;
    GPIO_Init(GPIOA,&MyGPIO);                     //调用 GPIO 初始化函数完成 PA6～PA14 引脚配置

    MyGPIO.GPIO_Pin = GPIO_Pin_1;
    GPIO_Init(GPIOA,&MyGPIO);                     //调用 GPIO 初始化函数完成 PA1 引脚配置

    MyGPIO.GPIO_Pin = GPIO_Pin_0;
    MyGPIO.GPIO_Mode = GPIO_Mode_IN_FLOATING;     //设置 PA1 为通用推挽输出
    GPIO_Init(GPIOA,&MyGPIO);                     //调用 GPIO 初始化函数完成 PA0 引脚配置

    RCC_APB2PeriphClockCmd(RCC_APB2Periph_GPIOB,ENABLE);   //打开 GPIOB 外设时钟
    MyGPIO.GPIO_Pin = GPIO_Pin_2 | GPIO_Pin_3 | GPIO_Pin_4;
    MyGPIO.GPIO_Mode = GPIO_Mode_IN_FLOATING;     //设置 PB2～PB4 为浮空输入
    GPIO_Init(GPIOB,&MyGPIO);                     //调用 GPIO 初始化函数完成 PB2～PB4 引脚配置
}
```

```
//===================================================================
//--- 整数转换为字符串函数 ---
void IntToStr(int t, char *str, char n)
{
    unsigned char a[5];
  int i, j;
    a[0] = (t / 10000) % 10;
    a[1] = (t / 1000) % 10;
    a[2] = (t / 100) % 10;
    a[3] = (t / 10) % 10;
    a[4] = (t / 1) % 10;
    for(i=0;i<5;i++)a[i]=a[i]+'0';
    for(i=0;a[i]=='0' && i<=3;i++);
    for(j=5-n;j<i;j++){*str=' ';str++;}
    for(;i<5;i++){*str=a[i];str++;}
    *str = '\0';
}


//===================================================================
//--- 结构体定义 ---
typedef union                    //--- 定义共同类型 ---
{
  unsigned short i;              //--- i 表示测量得到的温湿度数据(int 形式保存的数据) ---
  float f;                       //--- f 表示测量得到的温湿度数据(float 形式保存的数据) ---
}VALUE;
char TempBuffer[4];
char humBuffer[4];
char set[4];
char set_temp = 20,set_hum = 20;
char mode = 6;
char str1[] = {"Real:T:    R:    % "};
char str2[] = {"Set:T:    R:    %M: "};
long wendu,shidu;


//===================================================================
void Get_TH(void)
{
    VALUE humi_val,temp_val;
```

```
    unsigned char error,checksum;

    error = 0;
    error += s_measure((unsigned char*)&temp_val.i,&checksum,TEMP);        //--- 温度测量 ---
    error += s_measure((unsigned char*)&humi_val.i,&checksum,HUMI);        //--- 湿度测量 ---
    if(0 != error)s_connectionreset();
    else
    {
        humi_val.f = (float)humi_val.i;                      //--- 转换为浮点数 ---
        temp_val.f = (float)temp_val.i;                      //--- 转换为浮点数 ---
        calc_sth10(&humi_val.f,&temp_val.f);                 //--- 修正相对湿度及温度 ---
        wendu = temp_val.f + 1;
        shidu = humi_val.f - 4;
    }
}
//=======================================================================
void TH_Set(void)                                            //--- 显示设定的温湿度函数 ---
{
    IntToStr(set_temp,&set[0],2);
    LCD_Write_String(1,6,set);
    IntToStr(set_hum,&set[0],2);
    LCD_Write_String(1,10,set);
    IntToStr(mode,&set[0],1);
    LCD_Write_String(1,15,set);
}
//=======================================================================
void LED_show_mode(void)                                     //--- 模式指示灯显示函数 ---
{
    GPIOA->ODR |= (0x1F << 10);
    if(mode==1)GPIOA->ODR &=~ (1 << 10);
    else if(mode==2)GPIOA->ODR &=~ (1 << 12);
    else if(mode==3)GPIOA->ODR &=~ (1 << 11);
    else if(mode==4)GPIOA->ODR &=~ (1 << 13);
    else if(mode==5)GPIOA->ODR &=~ (1 << 14);
    else if(mode==6)GPIOA->ODR |= (0x1F << 10);
    else if(mode==7)GPIOA->ODR |= (0x1F << 10);
}
//=======================================================================
#define JIARE(x)     ((x)?(GPIOA->ODR |= (1 << 6)):(GPIOA->ODR &=~(1 << 6)))
```

```c
#define JIASHI(x)    ((x)?(GPIOA->ODR |= (1 << 7)):(GPIOA->ODR &=~(1 << 7)))
#define JIANGWEN(x) ((x)?(GPIOA->ODR |= (1 << 8)):(GPIOA->ODR &=~(1 << 8)))
#define GANZAO(x)   ((x)?(GPIOA->ODR |= (1 << 9)):(GPIOA->ODR &=~(1 << 9)))
void ModeNot5_handler(void)                                    //--- 模式 1 到 4 的处理函数 ---
{
    if(mode==1){JIARE(1);JIANGWEN(0);JIASHI(0);GANZAO(0);}
    else if(mode==2){JIARE(0);JIANGWEN(1);JIASHI(0);GANZAO(0);}
    else if(mode==3){JIARE(0);JIANGWEN(0);JIASHI(1);GANZAO(0);}
    else if(mode==4){JIARE(0);JIANGWEN(0);JIASHI(0);GANZAO(1);}
}
void Mode5handler(void)                                        //--- 模式 5 到 7 的处理函数 ---
{
  if(mode>=5)
    {
        if(shidu > set_hum){JIASHI(0);GANZAO(1);}
        else if(shidu < set_hum){JIASHI(1);GANZAO(0);}
        else if(shidu == set_hum){JIASHI(0);GANZAO(0);}
        if(wendu > set_temp){JIARE(0);JIANGWEN(1);}
        else if(wendu < set_temp){JIARE(1);JIANGWEN(0);}
        else if(wendu == set_temp){JIARE(0);JIANGWEN(0);}
    }
}
//================================================================
#define    K1    (GPIOB->IDR & (1 << 2))
#define    K2    (GPIOB->IDR & (1 << 3))
#define    K3    (GPIOB->IDR & (1 << 4))
int K1_Cnt,K2_Cnt,K3_Cnt;

int main(void)
{
    int i;
    unsigned char error,checksum;

    MyGPIO_Init();
    LCD_Init();
    LCD_Write_String(0,1,str1);
    LCD_Write_String(1,1,str2);

    s_connectionreset();                                       //--- 启动连接复位 ---
```

```
    while(1)
    {
        Get_TH();                                    //--- 读取温湿度数据 ---
        IntToStr(wendu,&TempBuffer[0],2);            //--- 转换为字符串 ---
        LCD_Write_String(0,7,TempBuffer);
        IntToStr(shidu,&humBuffer[0],2);
        LCD_Write_String(0,12,humBuffer);
        TH_Set();
        LED_show_mode();
        ModeNot5_handler();
        Mode5handler();
        if((0 == K1) && (999999 != K1_Cnt) && (++K1_Cnt > 0)){      //--- K1 加 1 键 ---
            if(0 == K1){
                K1_Cnt = 999999;
                if(mode==6){set_temp++;if(set_temp>40)set_temp--;}
                else if(mode==7){set_hum++;if(set_hum>60)set_hum--;}
            }
        }
        else if(0 != K1)K1_Cnt = 0;
        if((0 == K2) && (999999 != K2_Cnt) && (++K2_Cnt > 0)){      //--- K2 减 1 键 ---
            if(0 == K2){
                K2_Cnt = 999999;
                if(mode==6){set_temp--;if(set_temp<16)set_temp++;}
                else if(mode==7){set_hum--;if(set_hum<20)set_hum++;}
            }
        }
        else if(0 != K2)K2_Cnt = 0;
        if((0 == K3) && (999999 != K3_Cnt) && (++K3_Cnt > 0)){      //--- K3 设置键 ---
            if(0 == K3){
                K3_Cnt = 999999;
                if(++mode > 7)mode = 1;
            }
        }
        else if(0 != K3)K3_Cnt = 0;
    }
}
```

4. 实例总结

本实例展示了 STM32F103R6 微控制器和 SHT11 温湿度传感器结合实现温度、湿度的实时采集并显示，通过按键设定不同的模式、温度上限、温度下限、湿度上限和湿度下限，根据不同情况启动或停止电机或加热器的功能。本实例主要涉及的程序如下：

(1) SHT11 的 IIC 接口协议模拟和 SHT11 的温湿度数据的读取；

(2) Get_TH 和 TH_Set 函数分别用于获取温湿度和设定温湿度功能；

(3) ModeNot5_handler 函数用于手动模式；

(4) Mode5handler 函数用于自动模式，在自动模式下，系统会根据当前的环境温湿度情况进行自动开启不同的电机工作；

(5) main 主程序的按键识别和处理。

6.2　GPS 定位系统设计实例

1. 实例要求

将 STM32F103R6 的串口连接到虚拟 GPS 软件的串口上以实现 GPS 定位信息的显示。

2. 硬件电路

本实例的硬件仿真电路如图 6-3 所示。

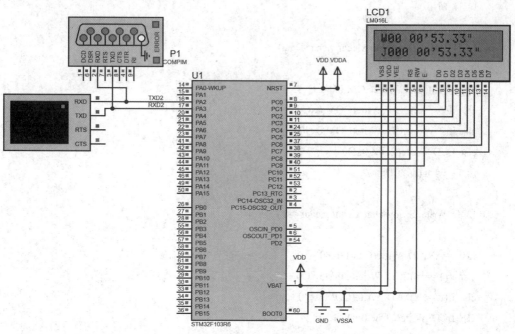

图 6-3　GPS 定位系统设计实例电路仿真原理图

U1(STM32F103R6)的 PA3/RXD2、PA2/TXD2 引脚连接 P1(COMPIM)虚拟串口端的 TXD 和 RXD 引脚，用于虚拟串口数据的接收和发送；U1(STM32F103R6)的 PC0～PC9 引脚连接到 LCD1 的 D0～D7、RS、RW、E 引脚上。

3. 程序设计

根据实例要求，设计的程序如下：

```c
#include "stm32f10x.h"
#include "string.h"

//==================================================================
//--- 1604 LCD 驱动程序段 ---
#define    LCD_RS(x)    (x)?(GPIOC->ODR |= (1 << 8)):(GPIOC->ODR &=~(1 << 8))
#define    LCD_EN(x)    (x)?(GPIOC->ODR |= (1 << 9)):(GPIOC->ODR &=~(1 << 9))
#define    LCD_PORT(x) GPIOC->ODR = (GPIOC->ODR & 0xFF00) | x
#define    COM 0
#define    DAT 1
void LCD_Write(char rs,char dat)
{
    for(int i=0;i<600;i++);
    if(0 == rs)LCD_RS(0);else LCD_RS(1);
    LCD_EN(1);
    LCD_PORT(dat);
    LCD_EN(0);
}
void LCD_Write_Char(char x,char y,char Data)
{
    if(0 == x)LCD_Write(COM,0x80 + y);
    else if(1 == x)LCD_Write(COM,0xC0 + y);
    else if(2 == x)LCD_Write(COM,0x90 + y);
    else LCD_Write(COM,0xD0 + y);
    LCD_Write(DAT,Data);
}
void LCD_Write_String(char x,char y,char *s)
{
    if(0 == x)LCD_Write(COM,0x80 + y);
    else if(1 == x)LCD_Write(COM,0xC0 + y);
    else if(2 == x)LCD_Write(COM,0x90 + y);
    else LCD_Write(COM,0xD0 + y);
    while(*s)LCD_Write(DAT,*s++);
}
void LCD_Clear(void)
{
    LCD_Write(COM,0x01);
    for(int i=0;i<60000;i++);
}
```

```c
void LCD_Init(void)
{
    LCD_Write(COM,0x38);                    //--- 显示模式设置 ---
    LCD_Write(COM,0x08);                    //--- 显示关闭 ---
    LCD_Write(COM,0x06);                    //--- 显示光标移动设置 ---
    LCD_Write(COM,0x0C);                    //--- 打开显示并设置光标---
    LCD_Clear();
}


void MyGPIOC_Init(void)
{
    GPIO_InitTypeDef MyGPIO;                //定义 GPIO 结构体变量
    RCC_APB2PeriphClockCmd(RCC_APB2Periph_GPIOC,ENABLE); //打开 GPIOC 外设时钟
    MyGPIO.GPIO_Pin = GPIO_Pin_0 | GPIO_Pin_1 | GPIO_Pin_2 | GPIO_Pin_3 |
                      GPIO_Pin_4 | GPIO_Pin_5 | GPIO_Pin_6 | GPIO_Pin_7 |
                      GPIO_Pin_8 | GPIO_Pin_9;              //设置 GPIO 引脚
    MyGPIO.GPIO_Speed = GPIO_Speed_50MHz;                   //设置输出响应速度
    MyGPIO.GPIO_Mode =   GPIO_Mode_Out_PP;                  //设置复用功能推挽输出
    GPIO_Init(GPIOC,&MyGPIO);               //调用 GPIO_Init()函数完成 PC0～PC9 的配置
}


void MyUSART2_Init(void)
{
    GPIO_InitTypeDef MyGPIO;                //定义 GPIO 结构体变量
    USART_InitTypeDef MyUSART;              //定义 USART 结构体变量

    RCC_APB2PeriphClockCmd(RCC_APB2Periph_AFIO,ENABLE);     //打开 AFIO 外设时钟
    RCC_APB2PeriphClockCmd(RCC_APB2Periph_GPIOA,ENABLE);    //打开 GPIOA 外设时钟
    MyGPIO.GPIO_Pin =     GPIO_Pin_2;                       //设置 GPIO 引脚
    MyGPIO.GPIO_Speed = GPIO_Speed_50MHz;                   //设置输出响应速度
    MyGPIO.GPIO_Mode =   GPIO_Mode_AF_PP;                   //设置复用功能推挽输出
    GPIO_Init(GPIOA,&MyGPIO);               //调用 GPIO_Init()函数完成 PA2 的配置

    MyGPIO.GPIO_Pin =     GPIO_Pin_3;                       //设置 GPIO 引脚
    MyGPIO.GPIO_Mode =   GPIO_Mode_IN_FLOATING;             //设置为浮空输入模式
    GPIO_Init(GPIOA,&MyGPIO);               //调用 GPIO_Init()函数完成 PA3 的配置

    RCC_APB1PeriphClockCmd(RCC_APB1Periph_USART2,ENABLE);//打开 USART2 外设时钟
```

```
        MyUSART.USART_BaudRate = 9600;                                          //设置波特率
        MyUSART.USART_WordLength = USART_WordLength_8b;                          //设置数据位长度
        MyUSART.USART_StopBits = USART_StopBits_1;                              //设置停止位
        MyUSART.USART_Parity = USART_Parity_No;                                 //设置奇偶校验位
        MyUSART.USART_HardwareFlowControl = USART_HardwareFlowControl_None;     //设置握手协议
        MyUSART.USART_Mode = USART_Mode_Rx | USART_Mode_Tx;                     //设置为发送模式
        USART_Init(USART2,&MyUSART); //调用 USART_Init()函数完成 USART2 的配置
        USART2->BRR = 0x1D4C / 9 / 2;     //由于仿真时钟为 8M，PCLK1 = 4M，因此重新设置波特率
        USART_ITConfig(USART2,USART_IT_RXNE,ENABLE);
        USART_ITConfig(USART2,USART_IT_TC,ENABLE);
        USART_Cmd(USART2,ENABLE);                                               //使能 USART1 工作
}


void MyNVIC_Init(void)
{
        NVIC_InitTypeDef MyNVIC;                                //定义初始化 NVIC 结构体变量
        NVIC_PriorityGroupConfig(NVIC_PriorityGroup_2);         //设置优先级分组
        MyNVIC.NVIC_IRQChannel = USART2_IRQn;                   //设置向量通道
        MyNVIC.NVIC_IRQChannelPreemptionPriority = 2;           //设置抢占优先级
        MyNVIC.NVIC_IRQChannelSubPriority = 2;                  //设置响应优先级
        MyNVIC.NVIC_IRQChannelCmd = ENABLE;                     //使能设置的向量通道中断
        NVIC_Init(&MyNVIC);                     //调用 NVIC 初始化函数完成设置的向量通道配置
}


unsigned char Flag1,Flag2;
unsigned char dataLength = 80;
unsigned char count = 0;


unsigned char uartBuffer[100] = {0};                            //--- 串口 GPS 数据缓冲数组 ---
unsigned char uartByte;                                         //--- 所处帧的部分 ---


char uLatitude[14] = {"W00 00'00.00"};                          //--- 纬度//<3> ---
char uLongitude[14] = {"J000 00'00.00"};                        //--- 经度<5> ---
char uSpeed[10] = {0};                                          //--- 地面速度<7> ---
char uDate[9] = {"D00/00/00"};                                  //--- 日期<9> ---


int SendFlag;
int SendIndex;
char SendBuffer[32];
```

```c
void MyUSART2_Send(char *str)
{
    strcpy((char *)SendBuffer,(char *)str);
    SendIndex = 0;
    SendFlag = SET;
    USART_SendData(USART2,SendBuffer[0]);
    while(RESET != SendFlag);
}

void USART2_IRQHandler(void)
{
    char temp;
    if(RESET != USART_GetITStatus(USART2,USART_IT_TC))   //判断是否为串口发送完成中断
    {
        USART_ClearITPendingBit(USART2,USART_IT_TC);       //清串口发送完成中断标志
        if(RESET != SendFlag)                    //若还有要发送的内容，则继续发送下一个字符
        {
            temp = SendBuffer[++SendIndex];
            if(temp)USART_SendData(USART2,temp);else SendFlag = 0;
        }
    }
    if(RESET != USART_GetITStatus(USART2,USART_IT_RXNE))//判断是否为串口接收完成中断
    {
        USART_ClearITPendingBit(USART2,USART_IT_RXNE); //清串口接收完成中断标志
        temp = USART_ReceiveData(USART2);                 //接收串口数据
        if('R' == temp)Flag2 = 1;
        if(0 != Flag2)
        {
            uartBuffer[count++] = uartByte;                //---缓冲数据存入 uartBuffer 数组---
        }
        if(count>=dataLength)
        {
            Flag1 = 1;                                     //--- 标志位置 1 ---
            Flag2 = 0;                                     //--- 标志位清零 ---
        }
    }
}

void removeLatitude(unsigned char temp)                   //--- GPS 纬度提取函数 ---
```

```
    {
        unsigned char i,k = 0;
        for(i=temp+2;i<temp+13;i++)uLatitude[k++] = uartBuffer[i];
    }


    void removeLongitude(unsigned char temp)              //--- GPS 经度提取函数  ---
    {
        unsigned char i,k=0;
        for(i=temp+2;i<temp+14;i++)uLongitude[k++] = uartBuffer[i];
    }


    void removeSpeed(unsigned char temp)                  //--- GPS 速度提取函数  ---
    {
        unsigned char i,k=0;
        for(i=temp+2;i<temp+9;i++)
          {
            if(uartBuffer[i]==',') break;
            uSpeed[k++] = uartBuffer[i];
          }
    }


    void removeDate(unsigned char temp)                   //--- GPS 日期提取函数  ---
    {
        unsigned char i,k=0;
        for(i=temp+2;i<temp+11;i++)uDate[k++] = uartBuffer[i];
    }


    void    uartBufferDeal(void)                          //--- GPS 数据处理函数  ---
    {
        unsigned char i,j;
        unsigned char comma_n=0;
        for(i=0;i<100;i++)
          {
            if(uartBuffer[i]=='R')
              {
                comma_n = 0;                              //--- 逗号的个数归零  ---
                for(j=i;j<100;j++)
                  {
                    if(uartBuffer[j]==',')comma_n += 1;
```

```
                    if(2 == comma_n)removeLatitude(j);
                    if(4 == comma_n)removeLongitude(j);
                    if(6 == comma_n)removeSpeed(j);
                    if(8 == comma_n)removeDate(j);
                }
            }
        }
}

void formatControl(void)                       //--- 经纬度数据格式转换函数 ---
{
    unsigned char w[13],j[13],D[6],V[10];
    unsigned char i;
    for(i=0;i<13;i++)
        {
            w[i]=uLatitude[i];
            j[i]=uLongitude[i];
        }
    for(i=0;i<6;i++)
        {
            D[i]=uDate[i];
            V[i]=uSpeed[i];
        }

    uLatitude[0]='W';
    uLatitude[1]=w[0];
    uLatitude[2]=w[1];
    uLatitude[3]=0x20;                          //空格
    uLatitude[4]=w[2];
    uLatitude[5]=w[3];
    uLatitude[6]=0x27;                          //单引号
    uLatitude[7]=w[5];
    uLatitude[8]=w[6];
    uLatitude[9]=w[4];                          //小数点
    uLatitude[10]=w[7];
    uLatitude[11]=w[8];
    uLatitude[12]=0x22;                         //双引号

    uLongitude[0]='J';
```

```
    uLongitude[1]=j[0];
    uLongitude[2]=j[1];
    uLongitude[3]=j[2];
    uLongitude[4]=0x20;            //空格
    uLongitude[5]=j[3];
    uLongitude[6]=j[4];
    uLongitude[7]=0x27;            //单引号
    uLongitude[8]=j[6];
    uLongitude[9]=j[7];
    uLongitude[10]=j[5];           //小数点
    uLongitude[11]=j[8];
    uLongitude[12]=j[9];
    uLongitude[13]=0x22;           //双引号

    uDate[0]='D';
    uDate[1]=D[0];
    uDate[2]=D[1];
    uDate[3]='/';
    uDate[4]=D[2];
    uDate[5]=D[3];
    uDate[6]='/';
    uDate[7]=D[4];
    uDate[8]=D[5];

    for(i=0;i<10;i++)
      {
        if(0 == i)uSpeed[i] = 'V';
        else uSpeed[i] = V[i-1];
      }
}

void lcdDisplay(void)
{

}

int main(void)
{
    MyGPIOC_Init();                //GPIO 初始化
```

```
    MyUSART2_Init();                        //USART1 初始化
    MyNVIC_Init();                          //NVIC 初始化
    LCD_Init();


    while(1)
    {
      if(0 != Flag1)
        {
          uartBufferDeal();                 //--- 经纬度数据处理 ---
          formatControl();                  //--- 经纬度数据格式转换 ---
          LCD_Write_String(0,0,uLatitude);
          LCD_Write_String(1,0,uLongitude);
          Flag1 = 0;                        //--- 清除标志位 ---
          count = 0;
        }
    }
}
```

4. 实例总结

本实例展示了如何利用 STM32F103R6 的串口接收 GPS 的信息，并正确解码在 LCD 上显示。程序中涉及的主要内容有：

(1) STM32F103R6 的 USART2 串口配置和串口中断函数的编写；

(2) 1602 液晶显示模块的初始化和字符串显示，其中 LCD_Init()函数实现 LCD 初始化，LCD_Write_String()函数实现字符串的显示；

(3) GPS 协议的解码，这部分内容由 uartBufferDeal()函数实现。

本实例要用到 VSPD 虚拟串口驱动和 GPS 模拟软件。

6.3　简易示波器设计实例

1. 实例要求

利用 STM32F103R6 内置的 A/D 转换器、定时器等资源实现一个可以测量信号的波形，并通过 128×64 图形点阵 LCD 模块显示，功能如下：

(1) 128×64 图形点阵 LCD 显示信号的波形；

(2) 具有背景网格显示；

(3) 横坐标的时间轴可在 10 μs～10 ms 之间调节；

(4) 纵坐标的波形幅度可放大和缩小。

2. 硬件电路

本实例的硬件仿真电路如图 6-4 所示。

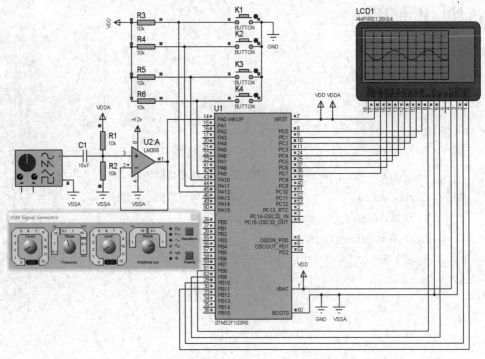

图 6-4　简易示波器设计实例电路仿真原理图

　　U1(STM32F103R6)的 GPIOC 端口引脚 PC0~PC7 连接 128×64 图形点阵 LCD1 模块的数据引脚 DB0~DB7，PB8~PB11 分别驱动 LCD1 的 E、RS、$\overline{CS1}$ 和 $\overline{CS2}$ 引脚。外部输入的信号经过 C1 耦合电容加到 U2(LM358)的正端输入引脚，R1 和 R2 构成 2.5 V 的参考电平，也加到 U2 的正输入端，经过 U2 的跟随输出到 U1 的 PA0/AIN0 引脚上，实现模拟量的输入。按键 K1~K4 分别连接到 U1 的 PA9~PA12 引脚上。

3. 程序设计

　　根据实例要求，设计的程序如下：

```
#include "stm32f10x.h"
void LCD128X64_GPIO_Init(void)
{
    GPIO_InitTypeDef MyGPIO;                        //定义 GPIO 结构体初始化变量
    RCC_APB2PeriphClockCmd(RCC_APB2Periph_GPIOC,ENABLE); //打开 GPIOC 外设时钟
    MyGPIO.GPIO_Pin = GPIO_Pin_0 | GPIO_Pin_1 | GPIO_Pin_2 | GPIO_Pin_3 |
                      GPIO_Pin_4 | GPIO_Pin_5 | GPIO_Pin_6 | GPIO_Pin_7;
    MyGPIO.GPIO_Speed = GPIO_Speed_50MHz;                        //设置响应速度
    MyGPIO.GPIO_Mode = GPIO_Mode_Out_PP;//设置 PC0~PC11 为复用功能推挽输出
    GPIO_Init(GPIOC,&MyGPIO);                    //调用 GPIO 初始化函数完成 PC0~PC7 引脚配置
    RCC_APB2PeriphClockCmd(RCC_APB2Periph_GPIOB,ENABLE);//打开 GPIOB 外设时钟
    MyGPIO.GPIO_Pin = GPIO_Pin_8 | GPIO_Pin_9 | GPIO_Pin_10 | GPIO_Pin_11;
    GPIO_Init(GPIOB,&MyGPIO);                    //调用 GPIO 初始化函数完成 PB8~PC11 引脚配置
```

```
}

#define LCD_EN(x)      ((x)?(GPIOB->ODR |= (1 << 8)):(GPIOB->ODR &=~(1 << 8)))
#define LCD_RS(x)      ((x)?(GPIOB->ODR |= (1 << 9)):(GPIOB->ODR &=~(1 << 9)))
#define LCD_CS2(x)     ((x)?(GPIOB->ODR |= (1 << 10)):(GPIOB->ODR &=~(1 << 10)))
#define LCD_CS1(x)     ((x)?(GPIOB->ODR |= (1 << 11)):(GPIOB->ODR &=~(1 << 11)))
#define LCD_PORT(x)    GPIOC->ODR = x
#define COMD      0
#define DATA      1
void LCDWriteComd(char rs,char ucCMD)          //--- LCD 模块写命令函数 ---
{
    for(int i=0;i<10;i++);
    LCD_PORT(ucCMD);
    if(0 == rs)LCD_RS(0);else LCD_RS(1);
    LCD_EN(1);LCD_EN(0);
}
void LCDInit(void)
{
    LCD_CS1(0);LCD_CS2(0);
    LCDWriteComd(COMD,0x38);                   //--- 8 位形式，两行字符 ---
    LCDWriteComd(COMD,0x0F);                   //--- 开显示 ---
    LCDWriteComd(COMD,0x01);                   //--- 清屏 ---
    LCDWriteComd(COMD,0x06);                   //--- 画面不动，光标右移 ---
    LCDWriteComd(COMD,0xC0);                   //--- 设置起始行 ---
    LCD_CS1(1);LCD_CS2(1);
}
void LCD_ClearScreen(void)
{
    LCD_CS1(0);LCD_CS2(0);
    for(int x=0;x<8;x++)
    {
        LCDWriteComd(COMD,0xB8 | x);           //--- 设置行地址(页)0～7 ---
        LCDWriteComd(COMD,0x40 | 0x00);        //--- 设置列地址  0～63 ---
        for(int y=0;y<64;y++)
        {
            LCDWriteComd(DATA,0x00);
        }
    }
    LCD_CS1(1);LCD_CS2(1);
```

```
}
void LCD_WriteByte(char x,char y,char dat)
{
    if(y < 64)    //--- 左半屏 ---
    {
        LCD_CS1(0);
        LCD_CS2(1);
    }
    else          //--- 右半屏 ---
    {
        LCD_CS1(1);
        LCD_CS2(0);
    }
    LCDWriteComd(0,0xB8 | x);
    LCDWriteComd(0,0x40 | y);
    LCDWriteComd(1,dat);
    LCD_CS1(1);
    LCD_CS2(1);
}

#define    BASENUM    100
//--- 网格显示定义 ---
const unsigned char Grid[8][BASENUM] =
{// (100 × 64 )
0xFF,0x81,0x01,0x81,0x01,0x81,0x01,0x81,0x01,0x81,0xD5,0x81,0x01,0x81,0x01,0x81,
0x01,0x81,0x01,0x81,0xD5,0x81,0x01,0x81,0x01,0x81,0x01,0x81,0x01,0x81,0xD5,0x81,
0x01,0x81,0x01,0x81,0x01,0x81,0x01,0x81,0xD5,0x81,0x01,0x81,0x01,0x81,0x01,0x81,
0x01,0x81,0xFF,0x81,0x01,0x81,0x01,0x81,0x01,0x81,0x01,0x81,0xD5,0x81,0x01,0x81,
0x01,0x81,0x01,0x81,0x01,0x81,0xD5,0x81,0x01,0x81,0x01,0x81,0x01,0x81,0x01,0x81,
0xD5,0x81,0x01,0x81,0x01,0x81,0x01,0x81,0x01,0x81,0xD5,0x81,0x01,0x81,0x01,0x81,
0x01,0x81,0x01,0xFF,0xFF,0x80,0x00,0x80,0x00,0x80,0x00,0x80,0x00,0x80,0xD5,0x80,
0x00,0x80,0x00,0x80,0x00,0x80,0x00,0x80,0xD5,0x80,0x00,0x80,0x00,0x80,0x00,0x80,
0x00,0x80,0xD5,0x80,0x00,0x80,0x00,0x80,0x00,0x80,0x00,0x80,0xD5,0x80,0x00,0x80,
0x00,0x80,0x00,0x80,0x00,0x80,0xFF,0x80,0x00,0x80,0x00,0x80,0x00,0x80,0x00,0x80,
0xD5,0x80,0x00,0x80,0x00,0x80,0x00,0x80,0x00,0x80,0xD5,0x80,0x00,0x80,0x00,0x80,
0x00,0x80,0x00,0x80,0xD5,0x80,0x00,0x80,0x00,0x80,0x00,0x80,0x00,0x80,0xD5,0x80,
0x00,0x80,0x00,0x80,0x00,0x80,0x00,0xFF,0xFF,0x80,0x00,0x80,0x00,0x80,0x00,0x80,
0x00,0x80,0xD5,0x80,0x00,0x80,0x00,0x80,0x00,0x80,0x00,0x80,0xD5,0x80,0x00,0x80,
0x00,0x80,0x00,0x80,0x00,0x80,0xD5,0x80,0x00,0x80,0x00,0x80,0x00,0x80,0x00,0x80,
```

```
0xD5,0x80,0x00,0x80,0x00,0x80,0x00,0x80,0x00,0x80,0xFF,0x80,0x00,0x80,0x00,0x80,
0x00,0x80,0x00,0x80,0xD5,0x80,0x00,0x80,0x00,0x80,0x00,0x80,0x00,0x80,0xD5,0x80,
0x00,0x80,0x00,0x80,0x00,0x80,0x00,0x80,0xD5,0x80,0x00,0x80,0x00,0x80,0x00,0x80,
0x00,0x80,0xD5,0x80,0x00,0x80,0x00,0x80,0x00,0x80,0x00,0xFF,0xFF,0x80,0x80,0x80,
0x80,0x80,0x80,0x80,0x80,0x80,0xD5,0x80,0x80,0x80,0x80,0x80,0x80,0x80,0x80,0x80,
0xD5,0x80,0x80,0x80,0x80,0x80,0x80,0x80,0x80,0x80,0xD5,0x80,0x80,0x80,0x80,0x80,
0x80,0x80,0x80,0x80,0xD5,0x80,0x80,0x80,0x80,0x80,0x80,0x80,0x80,0x80,0xFF,0x80,
0x80,0x80,0x80,0x80,0x80,0x80,0x80,0x80,0xD5,0x80,0x80,0x80,0x80,0x80,0x80,0x80,
0x80,0x80,0xD5,0x80,0x80,0x80,0x80,0x80,0x80,0x80,0x80,0x80,0xD5,0x80,0x80,0x80,
0x80,0x80,0x80,0x80,0x80,0x80,0xD5,0x80,0x80,0x80,0x80,0x80,0x80,0x80,0x80,0xFF,
0xFF,0x80,0x00,0x80,0x00,0x80,0x00,0x80,0x00,0x80,0xD5,0x80,0x00,0x80,0x00,0x80,
0x00,0x80,0x00,0x80,0xD5,0x80,0x00,0x80,0x00,0x80,0x00,0x80,0x00,0x80,0xD5,0x80,
0x00,0x80,0x00,0x80,0x00,0x80,0x00,0x80,0xD5,0x80,0x00,0x80,0x00,0x80,0x00,0x80,
0x00,0x80,0xFF,0x80,0x00,0x80,0x00,0x80,0x00,0x80,0x00,0x80,0xD5,0x80,0x00,0x80,
0x00,0x80,0x00,0x80,0x00,0x80,0xD5,0x80,0x00,0x80,0x00,0x80,0x00,0x80,0x00,0x80,
0xD5,0x80,0x00,0x80,0x00,0x80,0x00,0x80,0x00,0x80,0xD5,0x80,0x00,0x80,0x00,0x80,
0x00,0x80,0x00,0xFF,0xFF,0x80,0x00,0x80,0x00,0x80,0x00,0x80,0x00,0x80,0xD5,0x80,
0x00,0x80,0x00,0x80,0x00,0x80,0x00,0x80,0xD5,0x80,0x00,0x80,0x00,0x80,0x00,0x80,
0x00,0x80,0xD5,0x80,0x00,0x80,0x00,0x80,0x00,0x80,0x00,0x80,0xD5,0x80,0x00,0x80,
0x00,0x80,0x00,0x80,0xFF,0x80,0x00,0x80,0x00,0x80,0x00,0x80,0x00,0x80,0x00,0x80,
0xD5,0x80,0x00,0x80,0x00,0x80,0x00,0x80,0x00,0x80,0xD5,0x80,0x00,0x80,0x00,0x80,
0x00,0x80,0x00,0x80,0xD5,0x80,0x00,0x80,0x00,0x80,0x00,0x80,0x00,0x80,0xD5,0x80,
0x00,0x80,0x00,0x80,0x00,0x80,0x00,0xFF,0xFF,0x80,0x00,0x80,0x00,0x80,0x00,0x80,
0x00,0x80,0xD5,0x80,0x00,0x80,0x00,0x80,0x00,0x80,0x00,0x80,0xD5,0x80,0x00,0x80,
0x00,0x80,0x00,0x80,0x00,0x80,0xD5,0x80,0x00,0x80,0x00,0x80,0x00,0x80,0x00,0x80,
0xD5,0x80,0x00,0x80,0x00,0x80,0x00,0x80,0x00,0x80,0xFF,0x80,0x00,0x80,0x00,0x80,
0x00,0x80,0x00,0x80,0xD5,0x80,0x00,0x80,0x00,0x80,0x00,0x80,0x00,0x80,0xD5,0x80,
0x00,0x80,0x00,0x80,0x00,0x80,0x00,0x80,0xD5,0x80,0x00,0x80,0x00,0x80,0x00,0x80,
0x00,0x80,0xD5,0x80,0x00,0x80,0x00,0x80,0x00,0x80,0x00,0xFF,0xFF,0x80,0x80,0x80,
0x80,0x80,0x80,0x80,0x80,0x80,0xD5,0x80,0x80,0x80,0x80,0x80,0x80,0x80,0x80,0x80,
0xD5,0x80,0x80,0x80,0x80,0x80,0x80,0x80,0x80,0x80,0xD5,0x80,0x80,0x80,0x80,0x80,
0x80,0x80,0x80,0x80,0xD5,0x80,0x80,0x80,0x80,0x80,0x80,0x80,0x80,0x80,0xFF,0x80,
0x80,0x80,0x80,0x80,0x80,0x80,0x80,0x80,0xD5,0x80,0x80,0x80,0x80,0x80,0x80,0x80,
0x80,0x80,0xD5,0x80,0x80,0x80,0x80,0x80,0x80,0x80,0x80,0x80,0xD5,0x80,0x80,0x80,
0x80,0x80,0x80,0x80,0x80,0x80,0xD5,0x80,0x80,0x80,0x80,0x80,0x80,0x80,0x80,0xFF,
};
unsigned char rGrid[8][BASENUM];
void LCD_DrawrGrid(void)
{
```

```
    LCD_CS1(0);LCD_CS2(1);              //--- 刷左半屏 ---
    for(int x=0;x<8;x++)
    {
        LCDWriteComd(0,0xB8 | x);
        LCDWriteComd(0,0x40 | 0x00);
        for(int y=0;y<64;y++)LCDWriteComd(DATA,rGrid[x][y]);
    }
    LCD_CS1(1);LCD_CS2(0);              //--- 刷右半屏 ---
    for(int x=0;x<8;x++)
    {
        LCDWriteComd(0,0xB8 | x);
        LCDWriteComd(0,0x40 | 0x00);
        for(int y=0;y<(BASENUM – 64);y++)LCDWriteComd(DATA,rGrid[x][y + 64]);
    }
    LCD_CS1(1);LCD_CS2(1);
}

int UpdateFlag,trigflag,trigflag2;
int TrigLevel = 2047;
int XTimepos = 200;
int YVoltpos = 1;
int ADCPointer;
short ADCBuffer[BASENUM * 4];
unsigned char buf[BASENUM],prevbuf[BASENUM];
void MyADC_Init(void)
{
    GPIO_InitTypeDef MyGPIO;              //定义 GPIO 结构体初始化变量
    RCC_APB2PeriphClockCmd(RCC_APB2Periph_GPIOA,ENABLE);          //打开 GPIOA 外设时钟
    MyGPIO.GPIO_Pin = GPIO_Pin_0;        //配置 GPIO 引脚
    MyGPIO.GPIO_Mode = GPIO_Mode_AIN;                             //配置为模拟输入模式
    GPIO_Init(GPIOA,&MyGPIO);            //调用 GPIO_Init()函数完成 PA0 的配置

    ADC_InitTypeDef   MyADC;             //定义 ADC 结构体初始化变量
    RCC_APB2PeriphClockCmd(RCC_APB2Periph_AFIO,ENABLE);          //打开 AFIO 外设时钟
    RCC_APB2PeriphClockCmd(RCC_APB2Periph_ADC1,ENABLE);          //打开 ADC1 外设时钟
    RCC_ADCCLKConfig(RCC_PCLK2_Div6);                            //6 分频
    MyADC.ADC_Mode = ADC_Mode_Independent;                       //配置为独立模式
    MyADC.ADC_ScanConvMode = DISABLE;                            //禁止扫描方式
    MyADC.ADC_ContinuousConvMode = DISABLE;                      //连接转换禁止
```

```
        MyADC.ADC_ExternalTrigConv = ADC_ExternalTrigConv_None;          //外部触发转换禁止
        MyADC.ADC_DataAlign = ADC_DataAlign_Right;                       //数据右对齐
        MyADC.ADC_NbrOfChannel = 1;                                     //1 个通道
        ADC_Init(ADC1,&MyADC);                                          //调用 ADC_Init()完成 ADC1 的配置
        //ADC_ITConfig(ADC1,ADC_IT_EOC,ENABLE);                         //使能 ADC1 的 EOC 中断
        ADC_Cmd(ADC1,ENABLE);                                          //使能 ADC1
        ADC_RegularChannelConfig(ADC1,0,1,ADC_SampleTime_239Cycles5);  //重新配置 ADC1 转换
        ADC_SoftwareStartConvCmd(ADC1,ENABLE);                        //软件启动 ADC1 转换开始
}
int GetADCValue(void)                                                 //--- ADC 采集电压函数 ---
{
        int value;
        while(RESET == ADC_GetFlagStatus(ADC1,ADC_FLAG_EOC))         //等待 ADC1 转换结束
        value = ADC_GetConversionValue(ADC1);                        //读取 ADC1 转换的结果
    ADC_RegularChannelConfig(ADC1,0,1,ADC_SampleTime_239Cycles5);    //重新配置 ADC1 转换
        ADC_SoftwareStartConvCmd(ADC1,ENABLE);                       //软件启动 ADC1 软件开始
        return value;
}


void MyNVIC_Init(void)
{
        NVIC_InitTypeDef MyNVIC;                                     //定义初始化 NVIC 结构体变量
        NVIC_PriorityGroupConfig(NVIC_PriorityGroup_2);             //设置优先级分组
        MyNVIC.NVIC_IRQChannel = TIM2_IRQn;                         //设置向量通道
        MyNVIC.NVIC_IRQChannelPreemptionPriority = 2;               //设置抢占优先级
        MyNVIC.NVIC_IRQChannelSubPriority = 2;                      //设置响应优先级
        MyNVIC.NVIC_IRQChannelCmd = ENABLE;                         //使能设置的向量通道中断
        NVIC_Init(&MyNVIC);                        //调用 NVIC 初始化函数完成设置的向量通道配置
}


void MyTIM_Init(void)
{
        TIM_TimeBaseInitTypeDef   MyTIM;                            //定义初始化 TIM 结构体变量
        RCC_APB1PeriphClockCmd(RCC_APB1Periph_TIM2,ENABLE);        //打开 TIM2 外设时钟
        MyTIM.TIM_Prescaler = 8 − 1;                               //设置定时器的预分频系数
        MyTIM.TIM_Period = XTimepos;                               //设置定时的初值
        MyTIM.TIM_CounterMode = TIM_CounterMode_Up;                //设置定时器的计数方式
        TIM_TimeBaseInit(TIM2,&MyTIM);            //调用 TIM 初始化函数完成 TIM 定时功能的配置
        TIM_Cmd(TIM2,ENABLE);                                     //使能 TIM2 工作
```

```
        TIM_ITConfig(TIM2,TIM_IT_Update,ENABLE);        //使能 TIM2 的溢出中断
}


void TIM2_IRQHandler(void)
{
    if(RESET != TIM_GetITStatus(TIM2,TIM_IT_Update))
    {
        TIM_ClearITPendingBit(TIM2,TIM_IT_Update);

        //--- 采样波形数据  ---
        short val = GetADCValue();
        if((0 == trigflag) || (0 == trigflag2))
        {
            if(val >= TrigLevel)
            {
                if(0 == trigflag) trigflag = 1;
                else
                {
                    if(val >= (TrigLevel + 4))
                    {
                        if(0 == trigflag2)
                        {
                            trigflag2 = 1;
                            ADCPointer = 0;
                        }
                    }
                }
            }
        }
        else
        {
            if(0 == UpdateFlag)
            {
                ADCBuffer[ADCPointer] = val;
                if(BASENUM == ++ADCPointer)
                {
                    UpdateFlag = 1;
                    for(int j=0;j<BASENUM;j++)
                    {
```

```
                            int m = ADCBuffer[j] >> 6;
                            m -= 31;
                            m *= YVoltpos;
                            m += 31;
                            buf[j] = 63 - m;
                        }
                        UpdateFlag = 0;
                        trigflag = 0;
                        trigflag2 = 0;
                        for(int j=0;j<BASENUM;j++)
                        {
                            int i =   prevbuf[j] / 8;
                            rGrid[i][j] = Grid[i][j];
                        }
                        for(int j=0;j<BASENUM;j++)
                        {
                            int i = buf[j] / 8;
                            int m = buf[j] % 8;
                            rGrid[i][j] = Grid[i][j] | (1 << m);
                        }
                        for(int j=0;j<BASENUM;j++)prevbuf[j] = buf[j];
                        LCD_DrawrGrid();
                    }
                }
            }
        }
}


#define    K1    (GPIOA->IDR & (1 << 12))            //--- K1 按键宏定义 ---
#define    K2    (GPIOA->IDR & (1 << 11))            //--- K2 按键宏定义 ---
#define    K3    (GPIOA->IDR & (1 << 10))            //--- K3 按键宏定义 ---
#define    K4    (GPIOA->IDR & (1 << 9))             //--- K4 按键宏定义 ---
int K1_Cnt,K2_Cnt,K3_Cnt,K4_Cnt;

int main(void)
{
    int i,j,m;
    LCD128X64_GPIO_Init();
    LCDInit();
```

```
LCD_ClearScreen();
for(int x=0;x<8;x++)
    for(int y=0;y<BASENUM;y++)
        rGrid[x][y] = Grid[x][y];
LCD_DrawrGrid();
MyADC_Init();
MyNVIC_Init();
MyTIM_Init();
while(1)
{
    if((0 == K1) && (999999 != K1_Cnt) && (++K1_Cnt > 10))
    {                                                          //--- K1 功能键 ---
        if(0 == K1)
        {
            K1_Cnt = 999999;
            if(100000 == XTimepos)XTimepos = 50000;
            else if(50000 == XTimepos)XTimepos = 40000;
            else if(40000 == XTimepos)XTimepos = 20000;
            else if(20000 == XTimepos)XTimepos = 10000;
            else if(10000 == XTimepos)XTimepos = 5000;
            else if(5000 == XTimepos)XTimepos = 4000;
            else if(4000 == XTimepos)XTimepos = 2000;
            else if(2000 == XTimepos)XTimepos = 1000;
            else if(1000 == XTimepos)XTimepos = 500;
            else if(500 == XTimepos)XTimepos = 400;
            else if(400 == XTimepos)XTimepos = 200;
            else if(200 == XTimepos)XTimepos = 100;
            TIM2->ARR = XTimepos;
            TIM2->CNT = 0;
        }
    }
    else if(0 != K1)K1_Cnt = 0;
    if((0 == K2) && (999999 != K2_Cnt) && (++K2_Cnt > 10))
    {                                                          //--- K2 功能键 ---
        if(0 == K2)
        {
            K2_Cnt = 999999;
            if(100 == XTimepos)XTimepos = 200;
            else if(200 == XTimepos)XTimepos = 400;
```

```
            else if(400 == XTimepos)XTimepos = 500;
            else if(500 == XTimepos)XTimepos = 1000;
            else if(1000 == XTimepos)XTimepos = 2000;
            else if(2000 == XTimepos)XTimepos = 4000;
            else if(4000 == XTimepos)XTimepos = 5000;
            else if(5000 == XTimepos)XTimepos = 10000;
            else if(10000 == XTimepos)XTimepos = 20000;
            else if(20000 == XTimepos)XTimepos = 40000;
            else if(40000 == XTimepos)XTimepos = 50000;
            else if(50000 == XTimepos)XTimepos = 100000;
            TIM2->ARR = XTimepos;
            TIM2->CNT = 0;
        }
    }
    else if(0 != K2)K2_Cnt = 0;
    if((0 == K3) && (999999 != K3_Cnt) && (++K3_Cnt > 10))
    {                                          //--- K3 功能键 ---
        if(0 == K3)
        {
            K3_Cnt = 999999;
            if(++YVoltpos > 4)YVoltpos = 4;
        }
    }
    else if(0 != K3)K3_Cnt = 0;
    if((0 == K4) && (999999 != K4_Cnt) && (++K4_Cnt > 10))
    {                                          //--- K4 功能键 ---
        if(0 == K4)
        {
            K4_Cnt = 999999;
            if(--YVoltpos < 1)YVoltpos = 1;
        }
    }
    else if(0 != K4)K4_Cnt = 0;
    }
}
```

4. 实例总结

本实例充分利用 STM32F103R6 的内置 12 位 A/D 的快速采样率实现波形的显示。程序设计涉及的主要内容如下：

(1) 时间轴的扫描周期通过 16 位定时器 TIM2 实现,其中 XTimepos 变量用于设定 16 位定时周期值。

(2) 通过 TrigLevel 变量来调节波形显示的触发点,该值在 0～4095 之间变化。

(3) 在 TIM2_IRQHandler 中断函数中采集指定的波形数据存储到 ADCBuffer 缓冲区中,当缓冲区存储满时,置位 UpdateFlag。

(4) main 主程序根据 UpdateFlag 标志来处理被显示波形的幅度值数据,并将该数据显示在 LCD 显示屏上。

(5) 背景网格通过建立 Grid 二维数组实现,在背景网格上显示波形时,通过逻辑或的方式显示对应的像素点。

6.4　基于 μCOS-Ⅱ 的 BLDC 电机控制器设计实例

1. 实例要求

利用 STM32F103R6、电机驱动器件 L293D 和 IRF540 MOS 管设计驱动电路来驱动 BLDC 电机实现如下功能:

(1) 可调转速。

(2) 可控转换方向。

(3) 显示转速和目标转速。

2. 硬件电路

本实例的硬件仿真电路如图 6-5～图 6-7 所示。

BLDC 的电机控制器的显示和按键输入、速度调节等控制电路如图 6-5 所示。

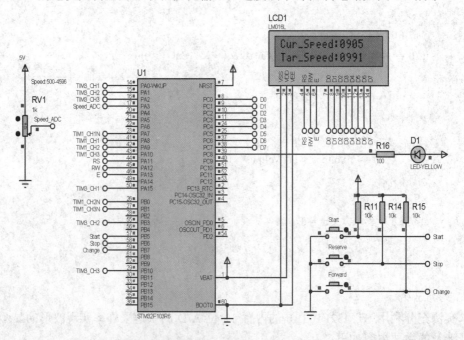

图 6-5　基于 UCOSII 的 BLDC 电机控制器设计实例的 MCU 控制电路仿真原理图

在图 6-5 中，U1(STM32F103R6)的 GPIOC 端口引脚 PC0～PC7 分别连接 LCD1(LM016L) 的 D0～D7 引脚，U1(STM32F103R6) 的 GPIOA 端口引脚 PA11～PA13 分别连接 LCD1(LM016L)的 RS、RW 和 E 引脚，可调电阻 RV1(1K)的可调端连接 U1(STM32F103R6) 的 PA3 引脚。按键 Start、Reserve 和 Forward 分别连接 U1(STM32F103R6)的 GPIOB 端口 的 PB5、PB6 和 PB7 引脚。

BLDC 的电机控制器的电机驱动电路如图 6-6 所示。

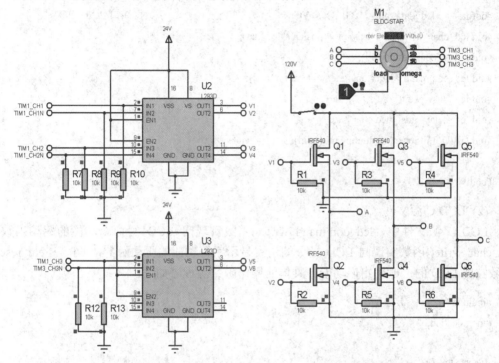

图 6-6　基于 UCOSII 的 BLDC 电机控制器设计实例的电机驱动电路仿真原理图

U1(STM32F103R6)的 PA8/TIM1_CH1 和 PA7/TIM1_CH1N 连接 U2(L293D)的 IN1 和 IN2 引脚，PA9/TIM1_CH2 和 PB0/TIM1_CH2N 连接 U2(L293D)的 IN3 和 IN4 引脚，PA10/TIM1_CH3 和 PB1/TIM1_CH3N 连接 U3(L293D)的 IN1 和 IN2 引脚。电阻 R7～R10 分别为下拉电阻，R12 和 R13 为 U3 的 IN1 和 IN2 引脚的下拉电阻。

3. 程序设计

根据实例要求，设计的主要的程序如下：

1) LCD.H 头文件和 LCD.C 源文件

(1) LCD.H 头文件。

LCD.H 头文件中实现驱动 1602 液晶引脚的宏定义和相关函数声明。

```
#ifndef _lcd_H
#define _lcd_H


#define    LCD1602_RS0  GPIOA->BRR   = 0x0800      //低电平    PB.15
#define    LCD1602_RW0 GPIOA->BRR    = 0x1000      //低电平    PB.14
```

```
#define      LCD1602_EN0 GPIOA->BRR   = 0x2000         //低电平   PB.13
//============端口位设置/清除寄存器============================
#define      LCD1602_RS1 GPIOA->BSRR = (uint32_t)0x0800  //高电平   PB.15
#define      LCD1602_RW1 GPIOA->BSRR = (uint32_t)0x1000  //高电平   PB.14
#define      LCD1602_EN1 GPIOA->BSRR = (uint32_t)0x2000  //高电平   PB.13


#define      lcd_data_port    GPIOC->ODR                 //数据端口 PC0～PC7
void lcd_char_write(int x_pos,int y_pos,char lcd_dat);
void lcd_system_reset(void);
void lcd_command_write( unsigned char command);
void lcd_busy_wait(void);
void lcd_delay( unsigned char ms);
void GPIO_InitStructReadtempCmd(void);


#endif
```

(2) LCD.C 源文件。

LCD.C 源文件中，lcd_command_write()函数实现向 LCD 写命令功能的驱动函数，lcd_char_write()函数实现向 LCD 指令的位置显示字符功能的驱动函数，lcd_system_reset()函数实现 LCD 的上电初始化功能。具体的操作函数源程序如下：

```
#include "includes.h"
#include "lcd.h"


//1602 初始化
void lcd_delay( unsigned char ms) /*LCD1602 延时*/
{
    unsigned char j;
    while(ms--){
        for(j=0;j<200;j++){;}
        }
}
void lcd_busy_wait(void) /*LCD1602 忙等待*/
{
    uint8_t sta;
    LCD1602_RS0;
    LCD1602_RW1;
    lcd_data_port = 0xff;
    do{
        LCD1602_EN1;
```

```c
            HAL_Delay(1);
                sta = HAL_GPIO_ReadPin(GPIOC, GPIO_PIN_7);
            LCD1602_EN0;
    }while(sta & 0x80);
}
void lcd_command_write( unsigned char command) /*LCD1602 命令字写入*/
{
    //lcd_busy_wait();
    LCD1602_RS0;
    LCD1602_RW0;
    LCD1602_EN1;
    lcd_data_port = 0xffff & command;
    HAL_Delay(2);
    LCD1602_EN0;
    HAL_Delay(2);
}
void lcd_system_reset(void) /*LCD1602 初始化*/
{
    lcd_command_write(0x38);
    HAL_Delay(2);
    lcd_command_write(0x01);
    HAL_Delay(2);
    lcd_command_write(0x06);
    HAL_Delay(2);
    lcd_command_write(0x0c);
    HAL_Delay(2);
}
void lcd_char_write(int x_pos,int y_pos,char lcd_dat) /*LCD1602 字符写入*/
{
    x_pos &= 0x0f;
    y_pos &= 0x01;
    if(y_pos==1) x_pos += 0x40;
    x_pos += 0x80;
    lcd_command_write(x_pos);
    lcd_busy_wait();
    LCD1602_RS1;
    LCD1602_RW0;
    LCD1602_EN1;
    lcd_data_port = 0xffff & lcd_dat;
```

```
    HAL_Delay(2);
    LCD1602_EN0;
    HAL_Delay(1);
}
```

2) gpio.c 源文件

gpio.c 源文件实现对电路中应用到的指定 GPIO 引脚进行配置。配置程序如下：

```c
#include "gpio.h"
void MX_GPIO_Init(void)
{
  GPIO_InitTypeDef GPIO_InitStruct = {0};

  /* 用到的 GPIO 端口时钟使能 */
  _HAL_RCC_GPIOD_CLK_ENABLE();
  _HAL_RCC_GPIOC_CLK_ENABLE();
  _HAL_RCC_GPIOA_CLK_ENABLE();
  _HAL_RCC_GPIOB_CLK_ENABLE();

  /*配置指定的 GPIOC 端口引脚输出低电平*/
  HAL_GPIO_WritePin(GPIOC, GPIO_PIN_0|GPIO_PIN_1|GPIO_PIN_2|GPIO_PIN_3
                        |GPIO_PIN_4|GPIO_PIN_5|GPIO_PIN_6|GPIO_PIN_7
                        |GPIO_PIN_9|GPIO_PIN_10|GPIO_PIN_11, GPIO_PIN_RESET);
  /*配置指定的 GPIO 端口引脚输出高电平*/
  HAL_GPIO_WritePin(led_GPIO_Port, led_Pin, GPIO_PIN_SET);
  /*配置指定的 GPIOA 端口引脚输出低电平*/
  HAL_GPIO_WritePin(GPIOA, GPIO_PIN_11|GPIO_PIN_12|GPIO_PIN_13, GPIO_PIN_RESET);
  /*配置 PC0 PC1 PC2 PC3 PC4 PC5 PC6 PC7 PC8 Pin PC9 PC10 PC11 引脚的工作模式*/
  GPIO_InitStruct.Pin = GPIO_PIN_0|GPIO_PIN_1|GPIO_PIN_2|GPIO_PIN_3
                        |GPIO_PIN_4|GPIO_PIN_5|GPIO_PIN_6|GPIO_PIN_7
                        |led_Pin|GPIO_PIN_9|GPIO_PIN_10|GPIO_PIN_11;
  GPIO_InitStruct.Mode = GPIO_MODE_OUTPUT_PP;
  GPIO_InitStruct.Pull = GPIO_NOPULL;
  GPIO_InitStruct.Speed = GPIO_SPEED_FREQ_LOW;
  HAL_GPIO_Init(GPIOC, &GPIO_InitStruct);
  /*配置 PA 引脚为上升沿触发的外部中断引脚方式*/
  GPIO_InitStruct.Pin = HALL_U_Pin|HALL_V_Pin|HALL_W_Pin;
  GPIO_InitStruct.Mode = GPIO_MODE_IT_RISING;
  GPIO_InitStruct.Pull = GPIO_PULLUP;
  HAL_GPIO_Init(GPIOA, &GPIO_InitStruct);
```

```
/*配置 PA11、PA12、PA13 为推挽输出模式 */
GPIO_InitStruct.Pin = GPIO_PIN_11|GPIO_PIN_12|GPIO_PIN_13;
GPIO_InitStruct.Mode = GPIO_MODE_OUTPUT_PP;
GPIO_InitStruct.Pull = GPIO_NOPULL;
GPIO_InitStruct.Speed = GPIO_SPEED_FREQ_LOW;
HAL_GPIO_Init(GPIOA, &GPIO_InitStruct);
/*配置 PB 引脚为上升沿触发的外部中断引脚方式*/
GPIO_InitStruct.Pin = Start_Pin|Stop_Pin|Change_Pin;
GPIO_InitStruct.Mode = GPIO_MODE_IT_RISING;
GPIO_InitStruct.Pull = GPIO_NOPULL;
HAL_GPIO_Init(GPIOB, &GPIO_InitStruct);
/*配置外部中断*/
HAL_NVIC_SetPriority(EXTI0_IRQn, 0, 0);
HAL_NVIC_EnableIRQ(EXTI0_IRQn);
HAL_NVIC_SetPriority(EXTI1_IRQn, 0, 0);
HAL_NVIC_EnableIRQ(EXTI1_IRQn);
HAL_NVIC_SetPriority(EXTI2_IRQn, 0, 0);
HAL_NVIC_EnableIRQ(EXTI2_IRQn);
HAL_NVIC_SetPriority(EXTI9_5_IRQn, 0, 0);
HAL_NVIC_EnableIRQ(EXTI9_5_IRQn);
}
```

3) tim.H 源文件和 tim.C 头文件

(1) tim.H 头文件。

tim.H 头文件中实现了与 TIM1 和 TIM2 相关的宏定义和相关函数声明。

```
#ifndef _tim_H
#define _tim_H
#ifdef _cplusplus
extern "C" {
#endif
#include "main.h"
extern TIM_HandleTypeDef htim1;
extern TIM_HandleTypeDef htim2;
void BLDC_PHASE_CHANGE(uint8_t step);
void BLDC_Start();
void BLDC_Stop();
void MX_TIM1_Init(void);
void MX_TIM2_Init(void);
void HAL_TIM_MspPostInit(TIM_HandleTypeDef *htim);
```

```
#ifdef _cplusplus
}
#endif
#endif /*_ tim_H */
```

（2）tim.C 源文件。

tim.C 源文件实现 TIM1 和 TIM2 的初始化以及与输入捕获和 PWM 输出相关的引脚配置。MX_TIM1_Init()函数实现了 TIM1 的三通道的 PWM 输出功能的配置，MX_TIM2_Init()函数实现了 TIM2 的三通道的输入捕获功能的配置。HAL_TIM_Base_MspInit()函数实现了 TIM2 的外设时钟使能，PB10/TIM2_CH3、PA15/TIM2_CH1 和 PB3/TIM2_CH2 的引脚复用功能的配置以及 TIM2 的中断使能。HAL_TIM_MspPostInit()函数实现了 TIM1 的外设时钟使能，PA7/TIM1_CH1N、PB0/TIM1_CH2N、PB1/TIM1_CH3N、PA8/TIM1_CH1、PA9/TIM1_CH2 和 PA10/TIM1_CH3 的引脚复用功能的配置。BLDC_PHASE_CHANGE()函数是 BLDC 电机的驱动换相函数。BLDC_Start()函数和 BLDC_Stop()函数通过直接操作 TIM1 和 TIM2 寄存器方式实现 BLDC 的启动和停止操作。

```
#include "tim.H"
#define BLDC_TIMx TIM1
int motor_period = 1000;
int motor_duty = 1000;
int clock_wise = 1;
TIM_HandleTypeDef htim1;
TIM_HandleTypeDef htim2;
void MX_TIM1_Init(void)          //TIM1 初始化函数
{
    TIM_ClockConfigTypeDef sClockSourceConfig = {0};
    TIM_MasterConfigTypeDef sMasterConfig = {0};
    TIM_OC_InitTypeDef sConfigOC = {0};
    TIM_BreakDeadTimeConfigTypeDef sBreakDeadTimeConfig = {0};
    htim1.Instance = TIM1;
    htim1.Init.Prescaler = 7;
    htim1.Init.CounterMode = TIM_COUNTERMODE_UP;
    htim1.Init.Period = 999;
    htim1.Init.ClockDivision = TIM_CLOCKDIVISION_DIV1;
    htim1.Init.RepetitionCounter = 0;
    htim1.Init.AutoReloadPreload = TIM_AUTORELOAD_PRELOAD_DISABLE;
    if (HAL_TIM_Base_Init(&htim1) != HAL_OK) Error_Handler();
    sClockSourceConfig.ClockSource = TIM_CLOCKSOURCE_INTERNAL;
    if (HAL_TIM_ConfigClockSource(&htim1, &sClockSourceConfig) != HAL_OK) Error_Handler();
    if (HAL_TIM_PWM_Init(&htim1) != HAL_OK) Error_Handler();
```

```
sMasterConfig.MasterOutputTrigger = TIM_TRGO_RESET;
sMasterConfig.MasterSlaveMode = TIM_MASTERSLAVEMODE_DISABLE;
if (HAL_TIMEx_MasterConfigSynchronization(&htim1, &sMasterConfig) != HAL_OK)
{
    Error_Handler();
}
sConfigOC.OCMode = TIM_OCMODE_PWM2;
sConfigOC.Pulse = 0;
sConfigOC.OCPolarity = TIM_OCPOLARITY_HIGH;
sConfigOC.OCNPolarity = TIM_OCNPOLARITY_HIGH;
sConfigOC.OCFastMode = TIM_OCFAST_DISABLE;
sConfigOC.OCIdleState = TIM_OCIDLESTATE_RESET;
sConfigOC.OCNIdleState = TIM_OCNIDLESTATE_RESET;
if (HAL_TIM_PWM_ConfigChannel(&htim1, &sConfigOC, TIM_CHANNEL_1) != HAL_OK)
{
    Error_Handler();
}
if (HAL_TIM_PWM_ConfigChannel(&htim1, &sConfigOC, TIM_CHANNEL_2) != HAL_OK)
{
    Error_Handler();
}
if (HAL_TIM_PWM_ConfigChannel(&htim1, &sConfigOC, TIM_CHANNEL_3) != HAL_OK)
{
    Error_Handler();
}
sBreakDeadTimeConfig.OffStateRunMode = TIM_OSSR_ENABLE;
sBreakDeadTimeConfig.OffStateIDLEMode = TIM_OSSI_ENABLE;
sBreakDeadTimeConfig.LockLevel = TIM_LOCKLEVEL_OFF;
sBreakDeadTimeConfig.DeadTime = 0;
sBreakDeadTimeConfig.BreakState = TIM_BREAK_DISABLE;
sBreakDeadTimeConfig.BreakPolarity = TIM_BREAKPOLARITY_LOW;
sBreakDeadTimeConfig.AutomaticOutput = TIM_AUTOMATICOUTPUT_ENABLE;
if (HAL_TIMEx_ConfigBreakDeadTime(&htim1, &sBreakDeadTimeConfig) != HAL_OK)
{
    Error_Handler();
}
HAL_TIM_MspPostInit(&htim1);
}
```

```c
void MX_TIM2_Init(void)                    //TIM2 初始化函数
{
    TIM_ClockConfigTypeDef sClockSourceConfig = {0};
    TIM_MasterConfigTypeDef sMasterConfig = {0};
    TIM_IC_InitTypeDef sConfigIC = {0};

    htim2.Instance = TIM2;
    htim2.Init.Prescaler = 799;
    htim2.Init.CounterMode = TIM_COUNTERMODE_UP;
    htim2.Init.Period = 999;
    htim2.Init.ClockDivision = TIM_CLOCKDIVISION_DIV1;
    htim2.Init.AutoReloadPreload = TIM_AUTORELOAD_PRELOAD_DISABLE;
    if (HAL_TIM_Base_Init(&htim2) != HAL_OK) Error_Handler();
    sClockSourceConfig.ClockSource = TIM_CLOCKSOURCE_INTERNAL;
    if (HAL_TIM_ConfigClockSource(&htim2, &sClockSourceConfig) != HAL_OK) Error_Handler();
    if (HAL_TIM_IC_Init(&htim2) != HAL_OK) Error_Handler();
    sMasterConfig.MasterOutputTrigger = TIM_TRGO_RESET;
    sMasterConfig.MasterSlaveMode = TIM_MASTERSLAVEMODE_DISABLE;
    if (HAL_TIMEx_MasterConfigSynchronization(&htim2, &sMasterConfig) != HAL_OK)
    {
        Error_Handler();
    }
    sConfigIC.ICPolarity = TIM_INPUTCHANNELPOLARITY_RISING;
    sConfigIC.ICSelection = TIM_ICSELECTION_DIRECTTI;
    sConfigIC.ICPrescaler = TIM_ICPSC_DIV1;
    sConfigIC.ICFilter = 0;
    if (HAL_TIM_IC_ConfigChannel(&htim2, &sConfigIC, TIM_CHANNEL_1) != HAL_OK)
    {
        Error_Handler();
    }
    if (HAL_TIM_IC_ConfigChannel(&htim2, &sConfigIC, TIM_CHANNEL_2) != HAL_OK)
    {
        Error_Handler();
    }
    if (HAL_TIM_IC_ConfigChannel(&htim2, &sConfigIC, TIM_CHANNEL_3) != HAL_OK)
    {
        Error_Handler();
    }
}
```

```
void HAL_TIM_Base_MspInit(TIM_HandleTypeDef* tim_baseHandle)
{
  GPIO_InitTypeDef GPIO_InitStruct = {0};
  if(tim_baseHandle->Instance==TIM1)
  {
    _HAL_RCC_TIM1_CLK_ENABLE();            //TIM1 时钟使能
    /*TIM1 中断初始化*/
    HAL_NVIC_SetPriority(TIM1_UP_IRQn, 0, 0);
    HAL_NVIC_EnableIRQ(TIM1_UP_IRQn);
  }
  else if(tim_baseHandle->Instance==TIM2)
  {
    _HAL_RCC_TIM2_CLK_ENABLE();            //TIM2 时钟使能
    _HAL_RCC_GPIOB_CLK_ENABLE();           //GPIOB 时钟使能
    _HAL_RCC_GPIOA_CLK_ENABLE();           //GPIOA 时钟使能
    /*与 TIM2 的输入捕获相关的引脚复用功能配置初始化*/
    GPIO_InitStruct.Pin = TIM2_CH3_Pin|TIM2_CH2_Pin;
    GPIO_InitStruct.Mode = GPIO_MODE_INPUT;
    GPIO_InitStruct.Pull = GPIO_NOPULL;
    HAL_GPIO_Init(GPIOB, &GPIO_InitStruct);
    GPIO_InitStruct.Pin = GPIO_PIN_15;
    GPIO_InitStruct.Mode = GPIO_MODE_INPUT;
    GPIO_InitStruct.Pull = GPIO_NOPULL;
    HAL_GPIO_Init(GPIOA, &GPIO_InitStruct);
    _HAL_AFIO_REMAP_TIM2_ENABLE();         //使能 TIM2 的映射功能
    /* TIM2 中断初始化*/
    HAL_NVIC_SetPriority(TIM2_IRQn, 0, 0);
    HAL_NVIC_EnableIRQ(TIM2_IRQn);
  }
}

void HAL_TIM_MspPostInit(TIM_HandleTypeDef* timHandle)
{
  GPIO_InitTypeDef GPIO_InitStruct = {0};
  if(timHandle->Instance==TIM1)
  {
    _HAL_RCC_GPIOA_CLK_ENABLE();           //使能 GPIOA 时钟
    _HAL_RCC_GPIOB_CLK_ENABLE();           //使能 GPIOB 时钟
    /*配置与 TIM1 相关的 PWM 输出引脚的复用功能*/
```

```
    GPIO_InitStruct.Pin = GPIO_PIN_7|GPIO_PIN_8|GPIO_PIN_9|GPIO_PIN_10;
    GPIO_InitStruct.Mode = GPIO_MODE_AF_PP;
    GPIO_InitStruct.Speed = GPIO_SPEED_FREQ_HIGH;
    HAL_GPIO_Init(GPIOA, &GPIO_InitStruct);
    GPIO_InitStruct.Pin = GPIO_PIN_0|GPIO_PIN_1;
    GPIO_InitStruct.Mode = GPIO_MODE_AF_PP;
    GPIO_InitStruct.Speed = GPIO_SPEED_FREQ_HIGH;
    HAL_GPIO_Init(GPIOB, &GPIO_InitStruct);
    _HAL_AFIO_REMAP_TIM1_PARTIAL();                   //使能 TIM1 的部分映射功能
  }
}

void HAL_TIM_Base_MspDeInit(TIM_HandleTypeDef* tim_baseHandle)    //TIM 复位函数
{
  if(tim_baseHandle->Instance==TIM1)
  {
    _HAL_RCC_TIM1_CLK_DISABLE();                      //TIM1 外设时钟禁止
    HAL_NVIC_DisableIRQ(TIM1_UP_IRQn);                /*TIM1 中断功能禁止*/
  }
  else if(tim_baseHandle->Instance==TIM2)
  {
    HAL_GPIO_DeInit(GPIOB, TIM2_CH3_Pin|TIM2_CH2_Pin);   //引脚复用功能复位
    HAL_GPIO_DeInit(GPIOA, GPIO_PIN_15);                 //引脚复用功能复位
    HAL_NVIC_DisableIRQ(TIM2_IRQn);                      /* TIM2 中断禁止 */
  }
}
```

4) adc.h 头文件和 adc.c 源文件
(1) adc.h 头文件。
adc.h 头文件包含了外部变量的声明和函数的声明。

```
#ifndef _adc_H
#define _adc_H
#ifdef _cplusplus
extern "C" {
#endif
extern ADC_HandleTypeDef hadc1;
void MX_ADC1_Init(void);
#ifdef _cplusplus
}
```

```
#endif
#endif /*_ adc_H */
```

(2) adc.c 源文件。

adc.c 源文件中，MX_ADC1_Init()函数实现 ADC1 外设的配置，主要包括工作模式、数据对齐方式、ADC 的启动转换模式、通道数等参数的配置。HAL_ADC_MspInit()函数实现 ADC1 外设时钟使能、PA3/ADC_IN3 引脚的模拟输入通道 ADC_IN3 的复用功能配置和 GPIOA 外设时钟使能。

```
#include "adc.h"
ADC_HandleTypeDef hadc1;
void MX_ADC1_Init(void)
{
    /*ADC 的公共配置*/
    ADC_ChannelConfTypeDef sConfig = {0};
    hadc1.Instance = ADC1;                                    //ADC1 外设句柄
    hadc1.Init.ScanConvMode = ADC_SCAN_DISABLE;              //扫描模式禁止
    hadc1.Init.ContinuousConvMode = ENABLE;                  //连续转换模式使能
    hadc1.Init.DiscontinuousConvMode = DISABLE;             //非连续转换模式禁止
    hadc1.Init.ExternalTrigConv = ADC_SOFTWARE_START;      //转换启动 ADC
    hadc1.Init.DataAlign = ADC_DATAALIGN_RIGHT;            //数据右对齐
    hadc1.Init.NbrOfConversion = 1;                        //一个通道数
    if (HAL_ADC_Init(&hadc1) != HAL_OK) Error_Handler();  //初始化 ADC1
    /* 配置规则组通道*/
    sConfig.Channel = ADC_CHANNEL_3;
    sConfig.Rank = ADC_REGULAR_RANK_1;
    sConfig.SamplingTime = ADC_SAMPLETIME_1CYCLE_5;
    if (HAL_ADC_ConfigChannel(&hadc1, &sConfig) != HAL_OK) Error_Handler();
}

void HAL_ADC_MspInit(ADC_HandleTypeDef* adcHandle)
{
    GPIO_InitTypeDef GPIO_InitStruct = {0};
    if(adcHandle->Instance==ADC1)
    {
        _HAL_RCC_ADC1_CLK_ENABLE();                        //ADC1 外设时钟使能
        _HAL_RCC_GPIOA_CLK_ENABLE();                       //GPIOA 外设时钟使能
        /*配置 PA3/ADC_IN3 引脚的复用功能*/
        GPIO_InitStruct.Pin = Speed_ADC_Pin;
        GPIO_InitStruct.Mode = GPIO_MODE_ANALOG;
```

```
        HAL_GPIO_Init(Speed_ADC_GPIO_Port, &GPIO_InitStruct);
    }
}


void HAL_ADC_MspDeInit(ADC_HandleTypeDef* adcHandle)
{

    if(adcHandle->Instance==ADC1)
    {
        _HAL_RCC_ADC1_CLK_DISABLE();
        HAL_GPIO_DeInit(Speed_ADC_GPIO_Port, Speed_ADC_Pin);
    }
}
```

5) pid.h 头文件和 pid.c 源文件

(1) pid.h 头文件。

pid.h 头文件的定义如下:

```
#ifndef _PID_H
#define _PID_H


extern int ADC_Speed;
extern void Speed_PIDInit(void);
extern int Speed_PIDAdjust(int NextPoint);


#endif
```

(2) pid.c 源文件。

pid.c 源文件包含了常量的宏定义及 PID 结构体的声明和定义。Speed_PIDInit()函数为实现初始 BLDC 电机速度的 PID 初始值。Speed_PIDAdjust()函数实现 BLDC 电机速度的 PID 自动调节,函数中只采用了 P 算法。

```
#define ADC_Speed_Max    4596        //800 3500
#define ADC_Speed_Min    500
#define PWM_Max          800
#define PWM_Min          60


extern int ADC_Speed;                //ADC 采样值转换成转速
extern int motor_period;
extern int motor_duty;
```

```
typedef struct PID
{
        int Target;                             //目标转速，相差 10%左右，所以显示 90%
        int Uk;                                 //Uk
        int Udk;                                //Udk
        int Uk_1;                               //Uk-1
        double P;                               //比例常数
        double I;                               //积分常数
        int     b;
        double D;                               //微分常数
        int ek_0;                               //ek
        int ek_1;                               //ek-1
        int ek_2;                               //ek-2
}PID;
static PID Speed_PID;
static PID *Speed_Point = &Speed_PID;

void Speed_PIDInit(void)
{
    Speed_Point->Target = ADC_Speed *10 / 9;
    Speed_Point->Uk      = 0;
    Speed_Point->Udk     = 0;
    Speed_Point->Uk_1    = PWM_Min;
    Speed_Point->ek_0    = 0;                    //ek=0
    Speed_Point->ek_1    = 0;                    //ek-1=0
    Speed_Point->ek_2    = 0;                    //ek-2=0
    Speed_Point->P       = 1;                    //比例常数
    Speed_Point->I       = 0.084;               //积分常数
    Speed_Point->b       = 1;
    Speed_Point->D        = 1.8;                //微分常数
}

int Speed_PIDAdjust(int Next_Point)
{
Speed_Point->Target = ADC_Speed *10 / 9;        //重新调整速度
    Speed_Point->ek_0= Speed_Point->Target - Next_Point;
if(((Speed_Point->Uk_1>=PWM_Max)&&(Speed_Point->ek_0>=0)) ||
((Speed_Point->Uk_1<=PWM_Min)&&(Speed_Point->ek_0<=0))) Speed_Point->b=0;
    else Speed_Point->b=1;
```

```
        Speed_Point->Udk=Speed_Point->P*(Speed_Point->ek_0-Speed_Point->ek_1);//P
        Speed_Point->Uk = Speed_Point->Uk_1 + Speed_Point->Udk;
        Speed_Point->ek_2 = Speed_Point->ek_1;
        Speed_Point->ek_1 = Speed_Point->ek_0;
        Speed_Point->Uk_1 = Speed_Point->Uk;
        if(Speed_Point->Uk >= PWM_Max) return PWM_Max;
        else if(Speed_Point->Uk <= PWM_Min) return PWM_Min;

        return(Speed_Point->Uk);
}
```

6) main.h 头文件和 main.c 源文件

(1) main.h 头文件。

main.h 头文件包含了宏定义和函数声明。

```
#ifndef _MAIN_H
#define _MAIN_H

#ifdef _cplusplus
extern "C" {
#endif
#include "stm32f1xx_hal.h"

void Error_Handler(void);

#define HALL_U_Pin GPIO_PIN_0
#define HALL_U_GPIO_Port GPIOA
#define HALL_U_EXTI_IRQn EXTI0_IRQn
#define HALL_V_Pin GPIO_PIN_1
#define HALL_V_GPIO_Port GPIOA
#define HALL_V_EXTI_IRQn EXTI1_IRQn
#define HALL_W_Pin GPIO_PIN_2
#define HALL_W_GPIO_Port GPIOA
#define HALL_W_EXTI_IRQn EXTI2_IRQn
#define Speed_ADC_Pin GPIO_PIN_3
#define Speed_ADC_GPIO_Port GPIOA
#define TIM2_CH3_Pin GPIO_PIN_10
#define TIM2_CH3_GPIO_Port GPIOB
#define led_Pin GPIO_PIN_8
#define led_GPIO_Port GPIOC
```

```
#define TIM2_CH2_Pin GPIO_PIN_3
#define TIM2_CH2_GPIO_Port GPIOB
#define Start_Pin GPIO_PIN_5
#define Start_GPIO_Port GPIOB
#define Start_EXTI_IRQn EXTI9_5_IRQn
#define Stop_Pin GPIO_PIN_6
#define Stop_GPIO_Port GPIOB
#define Stop_EXTI_IRQn EXTI9_5_IRQn
#define Change_Pin GPIO_PIN_7
#define Change_GPIO_Port GPIOB
#define Change_EXTI_IRQn EXTI9_5_IRQn

#ifdef _cplusplus
}
#endif

#endif /* _MAIN_H */
```

(2) main.c 源文件。

```
#include "main.h"
#include "adc.h"
#include "tim.h"
#include "gpio.h"

#include "includes.h"
#include "lcd.h"

#define HALL_GPIO GPIOA
//设置任务优先级
#define START_TASK_PRIO        10          //开始任务的优先级设置为最低
//设置任务堆栈大小
#define START_STK_SIZE         64
//任务堆栈
OS_STK START_TASK_STK[START_STK_SIZE];
//任务函数
void start_task(void *pdata);
//LED0 任务
//设置任务优先级
#define LED0_TASK_PRIO         2
```

```
//设置任务堆栈大小
#define LED0_STK_SIZE          64
//任务堆栈
OS_STK LED0_TASK_STK[LED0_STK_SIZE];
//任务函数
void led0_task(void *pdata);
//Speed_ADC 任务
//设置任务优先级
#define SPEED_ADC_TASK_PRIO        1
//设置任务堆栈大小
#define SPEED_ADC_STK_SIZE          64
//任务堆栈
OS_STK SPEED_ADC_TASK_STK[SPEED_ADC_STK_SIZE];
//任务函数
void speed_adc_task(void *pdata);


//定时器 2 捕获通道参数
uint16_t     Channel1HighTime, Channel2HighTime, Channel3HighTime;   //高电平时间
uint16_t     Channel1Period, Channel2Period, Channel3Period;         //周期
uint8_t      Channel1Edge = 0, Channel2Edge = 0, Channel3Edge = 0;   //上升沿
uint16_t     Channel1Percent, Channel2Percent, Channel3Percent;      //占空比
uint16_t     Channel1PercentTemp[3] = {0, 0, 0};
uint8_t      Channel1TempCount = 0;
uint16_t     Channel1RisingTimeLast=0, Channel1RisingTimeNow, Channel1FallingTime;
uint16_t     Channel2RisingTimeLast=0, Channel2RisingTimeNow, Channel2FallingTime;
uint16_t     Channel3RisingTimeLast=0, Channel3RisingTimeNow, Channel3FallingTime;


extern int motor_period;
extern int motor_duty;
extern int clock_wise;
int current_speed = 0;
int ADC_Speed = 500;          //555 / 90% = 500
int ADC_Value = 555;
BOOLEAN state = 0;            //0 表示关闭中，1 表示启动中


void SystemClock_Config(void);


int main(void)
{
```

```
    //设置中断优先级分组为组 2：2 位抢占优先级，2 位响应优先级
    HAL_NVIC_SetPriorityGrouping(NVIC_PRIORITYGROUP_2);
    OSInit();
    OSTaskCreate(start_task,(void *)0,
    (OS_STK *)&START_TASK_STK[START_STK_SIZE-1],
    START_TASK_PRIO );              //创建起始任务
    HAL_Init();
    SystemClock_Config();
    MX_GPIO_Init();
    MX_TIM1_Init();
    MX_ADC1_Init();
    MX_TIM2_Init();
    OSStart();
    while(1){;}
}


void SystemClock_Config(void)
{
    RCC_OscInitTypeDef RCC_OscInitStruct = {0};
    RCC_ClkInitTypeDef RCC_ClkInitStruct = {0};
    RCC_PeriphCLKInitTypeDef PeriphClkInit = {0};

    RCC_OscInitStruct.OscillatorType = RCC_OSCILLATORTYPE_HSE;
    RCC_OscInitStruct.HSEState = RCC_HSE_ON;
    RCC_OscInitStruct.HSEPredivValue = RCC_HSE_PREDIV_DIV1;
    RCC_OscInitStruct.HSIState = RCC_HSI_ON;
    RCC_OscInitStruct.PLL.PLLState = RCC_PLL_ON;
    RCC_OscInitStruct.PLL.PLLSource = RCC_PLLSOURCE_HSE;
    RCC_OscInitStruct.PLL.PLLMUL = RCC_PLL_MUL2;

    if (HAL_RCC_OscConfig(&RCC_OscInitStruct) != HAL_OK) Error_Handler();
    RCC_ClkInitStruct.ClockType = RCC_CLOCKTYPE_HCLK|RCC_CLOCKTYPE_SYSCLK
                        |RCC_CLOCKTYPE_PCLK1|RCC_CLOCKTYPE_PCLK2;
    RCC_ClkInitStruct.SYSCLKSource = RCC_SYSCLKSOURCE_PLLCLK;
    RCC_ClkInitStruct.AHBCLKDivider = RCC_SYSCLK_DIV2;
    RCC_ClkInitStruct.APB1CLKDivider = RCC_HCLK_DIV1;
    RCC_ClkInitStruct.APB2CLKDivider = RCC_HCLK_DIV1;

    if(HAL_RCC_ClockConfig(&RCC_ClkInitStruct, FLASH_LATENCY_0)!=HAL_OK) Error_Handler();
```

```
    PeriphClkInit.PeriphClockSelection = RCC_PERIPHCLK_ADC;
    PeriphClkInit.AdcClockSelection = RCC_ADCPCLK2_DIV2;
    if (HAL_RCCEx_PeriphCLKConfig(&PeriphClkInit) != HAL_OK) Error_Handler();
}


//开始任务
void start_task(void *pdata)
{
//设置通道 1～3 的脉宽占空比，width = (1000 - 500) / 1000 = 50%
    __HAL_TIM_SET_COMPARE(&htim1, TIM_CHANNEL_1, motor_duty);
    __HAL_TIM_SET_COMPARE(&htim1, TIM_CHANNEL_2, motor_duty);
    __HAL_TIM_SET_COMPARE(&htim1, TIM_CHANNEL_3, motor_duty);
    //打开定时器 2 通道，中断使能
    HAL_TIM_IC_Start_IT(&htim2, TIM_CHANNEL_1);
    HAL_TIM_IC_Start_IT(&htim2, TIM_CHANNEL_2);
    HAL_TIM_IC_Start_IT(&htim2, TIM_CHANNEL_3);
    HAL_Delay(100);
//开启定时器 1 的通道 1
    HAL_TIMEx_PWMN_Start(&htim1, TIM_CHANNEL_1);
    HAL_TIMEx_PWMN_Start(&htim1, TIM_CHANNEL_2);
    HAL_TIMEx_PWMN_Start(&htim1, TIM_CHANNEL_3);

    HAL_TIM_PWM_Start(&htim1, TIM_CHANNEL_1);
    HAL_TIM_PWM_Start(&htim1, TIM_CHANNEL_2);
    HAL_TIM_PWM_Start(&htim1, TIM_CHANNEL_3);
    uint16_t hall_read = (HALL_GPIO->IDR)&0x0007;
    BLDC_PHASE_CHANGE(hall_read);        //驱动换相

    Speed_PIDInit();                     //PID 初始化

    OS_CPU_SR cpu_sr=0;
    OS_ENTER_CRITICAL();                 //进入临界区(无法被中断打断)
    OSTaskCreate(led0_task,(void *)0,
    (OS_STK*)&LED0_TASK_STK[LED0_STK_SIZE-1],
    LED0_TASK_PRIO);
    OSTaskCreate(speed_adc_task,(void *)0,
    (OS_STK*)&SPEED_ADC_TASK_STK[SPEED_ADC_STK_SIZE-1],
    SPEED_ADC_TASK_PRIO);
    OSTaskSuspend(START_TASK_PRIO);      //挂起起始任务
```

```
        OS_EXIT_CRITICAL();                        //退出临界区(可以被中断打断)
}


//LED0 任务
void speed_adc_task(void *pdata)
{
    lcd_system_reset();
    unsigned char temp_table[16] ={"Cur_Speed:"};
    unsigned char temp_table1[16] ={"Tar_Speed:"};
    for(uint8_t i=0;i<10;i++)
    {
        lcd_char_write(i,0,temp_table[i]);
        lcd_char_write(i,1,temp_table1[i]);
    }
    HAL_ADC_Start(&hadc1);
    while(1)
    {   //等待转换完成，第二个参数代表最长等待时间(ms)
        HAL_ADC_PollForConversion(&hadc1,0);
        if(HAL_IS_BIT_SET(HAL_ADC_GetState(&hadc1), HAL_ADC_STATE_REG_EOC))
        {
            ADC_Value = HAL_ADC_GetValue(&hadc1); //读取 ADC 数据，4096 -> 3.3V
            ADC_Speed = ADC_Value + 500;    //转换公式   0~4096   ->    500~4596
        }
        //当前速度
        temp_table[10]=current_speed/1000+'0';
        temp_table[11]=current_speed/100%10+'0';
        temp_table[12]=current_speed/10%10+'0';
        temp_table[13]=current_speed%10+'0';
        //目标速度
        temp_table1[10]=ADC_Speed/1000+'0';
        temp_table1[11]=ADC_Speed/100%10+'0';
        temp_table1[12]=ADC_Speed/10%10+'0';
        temp_table1[13]=ADC_Speed%10+'0';
        for(uint8_t i=10;i<14;i++)
        {
            lcd_char_write(i,0,temp_table[i]);
            lcd_char_write(i,1,temp_table1[i]);
        }
    }
```

```c
}

void led0_task(void *pdata)                                    //speed adc 采样函数
{
    while(1)
    {
        HAL_GPIO_WritePin(led_GPIO_Port, led_Pin, GPIO_PIN_SET);
        OSTimeDly(10);
        HAL_GPIO_WritePin(led_GPIO_Port, led_Pin, GPIO_PIN_RESET);
        OSTimeDly(10);
    }
}


//外部中断服务函数
void HAL_GPIO_EXTI_Callback(uint16_t GPIO_Pin)
{
    if(!state)
    {
        _IO uint8_t uwStep = 0;
        uint16_t hall_read=(HALL_GPIO->IDR)&0x0007;    //获取霍尔传感器状态 pin0 1 2
        uwStep = hall_read;
        BLDC_PHASE_CHANGE(uwStep);                     //驱动换相

    }
    uint16_t key_read =(Start_GPIO_Port->IDR)&0x00e0;
    if(key_read == 0x00c0)
    {
//      state = !state;
//      HAL_TIM_PWM_Stop(&htim1, TIM_CHANNEL_1);
//      HAL_TIM_PWM_Stop(&htim1, TIM_CHANNEL_2);
//      HAL_TIM_PWM_Stop(&htim1, TIM_CHANNEL_3);
//
//      //BLDC_PHASE_CHANGE(7);
//      HAL_TIM_Base_MspDeInit(&htim1);
//
//      HAL_Delay(300);
//      HAL_TIM_Base_MspDeInit(&htim1);
//      HAL_TIM_PWM_Start(&htim1, TIM_CHANNEL_1);
//      HAL_TIM_PWM_Start(&htim1, TIM_CHANNEL_2);
```

```
//      HAL_TIM_PWM_Start(&htim1, TIM_CHANNEL_3);
//      BLDC_PHASE_CHANGE(7);
        //HAL_GPIO_TogglePin(led_GPIO_Port, led_Pin);
    }else if(key_read == 0x00a0)
    {
        clock_wise = 0;
    }else if(key_read == 0x0060)
    {
        clock_wise = 1;
    }
}


//定时器 2 中断函数
//溢出时间为 1s
//溢出值 1000，每个点为 1ms
void HAL_TIM_IC_CaptureCallback(TIM_HandleTypeDef *htim)
{
    if(htim->Channel == HAL_TIM_ACTIVE_CHANNEL_1)              //捕获中断
    {
        if(Channel1Edge == 0)
        {
        //获取通道 1 上升沿时间点
        Channel1RisingTimeNow = HAL_TIM_ReadCapturedValue(&htim2, TIM_CHANNEL_1);
            Channel1Edge = 1;                                 //置位 Channel1Edge
            Channel1RisingTimeLast = Channel1RisingTimeNow;
        }else if(Channel1Edge == 1)
        {
        Channel1RisingTimeNow = HAL_TIM_ReadCapturedValue(&htim2, TIM_CHANNEL_1);
            if(Channel1RisingTimeNow > Channel1RisingTimeLast)
            {
                    Channel1Period = Channel1RisingTimeNow − Channel1RisingTimeLast;
            }
            else
            {
        //Channel2Period = Channel2RisingTimeNow + 1000 − Channel2RisingTimeLast + 1;
            }
            Channel1Edge = 0;
            //pid 计算
//          current_speed = 60*1000 / Channel1Period;              //转速计算
```

```
//                   current_speed = current_speed * 5;          //速度调整系数
//                   motor_duty = Speed_PIDAdjust(current_speed);
        }
    }else if(htim->Channel == HAL_TIM_ACTIVE_CHANNEL_2)
    {
        if(Channel2Edge == 0)
        {
        Channel2RisingTimeNow = HAL_TIM_ReadCapturedValue(&htim2, TIM_CHANNEL_2);
            Channel2Edge = 1;

            Channel2RisingTimeLast = Channel2RisingTimeNow;
        }
        else if(Channel2Edge == 1)
        {
        Channel2RisingTimeNow = HAL_TIM_ReadCapturedValue(&htim2, TIM_CHANNEL_2);
            if(Channel2RisingTimeNow > Channel2RisingTimeLast)
                {
                        Channel2Period = Channel2RisingTimeNow – Channel2RisingTimeLast;
                }
                else
                {
    //Channel2Period = Channel2RisingTimeNow + 1000 – Channel2RisingTimeLast + 1;
                }
            current_speed = 60*1000 / Channel2Period;
            current_speed = current_speed * 5;              //速度调整系数
            motor_duty = Speed_PIDAdjust(current_speed);
            Channel2Edge = 0;
        }
    }
    else if(htim->Channel == HAL_TIM_ACTIVE_CHANNEL_3)
    {
        if(Channel3Edge == 0)
        {
        Channel3RisingTimeNow = HAL_TIM_ReadCapturedValue(&htim2, TIM_CHANNEL_3);
            Channel3Edge = 1;
            Channel3RisingTimeLast = Channel3RisingTimeNow;
        }
        else if(Channel3Edge == 1)
        {
```

```
            Channel3RisingTimeNow = HAL_TIM_ReadCapturedValue(&htim2, TIM_CHANNEL_3);
            if(Channel3RisingTimeNow > Channel3RisingTimeLast)
                {
                    Channel3Period = Channel3RisingTimeNow – Channel3RisingTimeLast;
                }
            else
                {
    //Channel3Period = Channel3RisingTimeNow + 1000 – Channel3RisingTimeLast + 1;
                }
    //        current_speed = 60*1000 / Channel3Period;
    //        current_speed = current_speed * 5;        //速度调整系数
    //        motor_duty = Speed_PIDAdjust(current_speed);
            Channel3Edge = 0;
        }
    }
}

void Error_Handler(void){;}
```

4. 实例总结

本实例展示了如何在 STM32F103R6 微控制器上运行 UCOSII 操作系统下的 BLDC 电机控制。

在 main.c 程序中，设置好向量控制器的优先级后，通过调用 OSInit()函数完成 UCOSII 操作系统的初始化工作，通过 OSTaskCreate()函数创建 UCOSII 操作系统下的任务。

首先，创建一个 start_task()任务。接着进行 STM32F103R6 的底层硬件驱动的初始化工作，主要包括：硬件初始化由 HAL_Init()函数完成，系统时钟初始化由 SystemClock_Config()函数完成，GPIO 外设初始化由 MX_GPIO_Init()函数完成，TIM1 外设初始化由 MX_TIM1_Init()函数完成，ADC1 外设初始化由 MX_ADC1_Init()函数完成，TIM2 外设初始化由 MX_TIM2_Init()函数完成。最后调用 OSStart()函数启动 UCOSII 操作系统工作。

在 start_task()函数的任务中完成对 TIM1 的三通道的 PWM 占空比的设定，并使能 TIM2 的 3 个通道的输入捕获功能的中断，启动 6 个通道的 PWM 信号互补输出。接着初始化 BLDC 的相位，并通过调用 Speed_PIDInit()函数完成 PID 的初始化值设定。同时开启 led0_task()的 LED 发光二极管指示任务和 speed_adc_task()的实时检测 ADC 输入的控制 BLDC 速度设定的 UCOSII 操作系统下的任务。

本实例的可调转速通过可调电阻和 STM32 的 ADC 功能，实现 500~4596 范围的速度调节。本实例使用的是简单的比例控制，并未使用复杂的 PID 控制。通过定时器 1 的 PWM 互补输出六路 PWM 控制电机的转动，驱动器使用 L293D 和 IRF540 MOS 管。换向使用的是外部中断，测速使用的是定时器 2 的三路输入捕获。正反转使用的是外部中断。使用 μCOS-Ⅱ进入分功能多任务处理。基于 μCOS-Ⅱ的 BLDC 电机控制器设计实例的波形及仿真效果图如图 6-7 所示。

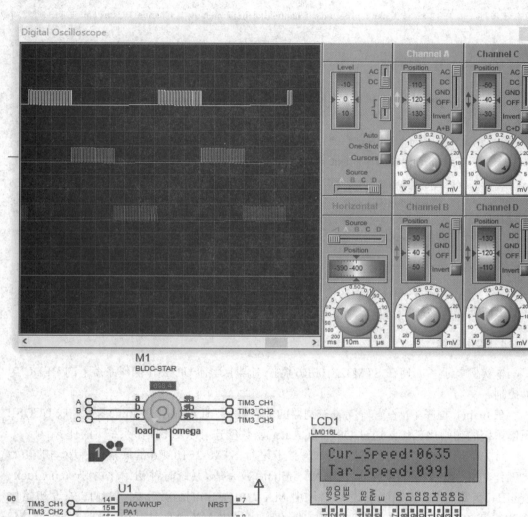

图 6-7　基于 μCOS-Ⅱ的 BLDC 电机控制器设计实例的波形及仿真效果图

6.5　"推箱子" 游戏设计实例

1. 实例要求

利用 STM32F103R6 微控制器、160×128 图形点阵 LCD 显示屏和 5 个按键实现 "推箱子" 游戏。游戏具有 9 关。

2. 硬件电路

本实例的硬件仿真电路如图 6-8 所示。

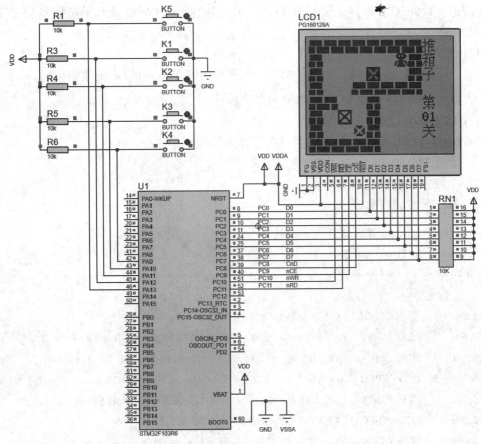

图 6-8　"推箱子"游戏设计实例的波形及仿真效果图

160×128 图形 LCD1 显示屏的数据引脚 D0～D7、控制引脚 C/$\overline{\text{D}}$、$\overline{\text{CE}}$、$\overline{\text{WR}}$ 和 $\overline{\text{RD}}$ 分别连接到 STM32F103R6 的 PC0～PC11 引脚上,控制操作的上、下、左、右和 OK 键分别连接到 PA9～PA13 引脚上。

3. 程序设计

在程序设计前,需要完成以下两件事情:

(1) 制作可以显示 16×16 的人物、砖块、箱子、目的、成功等图标,将这些图标数据放置在 Lattice 数组中,以便在程序运行前装载到 LCD 显示缓存中。

(2) 利用三维数组 LEVEL[][8][8]存储不同关卡下的人物、砖块、箱子、目的、成功等图标所在点的位置信息,程序运行时,根据不同关卡读取三维数组 LEVEL 中的位置信息,并绘制人物、砖块、箱子、目的、成功所在点图标。在该数组中采用 8×8 点阵方式来表达不同图标的信息点,其中定义显示人物图标用数字"1"表示,砖块用数字"2"表示,箱子用数字"3"表示,目的用数字"4"表示,成功用数字"5"表示。

程序设计主要包括的内容如下:

(1) 160×128 图形 LCD 显示屏的驱动程序设计,这部分内容体现在 LCD160×128.H 头文件和 LCD160×128.C 源文件中。在 LCD160×128.H 头文件中主要有引脚配置的宏定义、T6963C 控制器的指令集的宏定义以及相关函数的外部声明,在 LCD160×128.C 源文件中实现了驱动 T6963C 控制器的读写操作时序的模拟的函数、指令集操作的函数和 LCD 初始化函数功能。

(2) 初始化显示界面，等待按下 OK 键进入第 1 关。

(3) 方向按键识别并执行相关的操作，这部分内容在 keyboard()函数中实现。

1) LCD160×128 图形 LCD 模块驱动程序设计

(1) LCD160×128.H 头文件。

LCD160×128.H 头文件包含的主要内容有：

① 驱动 PG160128A 的引脚功能宏定义；

② T6963 指令集宏定义；

③ 操作函数的声明。

```
#ifndef     __LCD160X128_H__
#define     __LCD160X128_H__
//===============================================================
//--- 引脚定义 ---
#define        LCD_CD_CS_WR_RD_O  GPIOC->CRH = 0x44443333
#define     LCD_CD(x)    ((x)?(GPIOC->ODR |= (1 << 8)):(GPIOC->ODR &=~(1 << 8)))
#define     LCD_CS(x)    ((x)?(GPIOC->ODR |= (1 << 9)):(GPIOC->ODR &=~(1 << 9)))
#define     LCD_WR(x)    ((x)?(GPIOC->ODR |= (1 << 10)):(GPIOC->ODR &=~(1 << 10)))
#define     LCD_RD(x)    ((x)?(GPIOC->ODR |= (1 << 11)):(GPIOC->ODR &=~(1 << 11)))
#define     LCD_PORT(x) GPIOC->ODR = (GPIOC->ODR & 0xFF00) | (x)
#define     LCD_DIR(x)   ((x)?(GPIOC->CRL = 0x33333333):(GPIOC->CRL = 0x44444444))
#define     LCD_PIN      (GPIOC->IDR & 0xFF)
//===============================================================
//--- T6963C 指令 --
//--- 一、指针设置指令   D1 D2 0 0 1 0 0 N2 N1 N0 ---
#define CUR_POS 0x21      //--- 光标指针设置 D1=水平位置(低 7 位有效) D2=垂直位置(低 5 位有效) N0=1
#define CGR_POS 0x22      //--- CGRAM 偏置地址设置 D1=地址(低 5 位有效) D2=00H N1=1 ---
#define ADR_POS 0x24      //--- 地址指针位置 D1=低字节 D2=高字节 N2=1 ---
//--- 二、显示区域设置   D1 D2 0 1 0 0 0 0 N1 N0 ---
#define TXT_STP 0x40      //--- 文本区首址 D1=低字节 D2=高字节 N1=0 N0=0 ---
#define TXT_WID 0x41      //--- 文本区宽度(字节数/行) D1=字节数 D2=00H N1=0 N0=1 ---
#define GRH_STP 0x42      //--- 图形区首址 D1=低字节 D2=高字节 N1=1 N0=0 ---
#define GRH_WID 0x43      //--- 图形区宽度(字节数/行) D1=字节数 D2=00H N1=1 N0=1 ---
//--- 三、显示方式设置   无参数  1 0 0 0 N3 N2 N1 N0 ---
//--- 3 字符发生器选择位：   N3=1 为外部字符发生器有效
//                          N3=0 为 CGROM 即内部字符发生器有效  ---
#define MOD_OR   0x80      //--- 逻辑"或"合成 N2=0 N1=0 N0=0 ---
```

```
#define MOD_XOR 0x81      //--- 逻辑"异或"合成 N2=0 N1=0 N0=1 ---
#define MOD_AND 0x83      //--- 逻辑"与"合成 N2=0 N1=1 N0=1 ---
#define MOD_TCH 0x84      //--- 文本特征 N2=1 N1=0 N0=0 ---
//--- 四、显示开关   无参数 1 0 0 1 N3 N2 N1 N0 ---
#define DIS_SW   0x90      //--- 显示开关 ---
                          //--- N0=1/0 光标闪烁启用/禁用 ---
                          //--- N1=1/0 光标显示启用/禁用 ---
                          //--- N2=1/0 文本显示启用/禁用 ---
                          //--- N3=1/0 图形显示启用/禁用 ---
//--- 五、光标形状选择    无参数 1 0 1 0 0 N2 N1 N0 ---
#define CUR_SHP 0xA0      //--- 光标形状选择：0xA0-0xA7 表示光标占的行数 ---
//--- 六、数据自动读、写方式设置    无参数 1 0 1 1 0 0 N1 N0 ---
#define AUT_WR   0xB0      //--- 自动写设置 N1=0 N0=0 ---
#define AUT_RD   0xB1      //--- 自动读设置 N1=0 N0=1 ---
#define AUT_WO   0xB2      //--- 自动写结束 N1=1 N0=0 ---
#define AUT_RO   0xB3      //--- 自动读结束 N1=1 N0=1 ---
//--- 七、数据一次读、写方式   D1 1 1 0 0 0 N2 N1 N0 ---
//--- D1 为需要写的数据，读时无此数据 ---
#define INC_WR   0xC0      //--- 数据写，地址加 1    N2=0 N1=0 N0=0 ---
#define INC_RD   0xC1      //--- 数据读，地址加 1    N2=0 N1=0 N0=1 ---
#define DEC_WR   0xC2      //--- 数据写，地址减 1    N2=0 N1=1 N0=0 ---
#define DEC_RD   0xC3      //--- 数据读，地址减 1    N2=0 N1=1 N0=1 ---
#define NOC_WR   0xC4      //--- 数据写，地址不变    N2=1 N1=0 N0=0 ---
#define NOC_RD   0xC5      //--- 数据读，地址不变    N2=1 N1=0 N0=1 ---
//--- 八、屏读   无参数 1 1 1 0 0 0 0 0 ---
#define SCN_RD   0xE0      //--- 屏读 ---
//--- 九、屏拷贝 无参数 1 1 1 0 1 0 0 0 ---
#define SCN_CP   0xE8      //--- 屏拷贝 ---
//--- 十、位操作            无参数 1 1 1 1 N3 N2 N1 N0 ---
//--- N3=1 置 1 N3=0 清零 ---
#define BIT_OP   0xF0      //--- 位操作 ---


extern void LCD_WriteCommand(unsigned char comd);
extern unsigned char LCD_ReadStatus(void);
extern void LCD_WriteData(unsigned char para);
extern unsigned char LCD_ReadData(void);
extern unsigned char lcd_enable(void);
extern unsigned char atrd_enable(void);
extern unsigned char atwr_enable(void);
```

```c
extern void write_cmd0(unsigned char cmd);

extern void write_cmd1(unsigned char para1,unsigned char cmd);

extern void write_cmd2(unsigned char para1,unsigned char para2,unsigned char cmd);

extern void auto_write(void);

extern void auto_read(void);

extern void atwr_stop(void);

extern void atrd_stop(void);

extern void write_one(unsigned char data1,char way);

extern unsigned char read_one(char way);

extern void set_xy(unsigned char x,unsigned char y);

extern void set_adr(unsigned char D1,unsigned char D2);

extern void set_cur(char x, char y);

extern void set_cgram(void);

extern void lcd_init(unsigned char txtstpd1,          //--- 文本区首地址 D1 ---

                unsigned char txtstpd2,          //--- 文本区首地址 D2 ---

                unsigned char txtwid,            //--- 文本区宽度 ---

                unsigned char grhstpd1,          //--- 图形区首地址 D1 ---

                unsigned char grhstpd2,          //--- 图形区首地址 D2 ---

                unsigned char grhwid,            //--- 图形区宽度 ---

                unsigned char cur,               //--- 光标形状 ---

                unsigned char mod,               //--- 显示方式 ---

                unsigned char sw);               //--- 显示开关 ---

extern void MyLCDGPIO_Init(void);


#endif
```

(2) LCD160×128.C 源文件。

LCD160×128.C 源文件涉及以下方面的内容：

① 与硬件相关的操作时序函数。

(a) LCD_WriteCommand 函数实现向 PG160128A 写命令的模拟时序；

(b) LCD_ReadStatus 函数实现从 PG160128A 读取操作状态信息的模拟时序；

(c) LCD_WriteData 函数实现向 PG160128A 写数据的模拟时序；

(d) LCD_ReadData 函数实现从 PG160128A 读数据的模拟时序。

② 与指令相关的功能操作函数。

(a) lcd_enable 函数实现 STA0 和 STA1 读写状态信息判断；

(b) atrd_enable 函数实现 STA2 数据自动读状态判断；

(c) atwr_enable 函数实现 STA3 数据自动写状态判断；

(d) write_cmd0 函数实现向 PG160128A 写入不带参数的命令操作；

(e) write_cmd1 函数实现向 PG160128A 写入带 1 个参数的命令操作；

(f) write_cmd2 函数实现向 PG160128A 写入带 2 个参数的命令操作；

(g) auto_write、auto_read、atwr_stop 和 atrd_stop 函数分别实现自动写、自动读、自动写结束和自动读结束操作；

(h) write_one 和 read_one 函数实现写一次数据和读一次数据操作；

(i) set_xy 函数用于设置显示开始位置；

(j) set_adr 函数用于设置显示的起始地址；

(k) set_cur 函数用于设置光标指针显示位置；

(l) set_cgram 函数用于设置 CGRAM 偏移地址。

```c
#include "stm32f10x.h"
#include "LCD160X128.h"
#define LCD_CHAR 0x14
//===============================================================================
//--- 读写命令数据的时序模拟函数 ---
void LCD_WriteCommand(unsigned char comd)
{
    long i;
    LCD_DIR(1);                          //--- 数据端口置为输出 ---
    LCD_CD(1);                           //--- 命令操作 ---
    LCD_CS(0);                           //--- CS = 0 ---
    LCD_PORT(comd);
    LCD_WR(0);                           //--- WR = 0 ---
    for(i=0;i<10;i++);
    LCD_WR(1);                           //--- WR = 1 ---
    for(i=0;i<10;i++);
    LCD_CS(1);                           //--- CS = 1 ---
}
unsigned char LCD_ReadStatus(void)
{
    unsigned char temp;
    LCD_DIR(0);                          //--- 数据端口置为输入 ---
    LCD_CD(1);                           //--- 选择命令操作 ---
    LCD_CS(0);                           //--- CS = 0 ---
    LCD_RD(0);                           //--- RD = 0 ---
    temp = LCD_PIN;
    LCD_RD(1);                           //--- RD = 1 ---
    LCD_CS(1);                           //--- CS = 1 ---
    LCD_DIR(1);                          //--- 数据端口置为输出 ---
```

```c
        return temp;
    }
    void LCD_WriteData(unsigned char para)
    {
        long i;
        LCD_DIR(1);                          //--- 数据端口置为输出 ---
        LCD_CD(0);                           //--- 选择数据操作 ---
        LCD_CS(0);                           //--- CS = 0 ---
        LCD_PORT(para);
        LCD_WR(0);                           //--- WR = 0 ---
        for(i=0;i<10;i++);
        LCD_WR(1);                           //--- WR = 1 ---
        for(i=0;i<10;i++);
        LCD_CS(1);                           //--- CS = 1 ---
    }
    unsigned char LCD_ReadData(void)
    {
        unsigned char temp;
        LCD_DIR(0);                          //--- 数据端口置为输入 ---
        LCD_CD(0);                           //--- 选择数据操作 ---
        LCD_CS(0);                           //--- CS = 0 ---
        LCD_RD(0);                           //--- RD = 0 ---
        temp = LCD_PIN;
        LCD_RD(1);                           //--- RD = 1 ---
        LCD_CS(1);                           //--- CS = 1 ---
        LCD_DIR(1);                          //--- 数据端口置为输出 ---
        return temp;
    }
    //========================================================================
    //--- 指令操作函数 ---
    unsigned char lcd_enable(void)           //--- STA0 指令读写状态，STA1 数据读写状态判断函数 ---
    {
        while(0x03 != (LCD_ReadStatus() & 0x03)){;}return 1;
    }
    unsigned char atrd_enable(void)          //--- STA2 数据自动读状态判断函数 ---
    {
        while(0x04 != (LCD_ReadStatus() & 0x04)){;}return 1;
    }
    unsigned char atwr_enable(void)          //--- STA3 数据自动写状态判断函数 ---
```

```
{
    while(0x08 != (LCD_ReadStatus() & 0x08)){;}return 1;
}
void write_cmd0(unsigned char cmd)                    //--- 写无参数函数 ---
{
    lcd_enable();LCD_WriteCommand(cmd);
}
void write_cmd1(unsigned char para1,unsigned char cmd)    //--- 写单参数函数 ---
{
    lcd_enable();LCD_WriteData(para1);
    lcd_enable();LCD_WriteCommand(cmd);
}
void write_cmd2(unsigned char para1,unsigned char para2,
unsigned char cmd)                                    //--- 写双参数函数 ---
{
    lcd_enable();LCD_WriteData(para1);
    lcd_enable();LCD_WriteData(para2);
    lcd_enable();LCD_WriteCommand(cmd);
}
void auto_write(void)                                 //--- 自动写开始 ---
{
    write_cmd0(AUT_WR);
}
void auto_read(void)                                  //--- 自动读开始 ---
{
    write_cmd0(AUT_RD);
}
void atwr_stop(void)                                  //--- 自动写结束 ---
{
    write_cmd0(AUT_WO);
}
void atrd_stop(void)                                  //--- 自动读结束 ---
{
    write_cmd0(AUT_RO);
}
void write_one(unsigned char data1,char way)          //--- 数据一次写函数 ---
{
    atwr_enable();
    auto_write();
```

```
    write_cmd1(data1,way);
    atwr_stop();
}
unsigned char read_one(char way)              //--- 数据一次读函数 ---
{
    unsigned char temp;
    atrd_enable();
    auto_read();
    write_cmd0(way);
    temp = LCD_ReadData();
    atrd_stop();
    return(temp);
}
void set_xy(unsigned char x,unsigned char y)
{//--- 设置当前显示位置函数 x，y 从 0 开始表示单位为字符 ---
    int temp;
    temp = y * LCD_CHAR + x;
    write_cmd2(temp & 0xff,temp / 0xff,ADR_POS);
}
void set_adr(unsigned char D1,unsigned char D2)
{
    write_cmd2(D1,D2,ADR_POS);
}
void set_cur(char x, char y)                  //--- 设置光标指针 x，y 从 0 开始 ---
{
    write_cmd2(x,y,CUR_POS);
}
void set_cgram(void)                          //--- CGRAM 偏置地址设置函数 ---
{
    write_cmd2(0x01,0x00,CGR_POS);            //--- 0000,1100,0000,0000 0C00 ---
}
void lcd_init(unsigned char txtstpd1,         //--- 文本区首地址 D1 ---
              unsigned char txtstpd2,         //--- 文本区首地址 D2 ---
              unsigned char txtwid,           //--- 文本区宽度 ---
              unsigned char grhstpd1,         //--- 图形区首地址 D1 ---
              unsigned char grhstpd2,         //--- 图形区首地址 D2 ---
              unsigned char grhwid,           //--- 图形区宽度 ---
              unsigned char cur,              //--- 光标形状 ---
              unsigned char mod,              //--- 显示方式 ---
```

```
                    unsigned char sw)              //--- 显示开关 ---
{
    write_cmd2(txtstpd1,txtstpd2,TXT_STP);         //--- 文本区首地址 ---
    write_cmd2(txtwid,0x00,TXT_WID);               //--- 文本区宽度 ---
    write_cmd2(grhstpd1,grhstpd2,GRH_STP);         //--- 图形区首地址 ---
    write_cmd2(grhwid,0x00,GRH_WID);               //--- 图形区宽度 ---
    write_cmd0(CUR_SHP | cur);                     //--- 光标形状 ---
    write_cmd0(mod);                               //--- 显示方式 ---
    write_cmd0(DIS_SW | sw);                       //--- 显示开关 ---
}


void MyLCDGPIO_Init(void)
{
    LCD_CD_CS_WR_RD_O;
    LCD_DIR(1);
    LCD_CD(0);
    LCD_CS(1);
    LCD_WR(1);LCD_RD(1);
    LCD_PORT(0x00);
}
```

2) 功能(FUNCTION)程序设计

(1) FUNCTION.H 头文件。

功能函数的声明。

```
#ifndef    _FUNCTION_H_
#define    _FUNCTION_H_

extern void cls(void);
extern void wirte_cgrom(void);
extern void start(void);
extern void guan(void);
extern void pushbox(void);
extern void keyboard(void);


#endif
```

(2) FUNCTION.C 源文件。

在 FUNCTION.C 源文件中，功能函数描述如下：

① Start 函数用于显示初始化信息，并等待开始按键按下；

② Guan 函数用于显示当前进入第几关的提示信息；
③ Printc 函数用于显示操作的每一步信息；
④ Pushbox 函数用于针对当前操作的每一步给出相应的提示信息；
⑤ Pass 函数用于操作当前关卡已经正确完成，为进入下一关做准备处理操作；
⑥ Keyboard 函数用于具体方向移动处理等操作。

```c
#include "stm32f10x.h"
#include "LCD160X128.h"
#include <stm32f10x.h>
#include "pic.h"
#include "Function.h"

unsigned char g = 0;

void delay(int c)
{
    int i, j;
    for(i = 0; i < c; i++)
        for(j = 0; j < 1000; j++);
}
//=================================================================
void cls(void)     //--- 清屏  320 = (160/8) * (128/8) = 20 * 16 = 320 ---
{
    int i;
    set_xy(0,0);
    for(i = 0; i < 320; i++)write_one(0x94,INC_WR);
}
unsigned char curx,cury;              //--- 记录当前人物所在位置 ---
unsigned char level_temp[8][8] =
{
    0,0,0,0,0,0,0,0,
    0,0,0,0,0,0,0,0,
    0,0,0,0,0,0,0,0,
    0,0,0,0,0,0,0,0,
    0,0,0,0,0,0,0,0,
    0,0,0,0,0,0,0,0,
    0,0,0,0,0,0,0,0,
    0,0,0,0,0,0,0,0,
};
```

```c
void wirte_cgrom(void)                    //--- 自定义字符写入 CGROM ---
{
  int i;
  set_adr(0x00,0x0c);
  for(i = 0; i < 848; i++)write_one(Lattice[i],INC_WR);
}
//=================================================================
void start(void)
{
  unsigned char i;
  set_xy(0,0);
  for(i=0;i<20;i++)write_one(0x95,INC_WR);
  set_xy(0,15);
  for(i=0;i<20;i++)write_one(0x95,INC_WR);
  for(i=0;i<15;i++)
    {
      set_xy(0,i);write_one(0x95,INC_WR);
      set_xy(19,i);write_one(0x95,INC_WR);
    }
  set_xy(18,1);write_one(0x96,INC_WR);
  set_xy(18,14);write_one(0x97,INC_WR);
  set_xy(1,1);write_one(0x98,INC_WR);
  set_xy(1,14);write_one(0x99,INC_WR);
  set_xy(7,6);write_one(0xaa,INC_WR);
  write_one(0xab,INC_WR);write_one(0xae,INC_WR);write_one(0xaf,INC_WR);
  write_one(0xb2,INC_WR);write_one(0xb3,INC_WR);
  set_xy(7,7);
  write_one(0xac,INC_WR);write_one(0xad,INC_WR);write_one(0xb0,INC_WR);
  write_one(0xb1,INC_WR);write_one(0xb4,INC_WR);write_one(0xb5,INC_WR);
  set_xy(6,8);
  write_one(0x9a,INC_WR);write_one(0x9b,INC_WR);write_one(0x9e,INC_WR);
  write_one(0x9f,INC_WR);write_one(0xa2,INC_WR);write_one(0xa3,INC_WR);
  write_one(0xa6,INC_WR);write_one(0xa7,INC_WR);
  set_xy(6,9);
  write_one(0x9c,INC_WR);write_one(0x9d,INC_WR);write_one(0xa0,INC_WR);
  write_one(0xa1,INC_WR);write_one(0xa4,INC_WR);write_one(0xa5,INC_WR);
  write_one(0xa8,INC_WR);write_one(0xa9,INC_WR);
  while(i)                         //---此 while 语句判断确定键超级技巧 ---
    {
```

```
        if(0 == (GPIOA->IDR & (1 << 13)))i = 0;
    }
}
//==============================================================
void guan(void)
{
  /*推*/
  set_xy(16,0);write_one(0xaa,INC_WR);write_one(0xab,INC_WR);
  set_xy(16,1);write_one(0xac,INC_WR);write_one(0xad,INC_WR);
  /*箱*/
  set_xy(16,2);write_one(0xae,INC_WR);write_one(0xaf,INC_WR);
  set_xy(16,3);write_one(0xb0,INC_WR);write_one(0xb1,INC_WR);
  /*子*/
  set_xy(16,4);write_one(0xb2,INC_WR);write_one(0xb3,INC_WR);
  set_xy(16,5);write_one(0xb4,INC_WR);write_one(0xb5,INC_WR);
  /*第*/
  set_xy(16,8);write_one(0xd2,INC_WR);write_one(0xd3,INC_WR);
  set_xy(16,9);write_one(0xd4,INC_WR);write_one(0xd5,INC_WR);
  /*几*/
  set_xy(16,10);write_one(0xd6,INC_WR);write_one(0xd6+2*(g+1),INC_WR);
  set_xy(16,11);write_one(0xd7,INC_WR);write_one(0xd7+2*(g+1),INC_WR);
  /*关*/
  set_xy(16,12);write_one(0xce,INC_WR);write_one(0xcf,INC_WR);
  set_xy(16,13);write_one(0xd0,INC_WR);write_one(0xd1,INC_WR);
  /*阿*/
  set_xy(18,0);write_one(0x9a,INC_WR);write_one(0x9b,INC_WR);
  set_xy(18,1);write_one(0x9c,INC_WR);write_one(0x9d,INC_WR);
  /*C*/
  set_xy(18,2);write_one(0x9e,INC_WR);write_one(0x9f,INC_WR);
  set_xy(18,3);write_one(0xa0,INC_WR);write_one(0xa1,INC_WR);
  /*制*/
  set_xy(18,4);write_one(0xa2,INC_WR);write_one(0xa3,INC_WR);
  set_xy(18,5);write_one(0xa4,INC_WR);write_one(0xa5,INC_WR);
  /*作*/
  set_xy(18,6);write_one(0xa6,INC_WR);write_one(0xa7,INC_WR);
  set_xy(18,7);write_one(0xa8,INC_WR);write_one(0xa9,INC_WR);
}
//==============================================================
void printc(unsigned char i, unsigned char j, unsigned char c)
```

```
{
   set_xy(i * 2,j * 2);
   switch(c)
     {
       case 0:
           write_one(0x94,INC_WR);write_one(0x94,INC_WR);
           set_xy(i*2,j*2+1);write_one(0x94,INC_WR);write_one(0x94,INC_WR);
           break;
       case 1:          /*人物 1*/
           write_one(0x80,INC_WR);write_one(0x81,INC_WR);
           set_xy(i*2,j*2+1);write_one(0x82,INC_WR);write_one(0x83,INC_WR);
           break;
       case 2:          /*砖头 2*/
           write_one(0x84,INC_WR);write_one(0x85,INC_WR);
           set_xy(i*2,j*2+1);write_one(0x86,INC_WR);write_one(0x87,INC_WR);
           break;
       case 3:          /*箱子 3*/
           write_one(0x88,INC_WR);write_one(0x89,INC_WR);
           set_xy(i*2,j*2+1);write_one(0x8a,INC_WR);write_one(0x8b,INC_WR);
           break;
       case 4:          /*目的 4*/
           write_one(0x8c,INC_WR);write_one(0x8d,INC_WR);
           set_xy(i*2,j*2+1);write_one(0x8e,INC_WR);write_one(0x8f,INC_WR);
           break;
       case 5:          /*成功 5*/
           write_one(0x90,INC_WR);write_one(0x91,INC_WR);
           set_xy(i*2,j*2+1);write_one(0x92,INC_WR);write_one(0x93,INC_WR);
           break;
     }
}
//========================================================================

void pushbox(void)
{
   unsigned char i,j;
   /*根据 level.h 中的值，输出单个 8×8 点阵的字符*/
   for(i = 0; i < 8; i++)
     for(j = 0; j < 8; j++)
       {
           level_temp[i][j]=level[g][j][i];
```

```
                    switch(level_temp[i][j])
                      {
                          case 0:
                            printc(i,j,0);
                            break;
                          case 1:          /*人物 1*/
                            curx=i;
                            cury=j;
                            printc(i,j,1);
                            break;
                          case 2:          /*砖头 2*/
                            printc(i,j,2);
                            break;
                          case 3:          /*箱子 3*/
                            printc(i,j,3);
                            break;
                          case 4:          /*目的 4*/
                            printc(i,j,4);
                            break;
                          case 5:          /*成功 5*/
                            printc(i,j,5);
                            break;
                      }
                  }
    set_xy(curx * 2,cury * 2);
}
//==========================================================================
void pass(void)
{
    unsigned char i,j,k=1;
    for(i = 0; i < 8; i++)
      {
        if(k==0) break;
        for(j = 0; j < 8; j++)
          if(level[g][j][i]==4||level[g][j][i]==5)
            if(level_temp[i][j]==5)k=1;
            else{k=0;break;}
      }
    if(k==1)
```

```
        {
            if(g<8)g+=1;
            else g=0;
            pushbox();
            guan();
        }
    }
//===============================================================
#define    K1    (GPIOA->IDR & (1 << 12))
#define    K2    (GPIOA->IDR & (1 << 11))
#define    K3    (GPIOA->IDR & (1 << 10))
#define    K4    (GPIOA->IDR & (1 << 9))
#define    K5    (GPIOA->IDR & (1 << 13))
long K1_Cnt,K2_Cnt,K3_Cnt,K4_Cnt,K5_Cnt;
//===============================================================
void keyboard(void)
{
    if((0 == K1) && (999999 != K1_Cnt) && (++K1_Cnt > 10)){ //--- 上键 ---
        if(0 == K1){
            K1_Cnt = 999999;
            if(level_temp[curx][cury-1]==0||level_temp[curx][cury-1]==4)
                {
                    if(level[g][cury][curx]==4||level[g][cury][curx]==5)
                        {
                            level_temp[curx][cury]=4;
                            printc(curx,cury,4);
                        }
                    else
                        {
                            level_temp[curx][cury]=0;
                            printc(curx,cury,0);
                        }
                    cury=cury-1;
                    level_temp[curx][cury]=1;
                    printc(curx,cury,1);
                }
            else if(level_temp[curx][cury-1]==3)
                {
                    if(level_temp[curx][cury-2]==0)
```

```
        {
            if(level[g][cury][curx]==4||level[g][cury][curx]==5)
                {
                    level_temp[curx][cury]=4;
                    printc(curx,cury,4);
                }
            else
                {
                    level_temp[curx][cury]=0;
                    printc(curx,cury,0);
                }
            cury=cury-1;
            level_temp[curx][cury]=1;
            printc(curx,cury,1);
            level_temp[curx][cury-1]=3;
            printc(curx,cury-1,3);
        }
    else if(level_temp[curx][cury-2]==4)
        {
            if(level[g][cury][curx]==4||level[g][cury][curx]==5)
                {
                    level_temp[curx][cury]=4;
                    printc(curx,cury,4);
                }
            else
                {
                    level_temp[curx][cury]=0;
                    printc(curx,cury,0);
                }
            cury=cury-1;
            level_temp[curx][cury]=1;
            printc(curx,cury,1);
            level_temp[curx][cury-1]=5;
            printc(curx,cury-1,5);
            pass();
        }
    }
else if(level_temp[curx][cury-1]==5)
    {
```

```
      if(level_temp[curx][cury-2]==0)
        {
          if(level[g][cury][curx]==4||level[g][cury][curx]==5)
            {
              level_temp[curx][cury]=4;
              printc(curx,cury,4);
            }
          else
            {
              level_temp[curx][cury]=0;
              printc(curx,cury,0);
            }
          cury=cury-1;
          level_temp[curx][cury]=1;
          printc(curx,cury,1);
          level_temp[curx][cury-1]=3;
          printc(curx,cury-1,3);
        }
      else if(level_temp[curx][cury-2]==4)
        {
          if(level[g][cury][curx]==4||level[g][cury][curx]==5)
            {
              level_temp[curx][cury]=4;
              printc(curx,cury,4);
            }
          else
            {
              level_temp[curx][cury]=0;
              printc(curx,cury,0);
            }
          cury=cury-1;
          level_temp[curx][cury]=1;
          printc(curx,cury,1);
          level_temp[curx][cury-1]=5;
          printc(curx,cury-1,5);
          pass();
        }
      pass();
  }
```

```
        }
    }
else if(0 != K1)K1_Cnt = 0;
if((0 == K2) && (999999 != K2_Cnt) && (++K2_Cnt > 10)){ //--- 下键 ---
    if(0 == K2){
        K2_Cnt = 999999;
        if(level_temp[curx][cury+1]==0||level_temp[curx][cury+1]==4)
          {
            if(level[g][cury][curx]==4||level[g][cury][curx]==5)
              {
                level_temp[curx][cury]=4;
                printc(curx,cury,4);
              }
            else
              {
                level_temp[curx][cury]=0;
                printc(curx,cury,0);
              }
            cury=cury+1;
            level_temp[curx][cury]=1;
            printc(curx,cury,1);
          }
        else if(level_temp[curx][cury+1]==3)
          {
            if(level_temp[curx][cury+2]==0)
              {
                if(level[g][cury][curx]==4||level[g][cury][curx]==5)
                  {
                    level_temp[curx][cury]=4;
                    printc(curx,cury,4);
                  }
                else
                  {
                    level_temp[curx][cury]=0;
                    printc(curx,cury,0);
                  }
                cury=cury+1;
                level_temp[curx][cury]=1;
                printc(curx,cury,1);
```

```
                    level_temp[curx][cury+1]=3;
                    printc(curx,cury+1,3);
                }
         else if(level_temp[curx][cury+2]==4)
                {
                    if(level[g][cury][curx]==4||level[g][cury][curx]==5)
                        {
                            level_temp[curx][cury]=4;
                            printc(curx,cury,4);
                        }
                    else
                        {
                            level_temp[curx][cury]=0;
                            printc(curx,cury,0);
                        }
                    cury=cury+1;
                    level_temp[curx][cury]=1;
                    printc(curx,cury,1);
                    level_temp[curx][cury+1]=5;
                    printc(curx,cury+1,5);
                    pass();
                }
         }
    else if(level_temp[curx][cury+1]==5)
        {
            if(level_temp[curx][cury+2]==0)
                {
                    if(level[g][cury][curx]==4||level[g][cury][curx]==5)
                        {
                            level_temp[curx][cury]=4;
                            printc(curx,cury,4);
                        }
                    else
                        {
                            level_temp[curx][cury]=0;
                            printc(curx,cury,0);
                        }
                    cury=cury+1;
                    level_temp[curx][cury]=1;
```

```
                   printc(curx,cury,1);
                   level_temp[curx][cury+1]=3;
                   printc(curx,cury+1,3);
                 }
               else if(level_temp[curx][cury+2]==4)
                 {
                   if(level[g][cury][curx]==4||level[g][cury][curx]==5)
                     {
                       level_temp[curx][cury]=4;
                       printc(curx,cury,4);
                     }
                   else
                     {
                       level_temp[curx][cury]=0;
                       printc(curx,cury,0);
                     }
                   cury=cury+1;
                   level_temp[curx][cury]=1;
                   printc(curx,cury,1);
                   level_temp[curx][cury+1]=5;
                   printc(curx,cury+1,5);
                   pass();
                 }
               pass();
             }
         }
     }
   else if(0 != K2)K2_Cnt = 0;
   if((0 == K3) && (999999 != K3_Cnt) && (++K3_Cnt > 10)){ //--- 左键 ---
     if(0 == K3){
         K3_Cnt = 999999;
         if(level_temp[curx-1][cury]==0||level_temp[curx-1][cury]==4)
           {
             if(level[g][cury][curx]==4||level[g][cury][curx]==5)
               {
                 level_temp[curx][cury]=4;
                 printc(curx,cury,4);
               }
             else
```

```
            {
                level_temp[curx][cury]=0;
                printc(curx,cury,0);
            }
        curx=curx-1;
        level_temp[curx][cury]=1;
        printc(curx,cury,1);
    }
    else if(level_temp[curx-1][cury]==3)
    {
        if(level_temp[curx-2][cury]==0)
        {
            if(level[g][cury][curx]==4||level[g][cury][curx]==5)
            {
                level_temp[curx][cury]=4;
                printc(curx,cury,4);
            }
            else
            {
                level_temp[curx][cury]=0;
                printc(curx,cury,0);
            }
            curx=curx-1;
            level_temp[curx][cury]=1;
            printc(curx,cury,1);
            level_temp[curx-1][cury]=3;
            printc(curx-1,cury,3);
        }
        else if(level_temp[curx-2][cury]==4)
        {
            if(level[g][cury][curx]==4||level[g][cury][curx]==5)
            {
                level_temp[curx][cury]=4;
                printc(curx,cury,4);
            }
            else
            {
                level_temp[curx][cury]=0;
                printc(curx,cury,0);
```

```
        }
      curx=curx-1;
      level_temp[curx][cury]=1;
      printc(curx,cury,1);
      level_temp[curx-1][cury]=5;
      printc(curx-1,cury,5);
      pass();
    }
  }
else if(level_temp[curx-1][cury]==5)
  {
    if(level_temp[curx-2][cury]==0)
      {
        if(level[g][cury][curx]==4||level[g][cury][curx]==5)
          {
            level_temp[curx][cury]=4;
            printc(curx,cury,4);
          }
        else
          {
            level_temp[curx][cury]=0;
            printc(curx,cury,0);
          }
        curx=curx-1;
        level_temp[curx][cury]=1;
        printc(curx,cury,1);
        level_temp[curx-1][cury]=3;
        printc(curx-1,cury,3);
      }
    else if(level_temp[curx-2][cury]==4)
      {
        if(level[g][cury][curx]==4||level[g][cury][curx]==5)
          {
            level_temp[curx][cury]=4;
            printc(curx,cury,4);
          }
        else
          {
            level_temp[curx][cury]=0;
```

```
                        printc(curx,cury,0);
                    }
                curx=curx-1;
                level_temp[curx][cury]=1;
                printc(curx,cury,1);
                level_temp[curx-1][cury]=5;
                printc(curx-1,cury,5);
                pass();
                }
            pass();
            }
        }
    }
else if(0 != K3)K3_Cnt = 0;
if((0 == K4) && (999999 != K4_Cnt) && (++K4_Cnt > 10)){ //右键
    if(0 == K4){
        K4_Cnt = 999999;
        if(level_temp[curx+1][cury]==0||level_temp[curx+1][cury]==4)
            {
                if(level[g][cury][curx]==4||level[g][cury][curx]==5)
                    {
                        level_temp[curx][cury]=4;
                        printc(curx,cury,4);
                    }
                else
                    {
                        level_temp[curx][cury]=0;
                        printc(curx,cury,0);
                    }
                curx=curx+1;
                level_temp[curx][cury]=1;
                printc(curx,cury,1);
            }
        else if(level_temp[curx+1][cury]==3)
            {
                if(level_temp[curx+2][cury]==0)
                    {
                        if(level[g][cury][curx]==4||level[g][cury][curx]==5)
                            {
```

```
                    level_temp[curx][cury]=4;
                    printc(curx,cury,4);
                }
            else
                {
                    level_temp[curx][cury]=0;
                    printc(curx,cury,0);
                }
            curx=curx+1;
            level_temp[curx][cury]=1;
            printc(curx,cury,1);
            level_temp[curx+1][cury]=3;
            printc(curx+1,cury,3);
        }
    else if(level_temp[curx+2][cury]==4)
        {
        if(level[g][cury][curx]==4||level[g][cury][curx]==5)
            {
                level_temp[curx][cury]=4;
                printc(curx,cury,4);
            }
        else
            {
                level_temp[curx][cury]=0;
                printc(curx,cury,0);
            }
        curx=curx+1;
        level_temp[curx][cury]=1;
        printc(curx,cury,1);
        level_temp[curx+1][cury]=5;
        printc(curx+1,cury,5);
        pass();
        }
    }
else if(level_temp[curx+1][cury]==5)
    {
    if(level_temp[curx+2][cury]==0)
        {
        if(level[g][cury][curx]==4||level[g][cury][curx]==5)
```

```
                {
                    level_temp[curx][cury]=4;
                    printc(curx,cury,4);
                }
                else
                {
                    level_temp[curx][cury]=0;
                    printc(curx,cury,0);
                }
                curx=curx+1;
                level_temp[curx][cury]=1;
                printc(curx,cury,1);
                level_temp[curx+1][cury]=3;
                printc(curx+1,cury,3);
            }
            else if(level_temp[curx+2][cury]==4)
            {
                if(level[g][cury][curx]==4||level[g][cury][curx]==5)
                {
                    level_temp[curx][cury]=4;
                    printc(curx,cury,4);
                }
                else
                {
                    level_temp[curx][cury]=0;
                    printc(curx,cury,0);
                }
                curx=curx+1;
                level_temp[curx][cury]=1;
                printc(curx,cury,1);
                level_temp[curx+1][cury]=5;
                printc(curx+1,cury,5);
                pass();
            }
            pass();
        }
    }
}
else if(0 != K4)K4_Cnt = 0;
```

```
    if((0 == K5) && (999999 != K5_Cnt) && (++K5_Cnt > 10)){ //--- K4 减速 ---
        if(0 == K5){
            K5_Cnt = 999999;
        }
    }
    else if(0 != K5)K5_Cnt = 0;
}
```

3) main 主程序设计

```
#include "stm32f10x.h"
#include "LCD160X128.h"
#include "Function.h"
//=================================================================
int main (void)
{
    RCC->APB2ENR |= (RCC_APB2ENR_IOPAEN | RCC_APB2ENR_IOPCEN);
    MyLCDGPIO_Init();

    lcd_init(0x00,0x00,0x14,0x50,0x01,0x14,0x00,MOD_XOR,0x0c);
    set_cgram();
    wirte_cgrom();

    cls();
    start();
    cls();
    pushbox();
    guan();
    while(1)
    {
        keyboard();
    }
}
```

4. 实例总结

本实例展示了 STM32F103R6 如何驱动 PG160128A 液晶模块的显示，程序中 level 数组用于定义不同路径信息，keyboard 函数在识别上下左右移动一步时，会判断当前点是否为 level 数组中设置的信息，从而来判断当前路径，并给出相应的操作和提示信息。

参 考 文 献

[1] 恩智浦. LPC1343 数据手册, 2014.

[2] 孙安青. ARM Cortex-M3 嵌入式 C 语言编程 100 例[M]. 北京：中国电力出版社, 2018.

[3] 孙安青. MCS-51 单片机 C 语言编程 100 例[M]. 2 版. 北京：中国电力出版社, 2017.

[4] 孙安青. ARM Cortex-M3 嵌入式开发实例详解：基于 NXP LPC1768[M]. 北京：北京
     航空航天大学出版社, 2012.

[5] 孙安青. PIC 系列单片机开发实例精解[M]. 北京：中国电力出版社, 2011.

[6] 冯新宇. ARM Cortex-M3 嵌入式系统原理及应用：STM32 系列微处理器体系结构、编
     程与项目实战[M]. 北京：清华大学出版社, 2020.

[7] 严海蓉. 嵌入式微处理器原理与应用：基于 ARM Cortex-M3 微控制器(STM32 系列)
     [M]. 2 版. 北京：清华大学出版社, 2019.

[8] 周灵彬, 刘红兵, 江伟, 等. 基于 Proteus 和 Keil 的 C51 程序设计项目教程：理论、仿
     真、实践相融合[M]. 2 版. 北京：电子工业出版社, 2021.